面向新工科的电工电子信息基础课程系列教材

教育部高等学校电工电子基础课程教学指导分委员会推荐教材

新工科

基于虚拟平台的 5G 通信系统实验教程

李 丞 王广义 费 丹 王永杰 编 著

清华大学出版社

北京

内 容 简 介

本书较为全面地介绍了5G移动通信系统的相关知识,并配套了5G网络规划与设计、优化方面的实验案例。全书共8章,包括移动通信概述、5G网络仿真平台介绍、5G移动通信系统设计架构、5G基站原理与工程、5G基本业务开通与网络信令流程、5G空口资源配置与业务性能分析、5G网络切片与行业应用专网、5G网络故障排查处理与网络优化。

本书内容全面系统、实验与理论教学紧密结合、叙述深入浅出、难易适中,既可作为高等院校电子信息类专业学生的"移动通信原理""移动通信网络""移动通信网络规划与优化"课程的实验和课程设计教程,也可作为其他相关专业学生学习5G移动通信系统的教材,还可作为移动通信系统科研人员和工程技术人员参考书。

图书在版编目(CIP)数据

基于虚拟平台的5G通信系统实验教程 / 李丞等编著. -- 北京:清华大学出版社,2025.6.
(面向新工科的电工电子信息基础课程系列教材). -- ISBN 978-7-302-69611-7

Ⅰ. TN929.538

中国国家版本馆 CIP 数据核字第 2025UC0000 号

责任编辑:文 怡
封面设计:王昭红
责任校对:刘惠林
责任印制:曹婉颖

出版发行:清华大学出版社
      网　　址:https://www.tup.com.cn,https://www.wqxuetang.com
      地　　址:北京清华大学学研大厦 A 座　　邮　编:100084
      社 总 机:010-83470000　　邮　购:010-62786544
      投稿与读者服务:010-62776969,c-service@tup.tsinghua.edu.cn
      质量反馈:010-62772015,zhiliang@tup.tsinghua.edu.cn
      课件下载:https://www.tup.com.cn,010-83470236
印 装 者:三河市龙大印装有限公司
经　　销:全国新华书店
开　　本:185mm×260mm　　印　张:17.5　　字　数:396 千字
版　　次:2025 年 7 月第 1 版　　印　次:2025 年 7 月第 1 次印刷
印　　数:1~1500
定　　价:65.00 元

产品编号:101473-01

序 言

移动通信技术是信息时代重要的通信技术,5G 技术对于当今的社会发展具有非常重要的意义,"4G 改变生活,5G 改变社会"充分地体现了这一特性。5G 技术作为新一代信息基础设施引领新基建,对于数据中心、人工智能平台、工业互联网等信息基础建设是一个关键的支撑,在 2017 年我国就已经明确了"要加快构建高速、移动、安全、泛在的新一代信息基础设施"的目标。5G 作为新基建之首,对我国经济社会发展有着深远的影响,也是当前国际竞争的热点,发展 5G 已经提升到国家战略的高度。因此,围绕 5G 技术的基础研究、应用推广、业态培养全面展开。

5G 作为一种新型移动通信网络,支持增强移动宽带(Enhanced Mobile BroadBand,eMBB)、超可靠低时延通信(Ultra Reliable Low Latency Communications,URLLC)和海量机器类通信(Massive Machine Type Communication,mMTC)三大应用场景。不仅要解决人与人通信,为用户提供增强现实、虚拟现实、超高清(3D)视频等更加身临其境的极致业务体验,还要解决人与物、物与物通信问题,满足工业互联网、远程医疗、车联网、智能家居、智慧城市、环境监测等领域的应用需求。

5G 通信技术涵盖了通信领域多方面的发展成果。基于正交频分多址(OFDMA)和多输入多输出(MIMO)基础技术,5G 同时支持中低频和高频频段,中低频满足覆盖和容量需求,高频满足在热点区域提升容量的需求。为了支持高速率传输和更优覆盖,5G 采用 LDPC、Polar 新型信道编码方案、性能更强的大规模天线技术等;为了支持低时延、高可靠,5G 采用短帧、快速反馈、多层/多站数据重传等技术。

5G 移动通信系统采用全新的系统设计,支持灵活部署和差异化业务场景。基于网络功能虚拟化/软件定义网络(NFV/SDN),实现硬件和软件解耦,实现控制和转发分离;采用通用数据中心的云化组网,网络功能部署灵活,资源调度高效;支持边缘计算,云计算平台下沉到网络边缘,实现基于应用的网关灵活选择和边缘分流;支持网络切片满足5G 差异化需求,使得运营商可以根据需要部署功能、特性服务各不相同的多个逻辑网络,为不同的目标用户提供服务。

在高校人才培养过程中如何紧跟技术发展,培养社会需要的 5G 通信人才成为备受关注的问题。目前在高校通信工程专业及相关专业都开设了很多 5G 相关的课程,也出版了很多配套教材,但是针对 5G 的工程实践类教学相对较少,特别是针对系统层面的5G 技术实践难以开展,主要原因:

(1) 平台难以建设。实际的 5G 移动通信平台,成本高,而且在频带使用方面存在很多法律法规方面的限制,难以实现。

序 言

  （2）平台难以满足实践教学需求。目前主流的设备平台主要是面向运营应用，并不完全适用于教学。

  针对这种情况，作者团队充分发挥校企联合的优势，借助教育部支持的产学研协同育人模式，与武汉丰迈信息技术有限公司合作，结合其开发的 5G 网络虚拟仿真平台编写了本书。

  为了能够更好地突出实践育人的特色，本书结合 5G 虚拟仿真实验平台，围绕 5G 应用实施过程中的关键问题，把 5G 的关键技术和实验内容进行融合，针对 5G 移动通信系统基本组成、基站应用、基本业务开通、空中资源配置、网络切片、故障处理等内容进行分章编写。每章内容中都包括了核心技术基础、实验案例分析，很好地实现了理论和实践的结合，对于高校通信专业人才培养，是一本很有特色的实践类教材。

北京交通大学通信工程专业实验室主任

卢燕飞

2024 年 12 月

前 言

截至 2024 年 9 月，我国 5G 基站总数达 408.9 万个，已实现"乡乡通 5G"，建成全球规模最大、技术领先的基础网络。5G 产业的发展需要大量具有丰富理论知识和较强工程实践能力的高级专业技术人才。为培养相关人才，我校通信工程专业实验室引进武汉丰迈信息技术有限公司开发的基于虚拟仿真平台的 5G 通信实验系统，为相关课程提供了优质的实验内容和便捷的实验方式。为帮助开设 5G 实验的高校更好地开展相关实验，编者团队结合 5G 理论知识，基于 5G 虚拟平台，深入结合高校本科教学一线实践经验，多轮次打磨配套教材内容。"以建促学、以学兴建"，编写这本适合通信工程等相关专业本科学生使用的 5G 通信实验教材。

全书共 8 章，第 1 章系统地介绍移动通信系统的概念、演进历程，引出 5G 的总体愿景、标准化情况；第 2 章介绍 5G 虚拟仿真实验平台，图文并茂地将平台架构、功能、基本使用方法一一展示；第 3 章重点介绍 5G 的网络架构、关键接口等，并搭配 5G 网络架构认知等实验；第 4 章介绍 5G 基站设备、接入网架构演进与场景搭建；第 5 章介绍注册、PDU 会话等 5G 网络信令流程；第 6 章介绍时域、频域资源等 5G 空口资源配置，MIMO等无线传输新技术；第 7 章介绍 5G 网络切片的概念、保障方案、典型场景切片设计等；第 8 章介绍 5G 接入网、核心网的故障排查，覆盖、干扰优化分析。从第 3 章起，根据每章的理论内容，搭配相应的实验，帮助读者加深理解。

本书参考学时为 48 学时，建议采用理论与实践结合的教学模式，各章参考学时见下表。

学时分配表

章	课 程 内 容	参 考 学 时
第 1 章	移动通信概述	2
第 2 章	5G 网络仿真平台介绍	2
第 3 章	5G 移动通信系统设计架构	8
第 4 章	5G 基站原理与工程	8
第 5 章	5G 基本业务开通与网络信令流程	4
第 6 章	5G 空口资源配置与业务性能分析	10
第 7 章	5G 网络切片与行业应用专网	6
第 8 章	5G 网络故障排查处理与网络优化	8

本书由李丞策划，王永杰负责把控全书的体系结构和具体内容。参与本书编写的人员有王广义、费丹，另外汤俊平、刘慧平、任芄宇、张恒瑜、王浩、秦欣毓、凌一、郑祎杰、李

前言

晴、欧阳韬等人员参与本书的配图和校稿工作。本书在编写期间得到了陶丹、熊磊等老师的支持和帮助,在此谨向他们表达衷心的感谢。由于编者水平和经验有限,书中难免存在疏漏和不足之处,恳请广大读者批评指正。

编者

2025 年 5 月

目录

课件＋大纲

目录

目录

目录

目录

第1章

移动通信概述

1844年,莫尔斯有线电报在美国华盛顿国会大厦的联邦最高法院会议厅诞生;1876年,贝尔发明了有线电话机。摆脱线的束缚,能够随时随地地通信,高效、便捷、可靠地传输信息始终是人类矢志不渝的追求。1895年,波波夫和马可尼发明了无线电波机,标志着无线通信的诞生。1901年12月12日,人类实现了跨越大西洋长达3000km的无线电报。100多年来,无线通信取得了飞速发展,各种无线通信系统进入了人们生活和生产的各个领域,与每人的日常生活和工作息息相关。

移动通信作为最为重要、最受关注的无线通信系统,40年来经历了从第一代移动通信系统到第五代移动通信系统的不断演进。截至2024年10月末,我国移动通信用户总数达17.89亿个,5G移动电话用户达9.95亿个,我国移动通信产业规模已居全球第一。

1.1 移动通信系统发展历程

1.1.1 无线移动化——第一代移动通信系统

1973年,摩托罗拉公司马丁·库帕团队研制成功世界上第一部移动电话。美国电话电报公司(AT&T)开发了第一代(1st Generation,1G)移动通信系统——高级移动电话系统(Advanced Mobile Phone System,AMPS)。1G系统主要标准还包括英国的全接入通信系统(Total Access Communications System,TACS)、北欧移动电话系统(Nordic Mobile Telephone,NMT)等。

1G系统的主要技术特点包括:

(1) 作为模拟通信系统,只能承载语音业务,通过频率调制(Frequency Modulation,FM)技术,将300~3400Hz的语音转换到高频的载波上(一般在150MHz或以上);

(2) 采用频分多址(Frequency Division Multiple Access,FDMA)技术,每个用户占用30kHz带宽;

(3) 可用频谱少,频谱效率低,系统容量有限,通信资费高;

(4) 不支持漫游;

(5) 业务质量较差,保密性差;

(6) 移动终端价格高,体积大,不易于携带。

1.1.2 移动数字化——第二代移动通信系统

第二代(2nd Generation,2G)移动通信系统作为数字通信系统,具有比1G系统更优异的性能。2G系统主要的标准包括:全球移动通信系统(Global System for Mobile Communication,GSM)、IS-95、个人数字蜂窝(Personal Digital Cellular,PDC)。GSM是欧洲提出和推动的标准,在欧洲、中国和全球范围的其他很多国家得到了广泛应用。PDC是日本专用的2G标准。美国高通公司推出的IS-95是以码分多址(Code Division Multiple Access,CDMA)技术为基础的,也称为cdmaOne,主要应用于北美、拉丁美洲和亚太部分国家和地区。

数字传输取代了模拟传输。2G系统性能相对于1G系统有了明显增强,2G系统的主要技术特点包括：

(1) 2G 系统开始采用数字通信技术，传输可靠性更高，业务质量更好，开启了数字移动通信时代；

(2) GSM、PDC 等 2G 标准采用时分多址(Time Division Multiple Access，TDMA)技术，将 200kHz 带宽信道分为 8 个时隙，不同用户使用不同的时隙；

(3) 系统容量大，资费较低；

(4) 支持漫游不仅可以承载语音，而且支持短信、低速数据等多种业务；

(5) 移动终端价格低，体积小，易于携带。

在 2G 系统基础上，为了满足数据业务的发展需要，又诞生了 2.5G 系统，即 GSM 系统的通用无线分组业务(General Packet Radio Service，GPRS)和 CDMA 系统的 IS-95B 技术，大大提高了数据传送能力。从此手机可以上网，移动通信开始与互联网融合发展。

1.1.3　数字宽带化——第三代移动通信系统

随着移动互联网的发展，多媒体业务需求不断涌现，例如网页浏览、视频会议、电子商务、在线游戏、社交网络等。为了满足这一需求，第三代(3rd Generation，3G)移动通信系统应运而生。3G 系统的三大主流标准分别是 WCDMA、CDMA2000 和 TD-SCDMA。

时分同步码分多址(Time Division-Synchronous Code Division Multiple Access，TD-SCDMA)是由中国大唐电信提出的 3G 标准，在我国电信史上具有重要的里程碑意义。我国于 2009 年 1 月 7 日颁发了 3 张 3G 牌照，分别是中国移动的 TD-SCDMA、中国联通的 WCDMA 和中国电信的 CDMA2000。

相比之前的窄带数据服务，3G 系统的主要技术特点包括：

(1) 采用了直接序列扩频技术、码分多址等关键技术，其主要特征是可提供丰富的移动宽带多媒体服务；

(2) 数据传输速率明显提升，在高速移动环境、室外步行环境、室内环境分别支持 144kb/s、384kb/s、2Mb/s 的数据传输速率，能够支持多媒体业务。移动通信进入高速 IP 数据网络时代；

(3) 系统容量更大、更智能化，从此互联网技术得以广泛应用，移动高速上网成为现实，音频、视频、多媒体文件等各种数据通过移动互联网高速、可靠地传输。

为了进一步提升数据传输速率，进而发展了高速分组接入(High-Speed Packet Access，HSPA)技术，也称为 3.5G 技术。

1.1.4　网络全分组化——第四代移动通信系统

虽然 3G 技术在数据速率和容量方面有了较大的提高，但仍然难以满足日益增长的数据业务需求。第三代合作伙伴计划(3rd Generation Partnership Project，3GPP)在 2004 年启动了长期演进(Long Term Evolution，LTE)计划。

LTE 系统名为演进，实际上采用了正交频分复用(Orthogonal Frequency Division Multiplexing，OFDM)、多输入多输出(Multiple Input Multiple Output，MIMO)、Turbo

码、载波聚合(Carrier Aggregation,CA)等一批先进技术,主要特点包括:

(1) 支持1.4MHz、3MHz、5MHz、10MHz、15MHz和20MHz等多种带宽;

(2) 较高的数据速率和频谱利用率;

(3) 较低的业务时延;

(4) 支持350km/h高速移动;

(5) 取消了电路交换,采用基于全IP分组交换;

(6) 扁平化的网络结构;

(7) 增强的安全性;

(8) 支持增强型的广播与多播业务。

LTE包括LTE FDD和TD-LTE两大制式。2009年12月全球首个LTE商用网络在挪威投入运营;2014年,中国移动开始LTE商用;根据全球移动供应商协会(Global Mobile Suppliers Association,GSA)的统计,截至2020年9月底,全球共有806个运营商已建成LTE商用网络,用户达58.2亿个,占全球移动通信用户的62.1%。LTE是历史上发展最迅速的移动通信系统。

1.2 第五代移动通信技术

随着移动互联网快速发展,新服务、新业务不断涌现,移动数据业务流量爆炸式增长,4G移动通信系统难以满足移动数据流量暴涨的需求,第五代移动通信(5th Generation,5G)系统应运而生。

1.2.1 5G总体愿景

移动互联网和物联网业务成为未来移动通信发展的主要动力。5G将渗透到未来社会的各个领域,以用户为中心构建全方位的信息生态系统。5G将使信息突破时空限制,提供极佳的交互体验,为用户带来身临其境的信息盛宴。5G将拉近万物的距离,通过无缝融合的方式,便捷地实现人与万物的智能互联。5G将为用户提供光纤般的接入速率,"零"时延的使用体验,千亿设备的连接能力,超高流量密度、超高连接数密度和超高移动性等多场景的一致服务以及业务及用户感知的智能优化,同时将为网络带来百倍以上的能效提升,最终实现"信息随心至,万物触手及"的总体愿景。

1.2.2 5G标准化进展

国际电信联盟(International Telecommunication Union,ITU)早在2012年初就开始组织全球业界开展5G的标准化前期研究,持续推动全球5G共识形成,确定了全球5G的发展目标并制定了5G标准化进程,如图1-1所示。

按照ITU的工作计划,自2017年10月ITU开展候选技术方案的征集工作,各个国家和国际组织部可以提交5G技术方案。在提交技术方案过程中,候选技术方案的提交者需要根据《IMT-2020的要求、评估准则和提交模板》,详细披露所提候选技术的相关信息。形成5G涉及的标准版本为R15/R16/R17,分别对应三大场景:

						6G Basic	
5G Basic eMBB Basic URLLC	5G Evolution V2X, NR-U, IIoT/TSN, IAB, Positioning	5G Evolution eMBB, URLLC, mMTC features	5G Advanced	5G Advanced	5G Advanced	6G Advanced	
Rel-15	Rel-16	Rel-17	Rel-18	Rel-19	Rel-20	Rel-21	
2017	2018	2019	2020	2021	2022	2023	2024	2025	2026	2027	2028

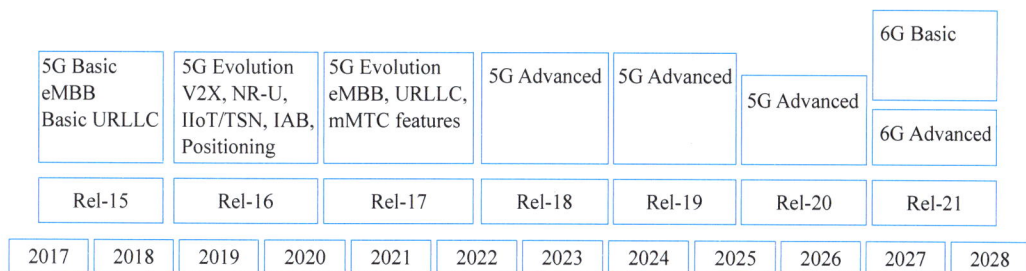

图 1-1　5G 标准化进程

R15：主要针对增强型移动宽带（Enhanced Mobile Broadband，eMBB）场景，已全部完成和冻结，其中 phrase 1 主要针对非独立组网（Non-Standalone，NSA）于 2017 年 12 月发布，phrase 2 主要针对独立组网（Standalone，SA）于 2018 年 6 月发布，最后一个 later 版本于 2019 年 3 月发布。

R16：主要针对高可靠低时延场景，也就是面向工业互联网、车联网的应用，于 2020 年 7 月冻结，标志着 5G 第一个演进版本标准正式完成。

R17：把海量机器类通信作为 5G 场景一个新的增强方向，3GPP 在 2022 年 6 月完成 5G 最新演进 R17 版本协议代码冻结。

R18：3GPP 第 18 版代表了 5G 系统（5GS）的重大演变，因此 3GPP 决定将其命名为 5G Advanced 的第一个版本。在其他改进中，Rel-18 包括人工智能和扩展现实领域的重大增强，这使高度智能的网络解决方案能够支持比以往任何时候都更广泛的用例。

5G 的标准化进程正在从各方面不断前进，持续开展宽带无线移动通信技术创新，深入推进 5G 技术研发试验，加快 R16 标准技术的成熟应用，推动大连接 R17，增强 R18 标准持续演进。加大芯片模组的研发，促进 5G 泛智能终端等产品发展，推动端到端网络切片，行业虚拟专网技术成熟，增强产业支撑能力。

1.2.3　5G 典型应用场景

5G 移动通信系统的设计目标是为多种不同类型的业务提供个性化的服务。综合未来移动互联网和物联网各类场景和业务需求特征，5G 典型的业务通常分为以下三大类：

1. 增强型移动宽带业务

近年来，用户数据流量持续呈现爆发式增长，涌现出大量的交互式视频、虚拟现实（Virtual Reality，VR）/增强现实（Augmented Reality，AR）类高清视频业务。用户可以通过 VR 获得 360°的虚拟现实体验，仿佛身临其境，非常适合观影和游戏产业。然而，这类业务需要充足的网络带宽、较低的网络延迟，以避免出现视频卡顿、画面质量差等情况。5G 的到来恰恰解决了这些问题，用户可以轻松享受在线 2K/4K 视频以及 VR/AR 视频，用户体验速率可提升至 1Gb/s，峰值速度甚至达到 10Gb/s。eMBB 应用场景集中表现为超高的传输数据速率，广覆盖下的移动性保证等。

2. 超高可靠低延迟通信业务

在超高可靠低延迟通信（Ultra Reliable Low Latency Communication，URLLC）场景下，

连接时延要达到1ms级,而且要支持高速移动(500km/h)情况下的高可靠性(99.999%)连接。这一场景更多面向车联网、工业控制、远程医疗等特殊应用,其中车联网市场潜力巨大,5G时代它将达到6000亿美元,而通信模块在其中占比超过10%,这些应用的安全性要求极高。传统的蜂窝网络设计无法满足这些特殊场景通信的可靠性需求,因此为了满足此类业务的可靠性和实时性需求,5G移动通信系统的网络和空口设计都面临着极大的挑战。

3.大规模机器通信业务

大规模机器通信(Massive Machine Type Communication,mMTC)是5G新拓展的场景,这类业务具有小数据包、低功耗、海量连接等特点。在"海量物联"的场景下,5G强大的连接能力可以快速促进智慧城市、智能家居、环境监测等各垂直行业的深度融合。万物互联下,人们的生活方式也将发生颠覆性的变化。这一场景下,数据速率较低且时延不敏感,连接覆盖生活的方方面面,终端成本更低,电池寿命更长且可靠性更高。因此,5G移动通信系统需要设计合理的网络结构,在支持巨大数目mMTC终端设备的同时,降低网络部署成本。

1.2.4 5G关键性能指标

2015年9月,国际电信联盟(ITU)提出了《IMT愿景——2020年及之后的国际移动通信框架》,该ITU-R M.2083建议书中,与IMT-Advanced(4G)性能对比,提出了IMT-2020(5G)的关键性能指标应包括以下几方面,如图1-2所示。

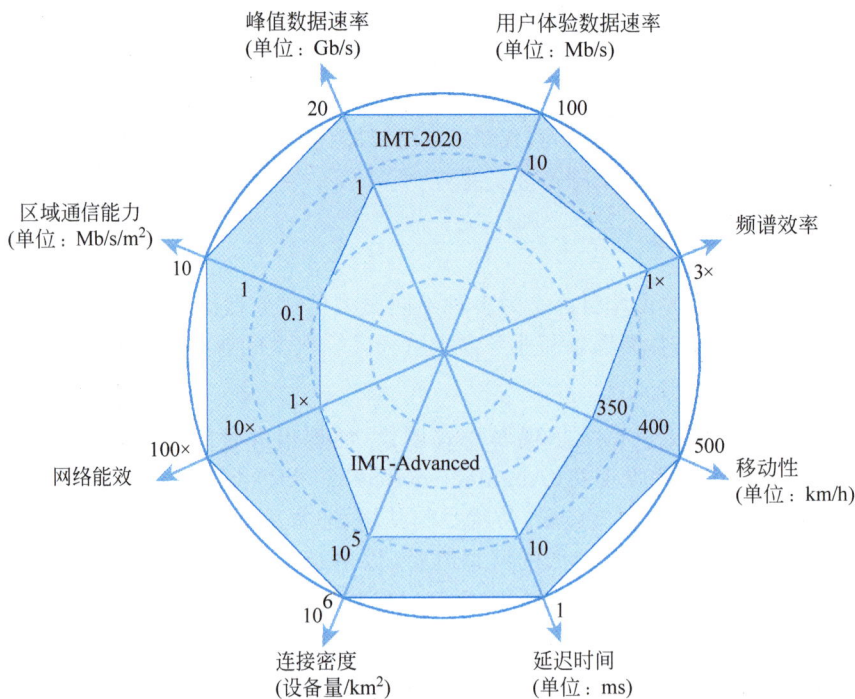

图 1-2 5G关键特性能力

（1）用户体验速率可达 100Mb/s～1Gb/s，能够支持移动虚拟现实等极致业务；

（2）设备连接数密度能力达到 100 万个连接/km²，能够有效支持海量的物联网设备；

（3）端到端传输时延降低至毫秒量级，可满足车联网和工业控制的严苛要求；

（4）区域通信能力达到 10Mb/s/m²；

（5）支持 500km/h 及以上高速移动，能够在高铁环境下实现良好的用户体验；

（6）峰值速率达 20Gb/s；

（7）频谱效率比 LTE 提升 3 倍以上；

（8）网络的能效应比 4G 网络提升 100 倍。

1.2.5 5G 商用

2019 年 4 月，韩国宣布成为全球第一个 5G 商用的国家。2019 年 6 月 6 日，工业与信息化部向中国移动、中国联通、中国电信和中国广电四家运营商发放 5G 商用牌照，标志着我国正式进入 5G 商用元年。5G 基站建设也成为新型基础设施建设七大领域之首，5G 网络建设进入了蓬勃发展快车道。

GSA 于 2020 年 12 月发布的统计数据显示，全球共有 59 个国家和地区的 140 个运营商开通了 3GPP 兼容的 5G 系统。工业与信息化部公布数据显示，截至 2024 年 10 月末，我国已经建成 414.1 万座 5G 基站，占全球 60%，是全球规模最大、技术最先进的 5G 独立组网网络，基本实现全国覆盖，成为全球范围内 5G 网络覆盖最广的国家。

1.3 5G 关键技术

1.3.1 Massive MIMO

大规模多输入多输出（Massive MIMO）技术是第五代移动通信中提升网络覆盖、用户体验、系统容量的核心技术。与传统设备的 2 天线、4 天线、8 天线相比，采用 Massive MIMO 技术的通道数可达 32 个或者 64 个，天线阵子数可做到 192 个、512 个甚至更高，其增益大大超越传统设备。在传统设备水平维度空间覆盖基础上，Massive MIMO 增加了垂直维度空间的覆盖，信号辐射形状是灵活的三维电磁波束。所以 Massive MIMO 能深度挖掘空间维度资源，使得基站覆盖范围内的多个用户在同一时频资源上，利用大规模天线提供的空间自由度与基站同时进行通信，提升频谱资源。利用多个用户之间的复用能力，在不需要增加基站密度和带宽的条件下，大幅提高网络容量。Massive MIMO 技术于 Pre5G 时代引入移动通信网络，目前随着全球 5G 网络的部署，得到了广泛应用。

1.3.2 Polar 码

Polar 码是一种线性分组码，它利用信道极化现象获得理论上的香农极限容量。信道极化过程包括信道组合和信道分解两部分。当组合信道的数目趋于无穷大时，会出现极化现象：一部分信道趋于无噪信道，其传输速率将会达到信道容量；另一部分趋于全噪信道，其传输速率趋于零。正是应用了这一信道极化特性，Polar 码在编码时，利用无噪信道传输用户有用的信息，全噪信道传输约定的信息或不传信息。当编码块足够大的时候，极性编码技术通过简单的编码器和连续干扰抵消解码器来获得理论上的香农极限容量。当编码块偏小时，在编码性能方面，极性编码与循环冗余编码、自适应的连续干扰抵消表（Successive Cancellation List，SC-list）解码器级联使用，可超越 Turbo 码或低密度奇偶校验码（Low-Density Parity-Check Code，LDPC）。

由于优良的编译码算法处理能力和高可靠性，由华为主推的 Polar 码受到广泛关注，并已经成为 5G 控制信道编码技术。

1.3.3　F-OFDM

F-OFDM(Filtered-Orthogonal Frequency Division Multiplexing，滤波正交频分复用)技术是一种可变子载波带宽的自适应空口波形调制技术，是基于 OFDM 的改进方案。F-OFDM 既能实现空口物理层切片后向兼容 LTE 4G 系统，又能满足未来 5G 发展的需求。F-OFDM 的基本思想是将 OFDM 载波带宽划分成多个不同参数的子带，并对子带进行滤波，而在子带间尽量留出较少的隔离频带。比如：为了实现低功耗大覆盖的物联网业务，可在选定的子带中采用单载波波形；为了实现较低的空口时延，可以采用更小的传输时隙长度；为了对抗多径信道，可以采用更小的子载波间隔和更长的循环前缀。

1.3.4　5G 的频谱规划

根据 3GPP R15 版本的定义，5G 新无线（New Radio，NR）包括了两大频谱范围（Frequency Range，FR），如图 1-3 所示。

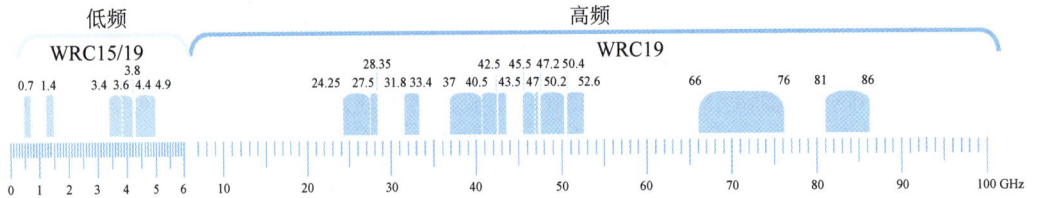

图 1-3　5G 的频谱规划

FR1 的频谱范围为 450MHz～6GHz，也称为 Sub 6G（低于 6GHz）。

FR2 的频谱范围为 24～52GHz，这段频谱的电磁波波长大部分都是毫米级的，因此也称为毫米波（严格来说大于 30GHz 才称为毫米波）。

1. 频谱优缺点

FR1 的优点是频率低，绕射能力强，覆盖效果好，是当前 5G 的主用频谱。FR1 主要作为基础覆盖频段，最大支持 100Mb/s 的带宽。其中低于 3GHz 的部分，包括了现网在用的 2G、3G、4G 的频谱，在建网初期可以利用旧站址的部分资源实现 5G 网络的快速部署。

FR2 的优点是超大带宽，频谱干净，干扰较小，作为 5G 后续的扩展频率。FR2 主要作为容量补充频段，最大支持 400Mb/s 的带宽，未来很多高速应用都会基于此段频谱实现，5G 高达 20Gb/s 的峰值速率也是基于 FR2 的超大带宽。

2. 我国三大运营商 5G 频谱划分

目前我国仅对 FR1 中的频段进行了分配,其中:

中国移动:2515～2675MHz 共 160MHz,频段号为 n41;4800～4900MHz 共 100MHz,频段号为 n79。

中国电信:3400～3500MHz 共 100MHz,频段号为 n78。

中国联通:3500～3600MHz 共 100MHz,频段号为 n78。

而 n78 是全球主用频段,目前很多国家的 5G 试点均采用 n78 的 3.5GHz 频段,产业链条成熟,这意味着中国电信和中国联通可以使用较低的成本部署 5G 网络。

1.4 本书内容安排与学习目标

本书共包含 8 章内容,下面分别介绍各章主要内容与学习目标。

第 1 章移动通信概述。读者学习完本章后应达到以下要求:

(1) 了解移动通信系统的演进历程。

(2) 掌握 5G 总体愿景、典型应用场景和关键性能指标。

(3) 熟悉 Massive MIMO、Polar 码等 5G 关键技术的原理和优势。

第 2 章 5G 网络仿真平台介绍。读者学习完本章后应达到以下要求:

(1) 了解 5G 网络仿真平台的特点。

(2) 掌握 5G 网络仿真平台的使用方法,达到可以自主开展实验的水平。

第 3 章 5G 移动通信系统设计架构。读者学习完本章后应达到以下要求:

(1) 掌握 5G 移动通信系统的网络架构。

(2) 掌握 5G 接入网架构和关键接口。

(3) 掌握 5G 核心网基于服务的网络架构、主要网元功能和关键接口。

第 4 章 5G 基站原理与工程。读者学习完本章后应达到以下要求:

(1) 掌握 5G 基站运行原理。

(2) 熟悉 5G 基站设备的硬件组成。

(3) 掌握 5G 基站室内、室外建设方式。

(4) 熟悉 5G 基站建设方案从 D-RAN、C-RAN 到 Cloud-RAN 的演进历程。

(5) 掌握 5G 基站网络、位置、站点、小区、无线信号标识,达到会使用的程度。

(6) 熟悉 5G 基站位置管理、切换管理的原理。

(7) 掌握 5G 基站开局的实践能力。

第 5 章 5G 基本业务开通与网络信令流程。读者学习完本章后应达到以下要求:

(1) 熟悉 5G 终端注册入网流程。

(2) 熟悉 5G 终端建立 PDU 会话的流程。

(3) 具有 5G 用户面参数配置的实践能力。

第 6 章 5G 空口资源配置与业务性能分析。读者学习完本章后应达到以下要求:

(1) 掌握 5G 资源基本单位、帧结构、灵活时隙配置策略等内容。

(2) 掌握部分带宽、信道带宽、保护带宽、同步广播块等内容。

（3）熟悉大规模多天线、波束赋形等5G传输新技术。

（4）掌握5G时域、频域空口资源的配置方法，达到能够独立开展相关实验的程度。

第7章 5G网络切片与行业应用专网。读者学习完本章后应达到以下要求：

（1）熟悉网络切片的概念，SDN、NFV等关键技术。

（2）掌握5G网络切片的无线网、承载网、核心网的端到端保障方案。

（3）熟悉公众网、行业网、特需行业网等典型场景切片设计方案。

（4）掌握5G切片标识、网络切片编排的方法，能够在实验中完成切片相关设置。

第8章 5G网络故障排查处理与网络优化。读者学习完本章后应达到以下要求：

（1）掌握5G接入网故障的一般排查流程。

（2）熟悉小区故障、传输故障、时钟故障和NSA故障的处理思路。

（3）掌握5G核心网故障的排查流程。

（4）熟悉AMF、SMF、UPF相关故障类型与处理思路。

（5）熟悉5G覆盖相关测量量和覆盖问题的分析流程。

（6）掌握弱覆盖、越区覆盖、重叠覆盖的概念和优化思路。

（7）熟悉5G干扰产生的原理和干扰问题的排查流程。

（8）熟悉邻区终端干扰、广电MMDS干扰、干扰器干扰、视频监控干扰、伪基站干扰的概念和优化思路。

（9）掌握5G故障处理、优化方法，达到能够独立完成相关实验的水平。

第 2 章

5G网络仿真平台介绍

为帮助学生深入理解 5G 移动通信系统相关知识,本书采用基于虚拟仿真平台的 5G 通信实验系统,将课堂学习的通信理论知识,通过虚拟仿真的方式进行网络规划与优化。平台将互联网技术、互动多媒体与 5G 实验相结合,构建"虚实结合"的 5G 虚拟仿真实验,支持学生掌握 5G 工程技术,对接工程实践,培养解决复杂工程问题的能力和工程思维。

本章主要介绍 5G 网络仿真平台的功能、特点和基本使用方法。

2.1 平台简介

2.1.1 5G 全网与全体系仿真

5G 网络仿真平台按真实电信机房环境搭建,能仿真 5G 核心网、接入网和传输网的主要网元设备,并且 5G 核心网设备按照网络功能虚拟化(Network Functions Virtualization,NFV)云化框架进行搭建,能够实现从中心到边缘多级数据中心(Data Center,DC)的部署方案,能够实现动态的网络切片功能。可以基于边缘计算和网络切片功能构建 5G 关键应用场景,并仿真业务的时延、速率等关键参数以用于规划和测试。

2.1.2 平台的特点

对接真实 5G 网络,平台依据 5G 网络新架构,支持 5G 新技术实践,以上网、语音、视频业务来体现各场景的 5G 新应用,能够很好地支持 5G 网络的实践教学,如图 2-1 所示。

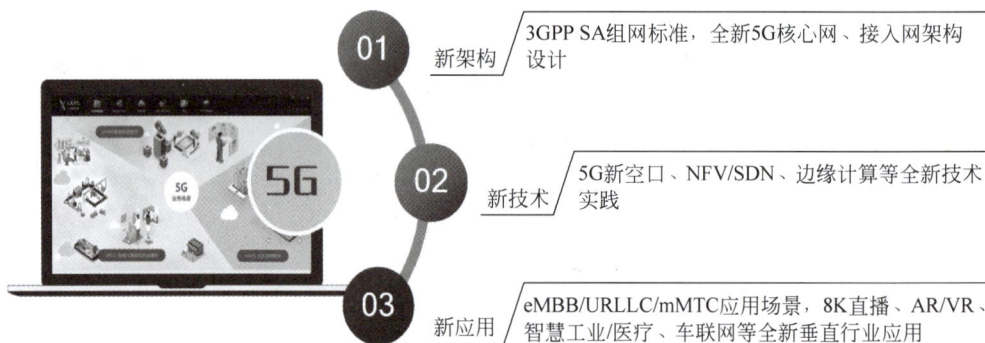

图 2-1 平台特点

1. 依据 5G 网络新架构实现

(1)采用独立组网(Standalone,SA)架构。非独立组网(Non-Standalone)由 4G 核心网和 5G 基站组成,缺少 5G"大脑",无法支持低延时、网络切片等 5G 新特性。SA 由 5G 核心网和 5G 基站组成,支持 5G 网络切片,可以完整展示不同场景下的业务需求与技术实现。本平台采用 SA 独立组网方案,"真"5G 组网,可完整完成 5G 相关知识及新特性的实训与学习。

(2)5G 核心网采用基于服务的网络架构(Service-based Architecture,SBA)。平台

实现了接入和移动性管理功能(Access and Mobility Management Function,AMF)、会话管理功能(Session Management Function,SMF)、用户面功能(User Plane Function,UPF)、统一数据管理功能(Unified Data Management,UDM)、认证服务器功能(Authentication Server Function,AUSF)、策略控制功能(Policy Control Function,PCF)、网络切片选择功能(Network Slice Selection Function,NSSF)、网络功能存储功能(NF Repository Function,NRF)8 类 5G 核心网虚拟化网络功能仿真,采用服务化接口(Service-based Interface,SBI),可在不同级别云上灵活部署与组网设计,并实现网络切片功能。

(3) 采用多样化基站架构。平台支持集中单元(Centralized Unit,CU)、分布单元(Distributed Unit,DU)、有源天线单元(Active Antenna Unit,AAU)三种无线接入网(Radio Access Network,RAN)网元,支持 CU+DU 分离式与合设两种不同基站架构,并且 CU 可以采用云化架构进行部署,DU 可以进行集中化和分布式部署。

2. 提供 5G 各项新技术实训

(1) 5G NR 新空口。平台支持 5G NR 新架构、新频谱、大带宽、灵活子载波间隔、灵活时隙、大规模 MIMO 等 5G 新空口技术实践。

(2) 网络切片。5G 网络仿真平台支持学生自定义进行网络切片的编排,依据业务需求自主编排网络切片的结构及相关设置。

(3) NFV 虚拟化、边缘计算。包含核心、区域、边缘数据中心,支持 NFV 虚机及微服务部署,并支持添加各项应用及内容分发网络(Content Delivery Network,CDN)、AR 渲染计算等边缘计算服务,展示 5G 中重要基础技术的概念与形态。

3. 支持行业场景的 5G 新应用展示

三大场景,行业新应用。支持各种应用的场景搭建与技术实现,支持 eMBB、URLLC、mMTC 三大应用场景,支持 8K 直播、AR/VR 业务、智慧工业、智慧医疗、车联网等垂直行业应用。

2.1.3 5G 原理到工程全过程实践

平台能完整仿真实际 5G 通信网络的全网功能,能够进行 5G 网络的拓扑规划、硬件搭建、数据配置、网络开通及业务验证、协议分析等全过程实训,提供基于场景的网络学习功能,构建 5G 系统有坡度、有重点的学习体系,如图 2-2 所示。

2.2 平台的基本功能与使用

本节介绍基于平台完成实验的全流程。学生电脑使用账号登录平台,开始 5G 实验,如图 2-3 所示。

仿真平台界面顶端有六项主要功能选项,包括【5G 业务场景】、【网络规划与设计】、【场景搭建】、【业务开通与验证】、【回放】、【切片网络编排】,如图 2-4 所示,选择进入功能板块,开始相应实验环节。下面按照实验常规流程顺序,结合功能板块介绍平台的基本使用。

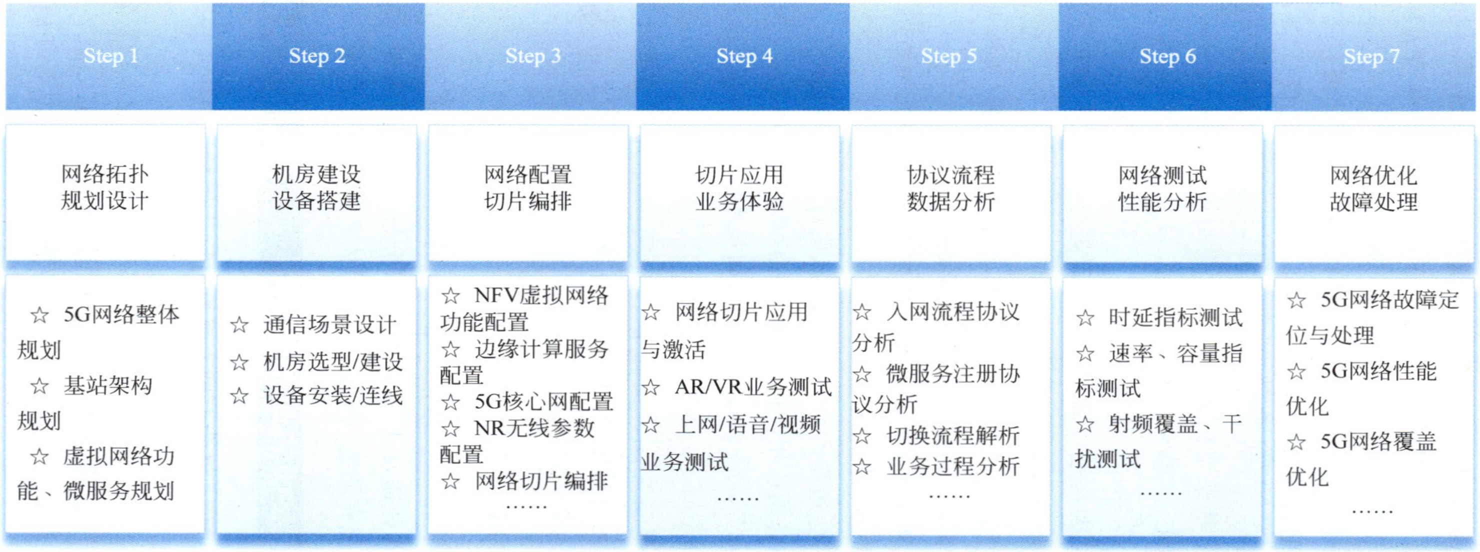

Step 1	Step 2	Step 3	Step 4	Step 5	Step 6	Step 7
网络拓扑 规划设计	机房建设 设备搭建	网络配置 切片编排	切片应用 业务体验	协议流程 数据分析	网络测试 性能分析	网络优化 故障处理
☆ 5G网络整体规划 ☆ 基站架构规划 ☆ 虚拟网络功能、微服务规划	☆ 通信场景设计 ☆ 机房选型/建设 ☆ 设备安装/连线	☆ NFV虚拟网络功能配置 ☆ 边缘计算服务配置 ☆ 5G核心网配置 ☆ NR无线参数配置 ☆ 网络切片编排	☆ 网络切片应用与激活 ☆ AR/VR业务测试 ☆ 上网/语音/视频业务测试	☆ 入网流程协议分析 ☆ 微服务注册协议分析 ☆ 切换流程解析 ☆ 业务过程分析	☆ 时延指标测试 ☆ 速率、容量指标测试 ☆ 射频覆盖、干扰测试	☆ 5G网络故障定位与处理 ☆ 5G网络性能优化 ☆ 5G网络覆盖优化 ......

图 2-2 平台实践流程

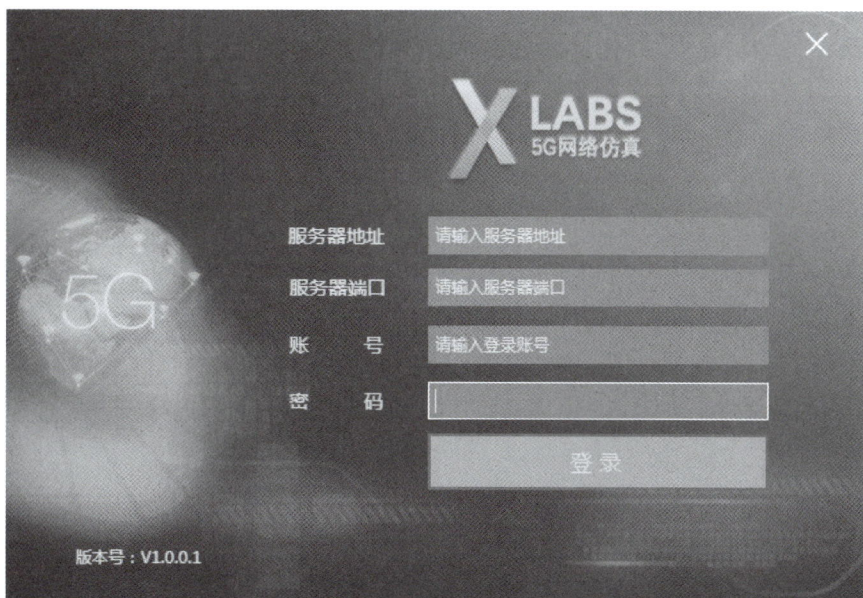

图 2-3　登录平台

图 2-4　平台功能选项

2.2.1　网络拓扑规划设计

5G 建网的第一步,工程师会在草纸上设计网络拓扑。如图 2-5 所示,平台支持学生自由设计网络结构,支持任意机房的添加/删除及机房内设备的部署。可以由小型网络开始,直到复杂业务组网的实战训练。充分理解网络中各部分的作用,学会根据需求设计网络的总体结构,提升学生的网络规划能力。平台支持两种设计模式:

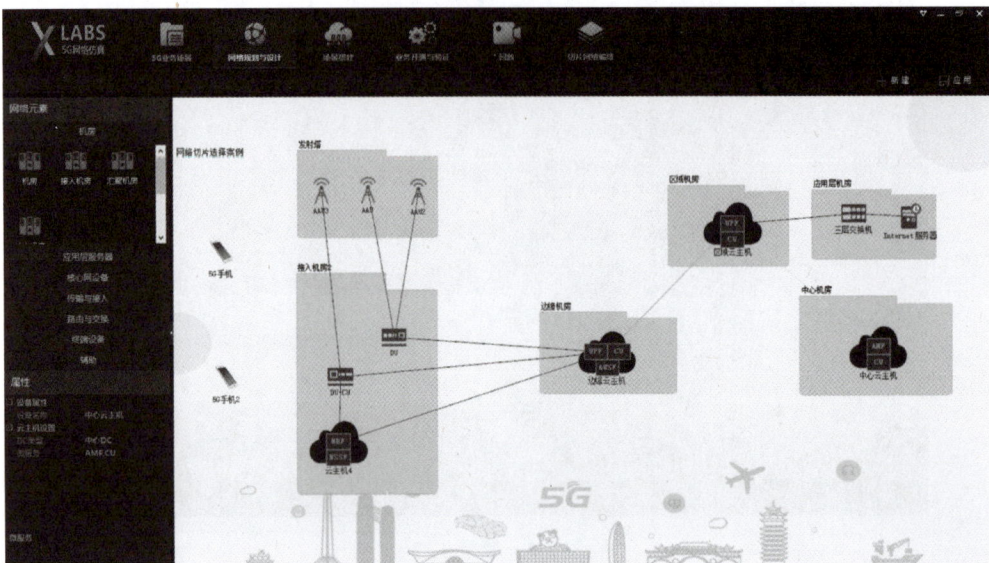

图 2-5　设计网络拓扑

(1)自由设计:单击界面右上角的【＋新建】,打开空白设计图纸。界面左侧的网络元素库提供 DU、AAU 等传输与接入网元,云主机核心网网元,路由与交换设备,5G 手机、个人计算机(Personal Computer,PC)等终端设备。将需要的网元从元素库拖拽出来,按照自己的设计,放在界面右侧网络规划图纸上,通过线连接起来,自由设计网络拓扑。

(2)引用实验案例:平台也提供实验案例库,进入【5G 业务场景】板块,选择相应的案例,阅读案例说明,选择【应用案例】,将案例添加到当前工作区域,在案例已有环节的基础上有针对性地继续实验。

2.2.2　机房建设设备搭建

平台提供场景搭建板块,能够依据网络规划内容,进行机房建设与设备部署实训。选择进入【场景搭建】,如图 2-6 所示,该板块支持学生自主编辑场景(设计场景地图),如图 2-7~图 2-9 所示,并根据实际工程情况选择不同机房模板或新建机房模板,如图 2-10 所示,完成机房选型与建设。在设备安装与搭建方面,可根据规划内容选择设备,将设备安装至机柜或相应的安装位置,并进行设备之间的连线,如图 2-11 所示,完成设备的部署与网络的搭建。

平台支持虚拟的 5G 终端进行入网测试。如图 2-12 所示,在【场景搭建】的【网络验证】页面,依次验证设备是否放在合理位置,设备间的连线是否正确等。如果验证过程有报错,应根据错误位置、说明信息来纠错排障。直到显示"验证完毕,网络验证成功",说明场景搭建部分正确,可以进入下一环节继续实验。

图 2-6　场景地图设计与编辑

图 2-7　无线站点场景

图 2-8　小型社区场景

图 2-9　部署机房/站点

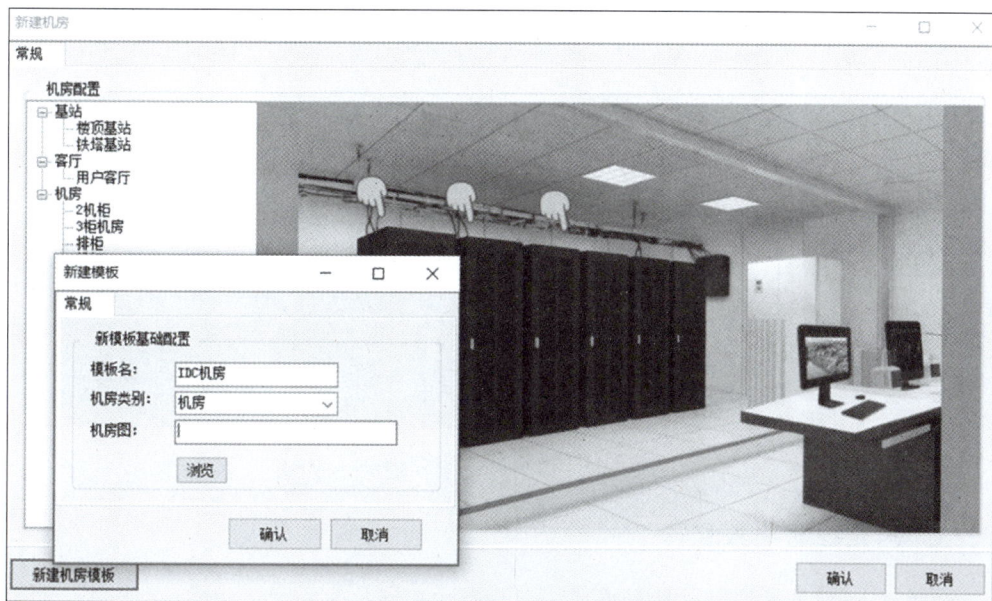

图 2-10　选择/新增机房模板

图 2-11　设备安装与连线

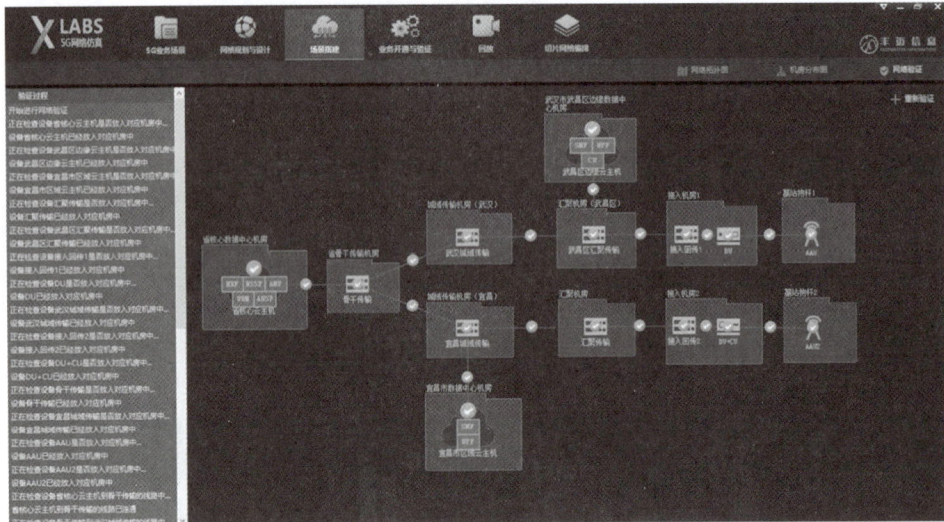

图 2-12　网络搭建匹配性验证

2.2.3　网元数据业务配置

选择进入【业务开通与验证】，该板块支持网元数据及业务配置功能，支持 5G 云化核心网、RAN 网元、OTN/PTN 传输网、数据通信网的业务配置功能，包含各网元的切片配置、私有配置、无线参数配置，并且支持各项业务的开通与体验。如图 2-13 和图 2-14 所示，各项业务设置参数均与 NR 空口原理、光传输原理、NFV 虚拟化原理等理论结合，实现工程与原理的统一实践。

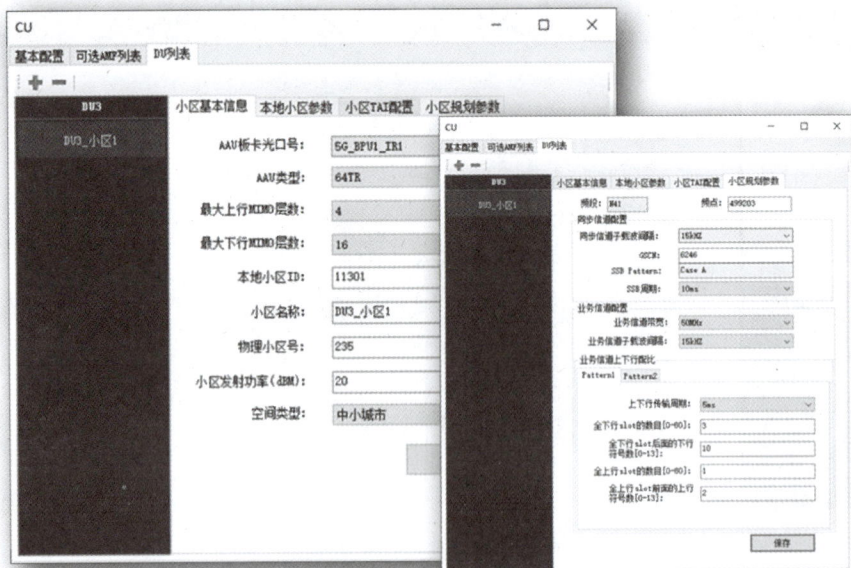

图 2-13　5G NR 空口参数设置

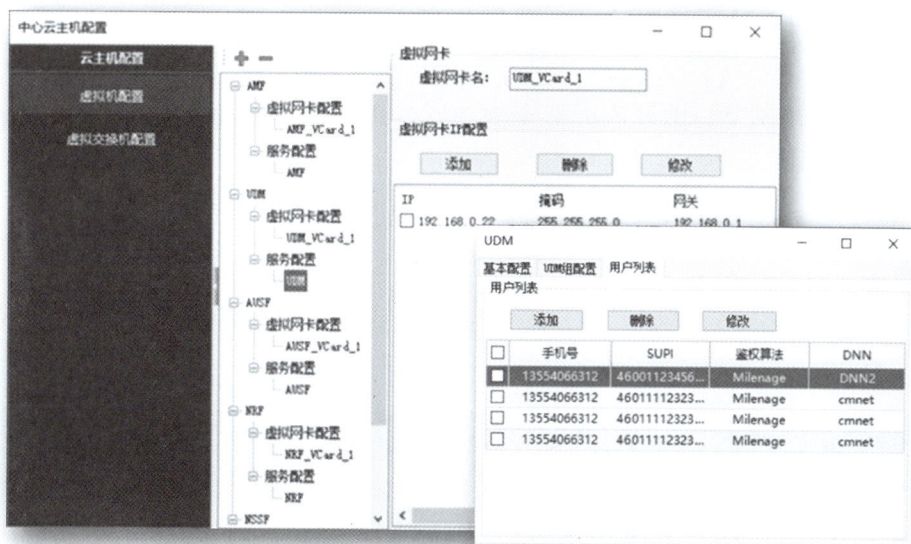

图 2-14　5G NFV 虚拟化网络功能的部署与配置

2.2.4　切片编排业务应用

平台可搭建支持 eMBB、URLLC、mMTC 三大应用场景的网络切片功能,并且支持学生自定义进行网络切片的编排。选择进入【切片网络编排】,如图 2-15 所示,学生可按照自己的想法自主编排网络切片的结构及相关设置,并仿真各种个性化的网络业务。

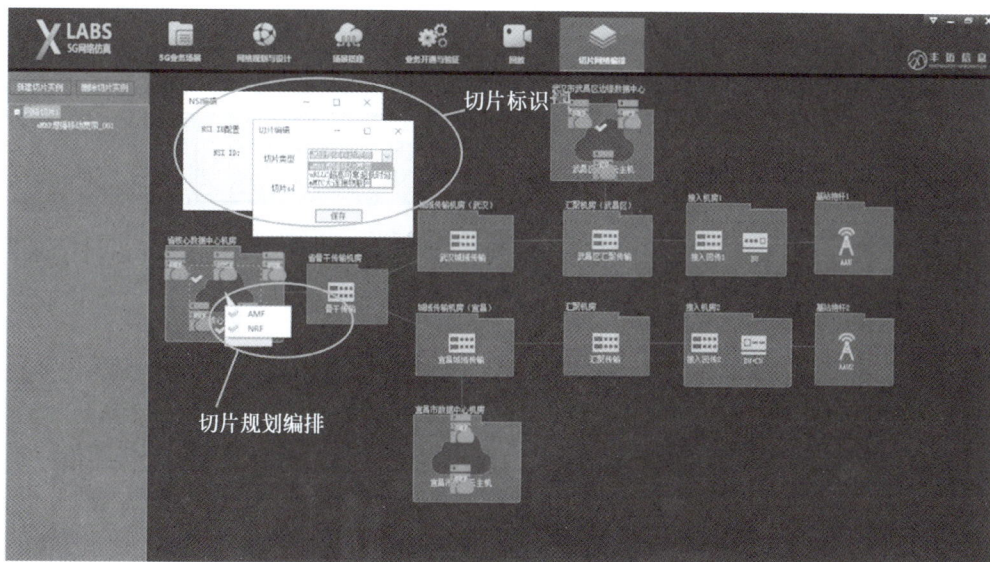

图 2-15　网络切片设置与编排

2.2.5 网络测试性能分析

诊断业务配置完成后,在【业务开通与验证】页面右上角选择"⚠"图标,弹出【告警详情】窗口,有自动发现错误节点的功能,辅助学生渐进式学习,打造有坡度的 5G 学习体系,简化学习过程。

可以支持虚拟的业务体验测试等功能。为帮助学生进行故障定位及处理,平台支持业务的测试和诊断功能,在【业务开通与验证】页面的左下方的业务验证板块有 ping 测试或 trace 测试等功能,并支持终端的时延(图 2-16)及下载速率(图 2-17)等网络性能指标的测试功能,方便分析网络性能。根据实际测试的网络性能与网络需求的差异,进行网络切片/配置参数等内容的优化分析。

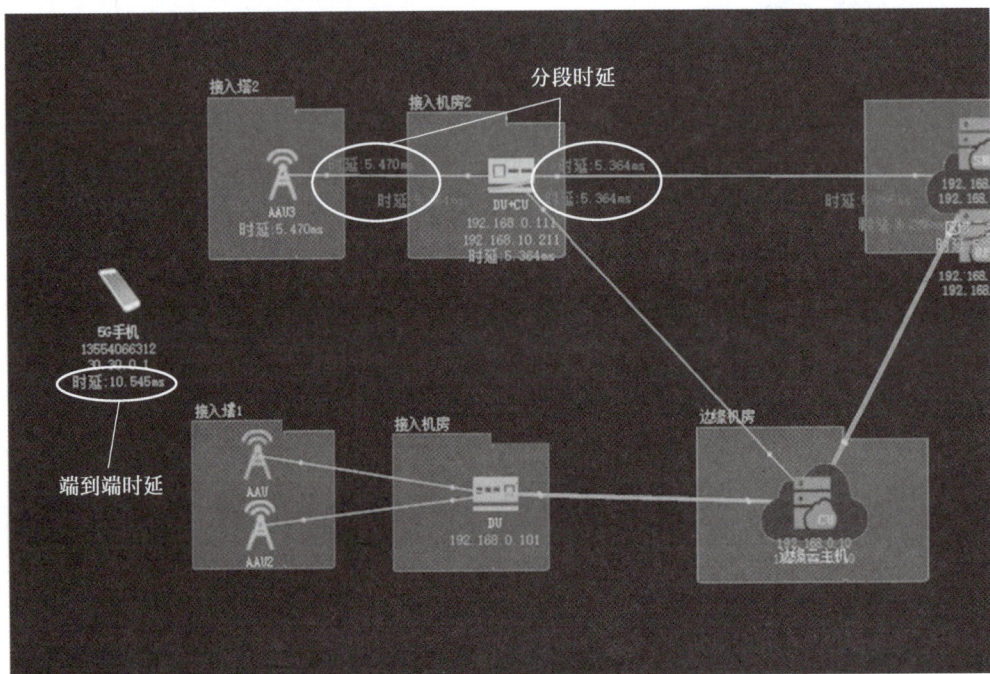

图 2-16 时延指标测试

2.2.6 协议流程数据分析

平台支持查看不同网元间的信令流程,包含 RRC、NAS-MM、NAS-SM、SBI 等协议,支持信令过程的流程图查看和拓扑图查看两种方式。在【业务开通与验证】页面右上角选择"✉"图标,弹出【消息流程】窗口,如图 2-18 所示,这里支持 5G 协议分析功能,能以流程图形式展示协议过程且支持 Wireshark 抓包查看与分析,并且为了方便单独分析各种通信过程,平台提供各种通信事件的筛选功能,能够快速定位并查看不同通信事件的协议过程。

图 2-17 覆盖、速率、容量等指标测试

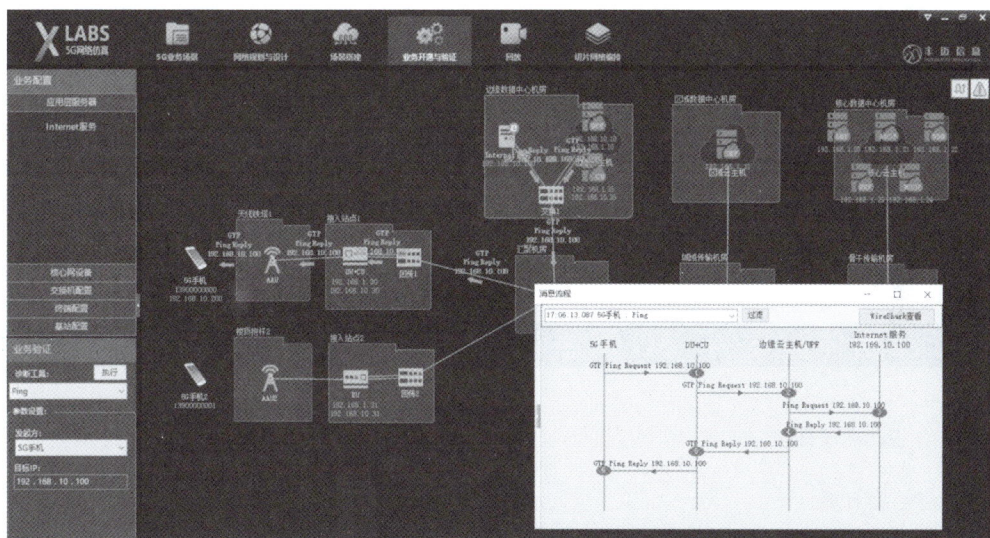

图 2-18 协议流程数据分析

　　业务流程的交互次数和抓包数量相匹配,选择进入【回放】板块,可以查看到事件、数据包,可以单步骤地执行业务过程等。回放板块主要是对业务测试功能的一个延伸和加强,因为业务测试中会产生真实的数据码流在设备中流转,许多过程是无法暂停查看的;通过回放板块,将上一个板块的业务开通与验证过程全部数据记录下来,可以在该板块中进行单步的演进,从而进行详细的网络数据流程分析,通过 Wireshark 平台抓取的数据包查看解析,来学习各种网络协议和过程原理。

2.2.7　行业应用业务开通

支持学生自主部署及设置各项应用设备及网络功能,包含视频服务器、CDN 节点、多接入边缘计算(Multi-access Edge Computing,MEC)节点、车联万物(Vehicle to Everything,V2X)服务器、AR/VR 边缘渲染等应用相关设备,并能与仿真的 5G 网络配合,展示基于 5G 网络的各种典型应用,让学生理解 4K/8K 直播、AR/VR 业务、智慧工业、智慧医疗、车联网等垂直行业应用架构,并了解各应用对 5G 网络的需求,如图 2-19 所示。

图 2-19　业务场景

2.3　平台体验案例:5G 网络认知与网络规划实验

2.3.1　实验介绍

1．实验目的

本实验主要目的是认知独立组网模式下的 5G 网络的基本架构,如图 2-20 所示,掌握 5G 网络的组成及各网元功能,并学会使用 5G 网络仿真平台进行网络规划设计的基本操作。

2．实验内容

本实验中,按照实验说明及要求,在相应的机房下添加对应的设备,完成基本的 5G 网络的拓扑图,需要注意的是,应按照要求来进行设备的添加等操作。

2.3.2　实验原理

基于服务的 5G 网络架构如图 2-20 所示。

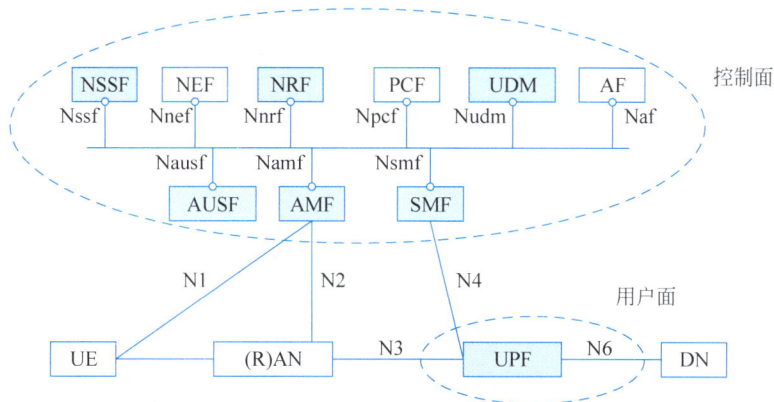

图 2-20　基于服务的 5G 网络架构

1. 5G 接入网

无线接入网(俗称基站,详见 3.2 节内容)主要由以下部分组成:

(1) 有源天线单元(AAU):主要负责射频信号的处理,接收与发射无线信号。AAU 相当于 4G 网络中的"射频拉远单元(Radio Remote Unit,RRU)+天线",还集成了基带处理单元(Base Band Unit,BBU)的部分物理层功能。

(2) 集中单元(CU)和分布单元(DU):相当于 4G 网络中的 BBU,需要注意的是 5G 基带处理部分可以分离式部署,即分成 CU 和 DU 两部分,也可以部署在一起。

2. 5G 核心网

5G 相对于 4G 网络来说核心网的变化是非常大的。为了能够适应各类不同业务,能够按需部署核心网功能,做到快速部署、快速开通、快速应用等,5G 核心网采用了 SBA 的微服务架构,并进一步细分了核心网的各种功能。

从图 2-20 可以看到,5G 核心网包括 AMF、SMF、UPF 等功能,各类功能的含义及作用在 3.3 节中具体介绍。

2.3.3　实验步骤

下面根据实验原理部分的 5G 网络架构图来用平台搭建出一个基本的 5G 网络拓扑。在这个过程中,将学习基本的平台操作,完成从 0 到 1 创建网络拓扑。

1. 5G 接入网

首先搭建 5G 接入网的拓扑。用户的 5G 终端利用 5G 网络进行相关业务时,必须接入 5G 网络。

对于移动通信系统来说,终端接入网络是通过无线的方式接入,首先与终端建立连接的是 5G 基站,这也是 5G 接入网的主要组成部分。

(1) 选择【网络规划与设计】板块,如图 2-21 所示,单击界面右上角的【+新建】,创建新的案例,在网络元素中选择【机房】,在画布中添加机房或设备时,默认单击一次即可添加一个选中的机房或设备,可重复单击添加多个机房或设备,可右击取消选中状态,如图 2-22 所示。在画布中新建机房并重新命名为"5G 接入网"。

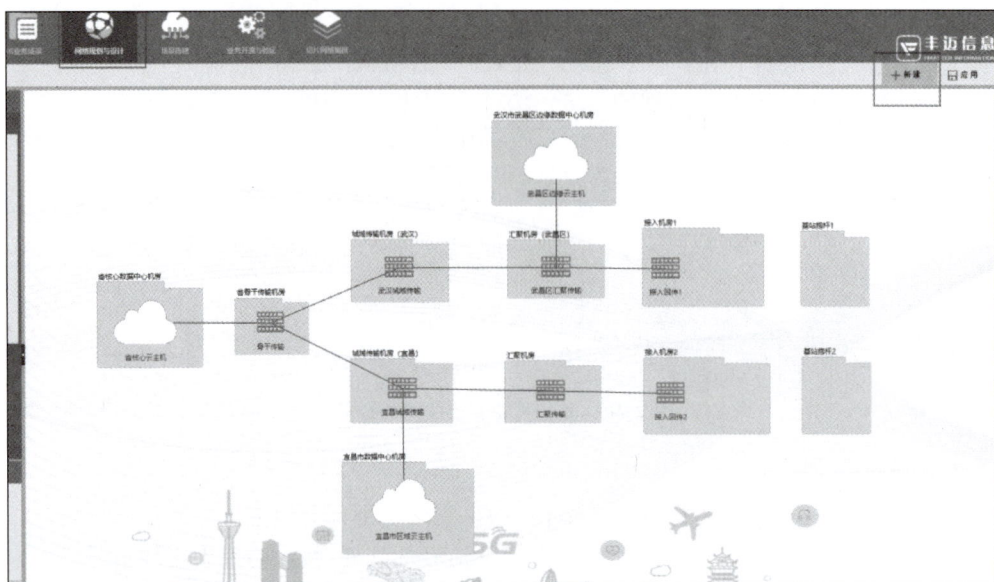

图 2-21　新建网络

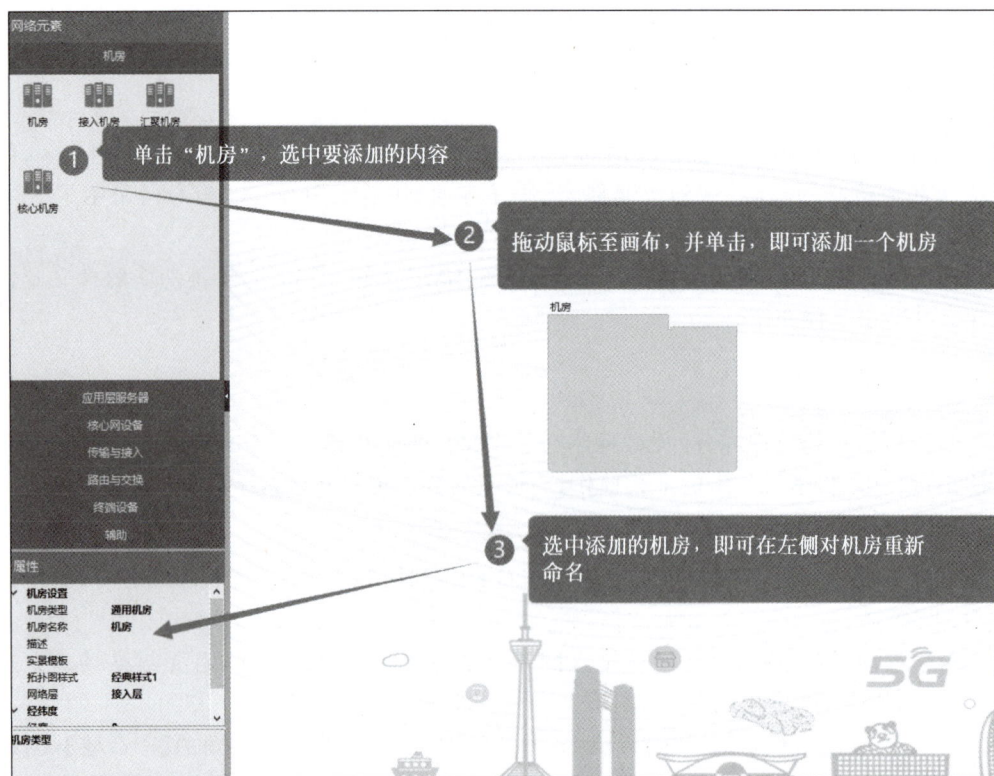

图 2-22　添加机房详细步骤

（2）在"5G接入网"中添加包括DU＋CU、AAU的5G基站设备并连线,在机房外添加一个5G手机。

提示：可选择【辅助】→"线",建立设备之间的连线关系。如图2-23所示,将DU＋CU与AAU进行了连线。实际中,这两个设备通过光纤进行连接,也可以通过更改线的颜色来区别不同线缆。

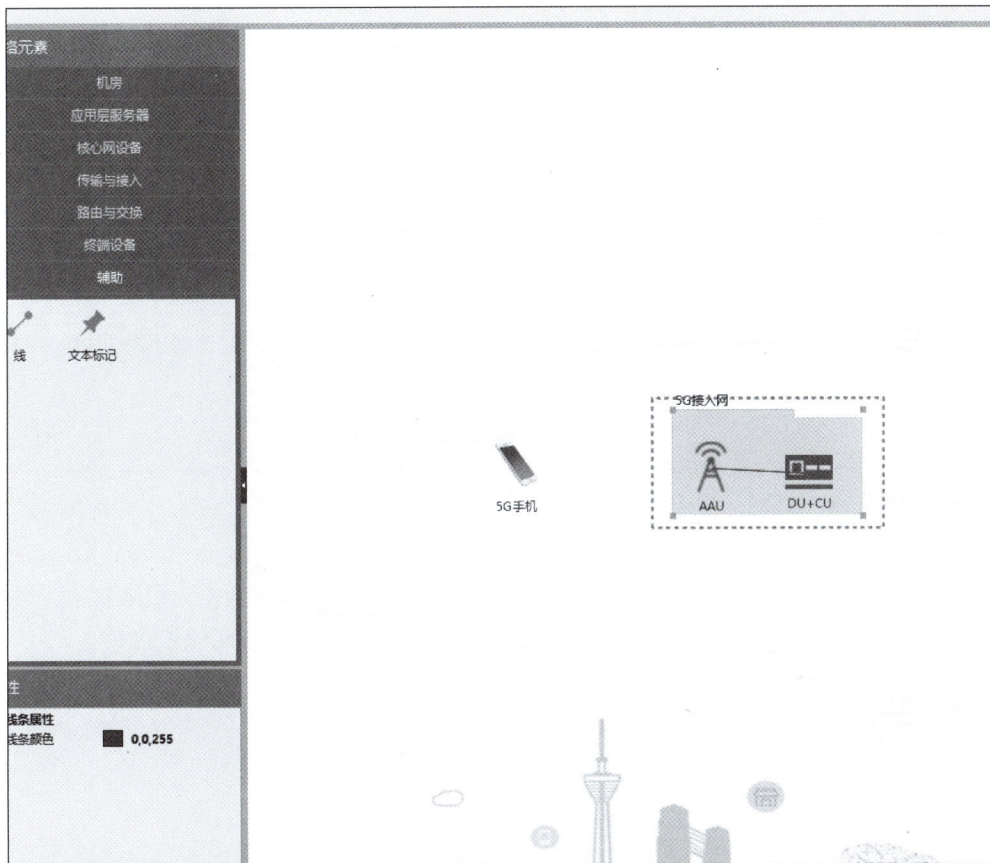

图 2-23　添加 5G 基站设备

注：对于5G基站,DU和CU可以采用分离式部署方式,也可以采用DU＋CU合设的部署方式,本次搭建采用DU＋CU合设的方式。

2. 5G核心网用户面

如果5G终端接入了5G网络,那么它如何去访问相应的应用或者数据呢？在5G核心网中有一个专门用来处理用户数据的网络功能UPF。简单来说,终端要上网或业务要通过UPF来访问数据。

在这里,将UPF和应用数据在拓扑图上都体现出来,步骤如下：

（1）新建两个机房,如图2-24所示,并重新命名为"5G核心网用户面"和"数据或应用"。

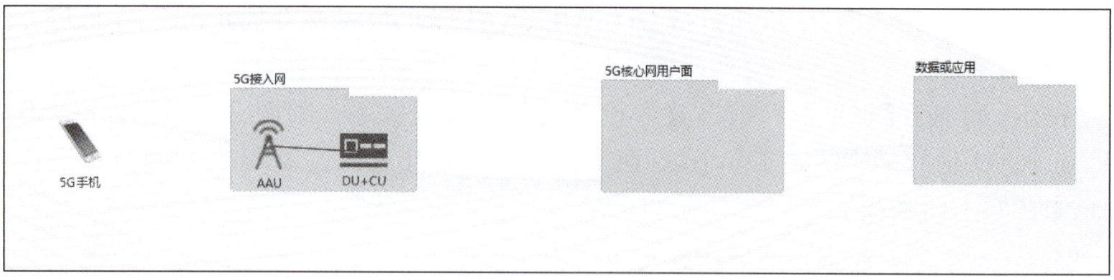

图 2-24　用户面命名

（2）如图 2-25 所示，在"数据或应用"机房中添加一个"Internet 服务器"，作为终端要访问数据的示意。在"5G 核心网用户面"机房中添加一个云主机设备。

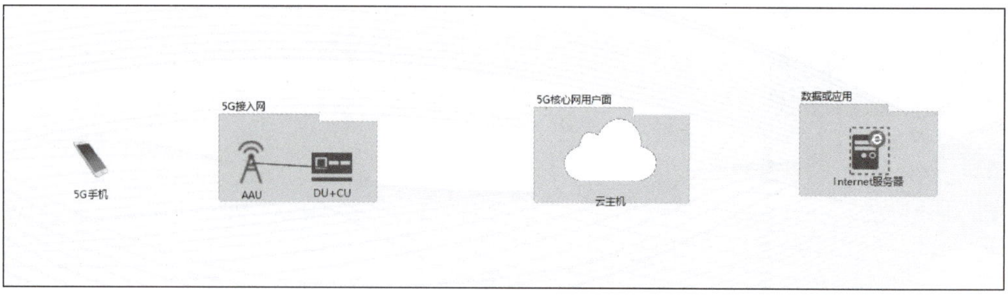

图 2-25　添加 Internet 服务器、云主机设备

注：云主机设备表示通用的服务器设备，在该设备上能够部署各类不同的网络功能或服务。也就是说，在该设备上部署不同的 5G 核心网的微服务或者应用服务等。

（3）如图 2-26 所示，在云主机上添加 UPF 功能，并建立各设备间的连接关系。

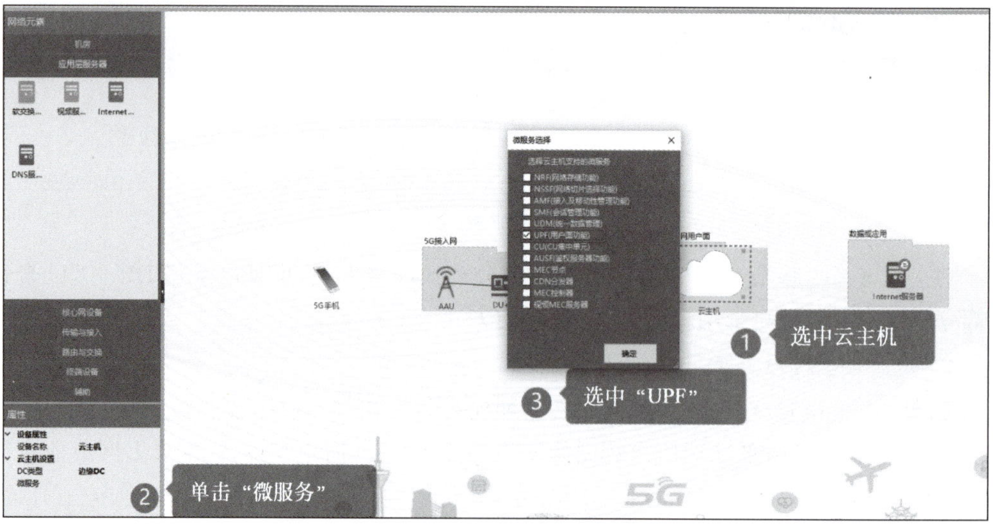

图 2-26　添加 UPF 功能

如果 5G 终端已经接入了 5G 网络，那么进行业务时，通过 UPF 来访问相关数据，需要建立一条用户面的路径，一般称为会话，如图 2-27 所示。

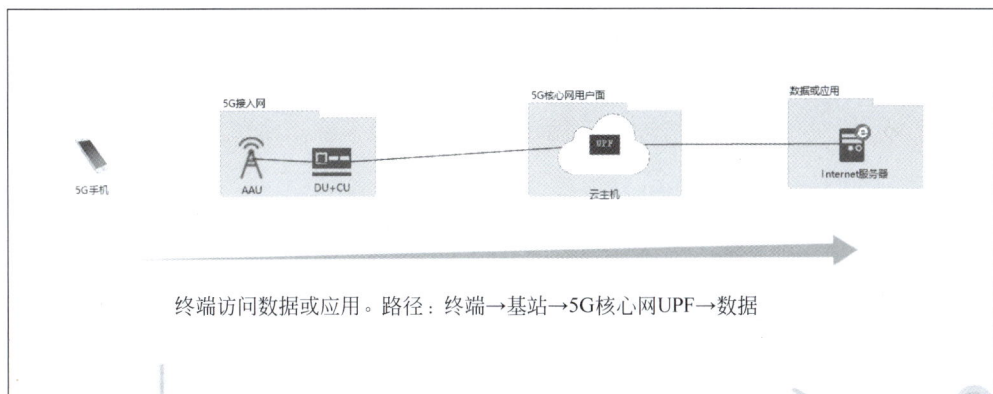

图 2-27　终端访问数据或应用的路径

3. 5G 核心网控制面

搭建 5G 核心网的各种控制功能：

（1）新建机房，如图 2-28 所示，重新命名为"5G 核心网控制面"，并在该机房中添加一个云主机设备。

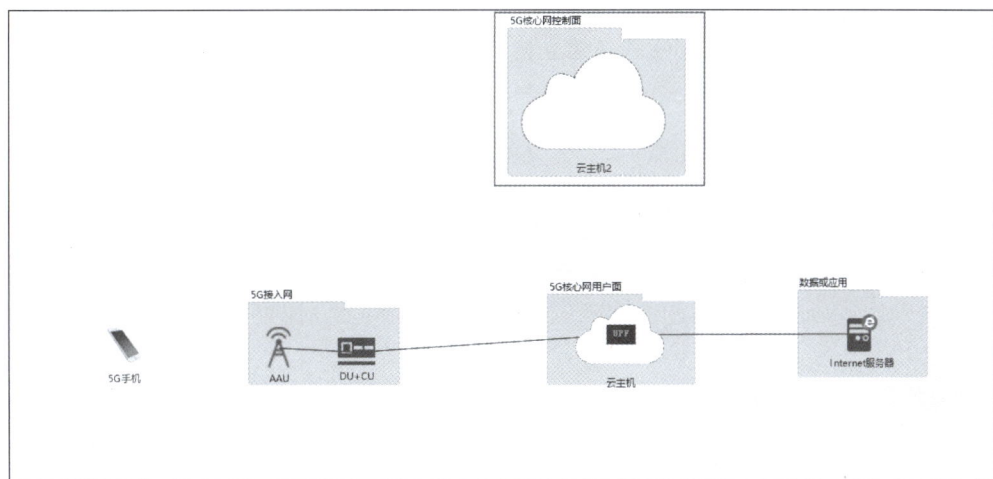

图 2-28　5G 核心网控制面添加云主机设备

注：5G 核心网采用微服务的理念，可以部署在各种数据中心机房的通用服务器上，上述步骤相当于建设了数据中心机房的条件。可以在这个条件基础上进行各类虚拟化网络功能的部署。

（2）在"云主机 2"上添加 SMF 服务，如图 2-29 所示，并将 SMF 与 UPF 建立连接关系。

通过步骤（2），5G 终端已经可以上网，但这是在假设上网的这条路径已经建立的基础上。事实上，这条路径什么时候建立、什么时候释放，以及什么时候新建一条路径等，需要 5G 核心网的 SMF 会话管理功能进行管理。

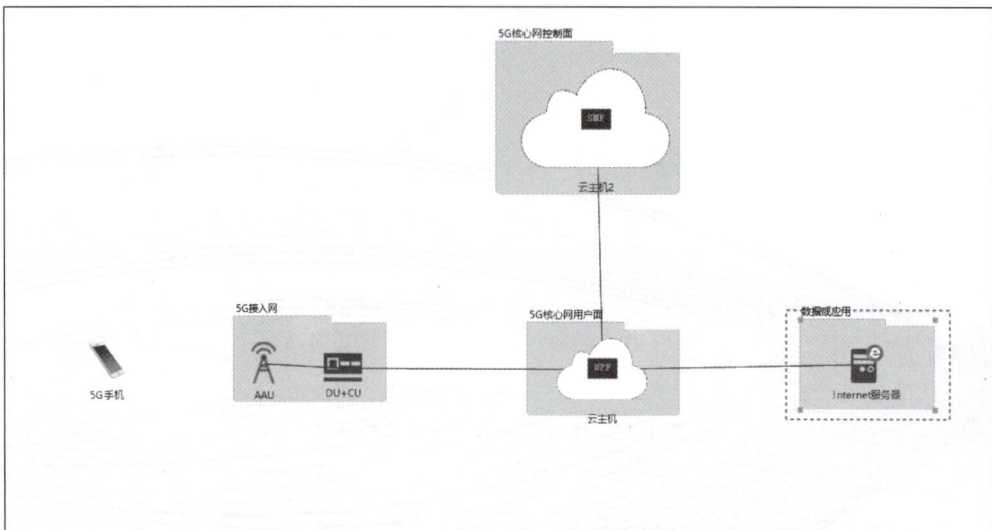

图 2-29　在 5G 核心网控制面云主机中添加 SMF 服务

注：SMF 与 UPF 之间的连接关系就是 5G 核心网控制面与用户面之间交互的接口。

（3）如图 2-30 所示，在"云主机 2"上添加 AMF、AUSF、UDM、NRF、NSSF 服务，并将各类核心网控制面功能与 5G 基站建立控制面接口关系。

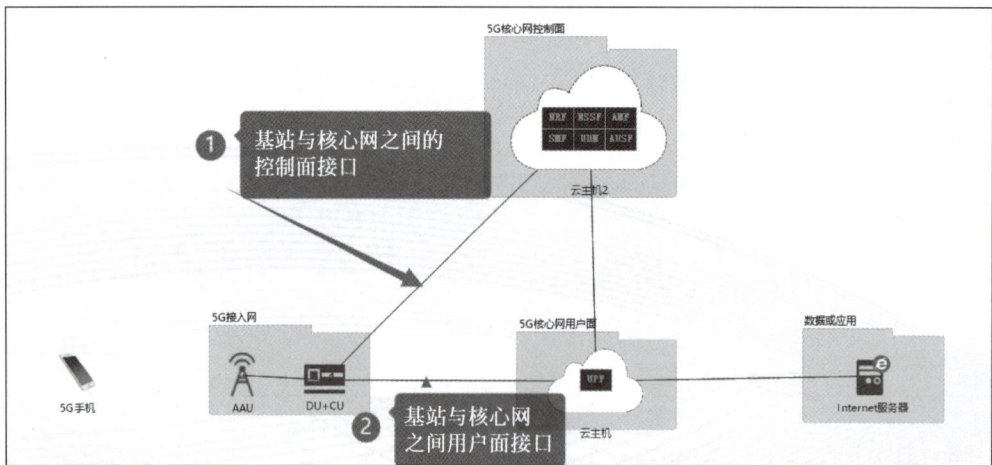

图 2-30　在核心网控制面添加服务并建立控制面接口

注：5G 终端接入网络中，还要通过一系列的接入、鉴权等操作，5G 终端在移动的过程中，为保证业务的连续性，也要进行小区切换等操作。这就要求核心网需要很多不同的控制功能来控制终端的各类行为。

4. 保存案例

（1）如图 2-31 所示，单击右上角菜单，选择【项目另存为】，选择目录，新建一个案例 5G 网络认知与网络规划实验。这样就完成了案例新建。

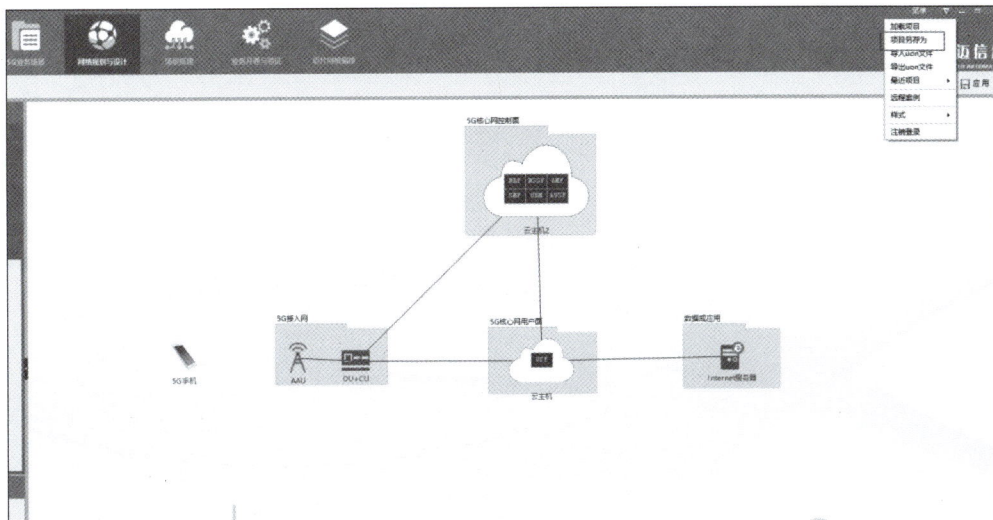

(a) 在【菜单】中选择【项目另存为】

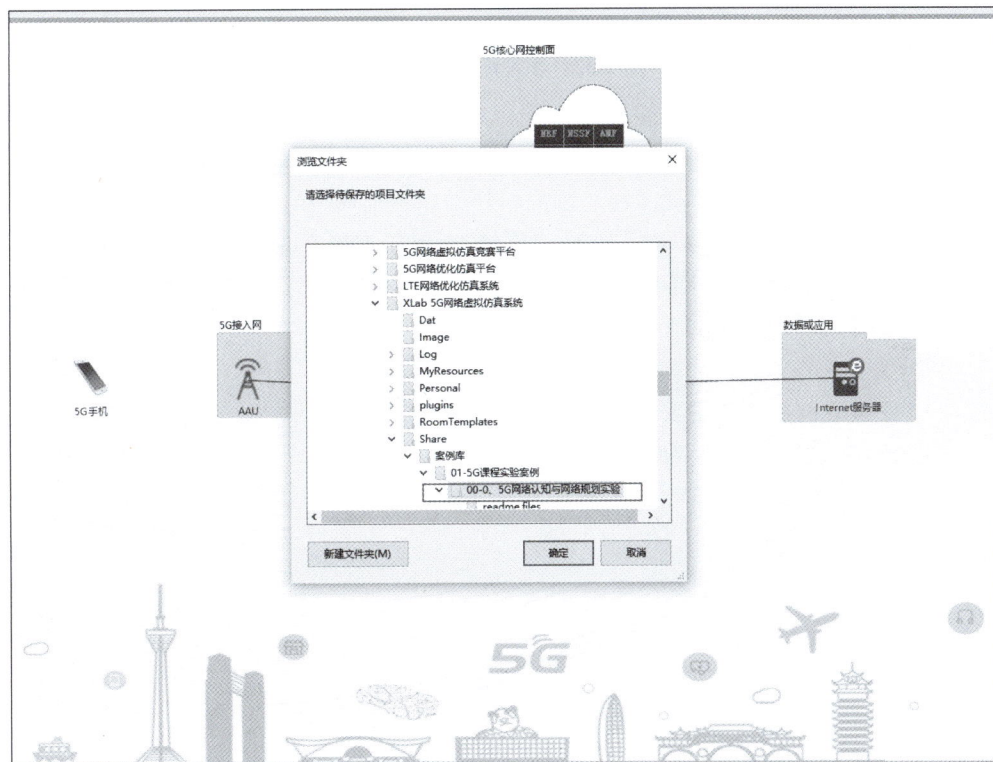

(b) 新建文件夹

图 2-31　保存新建实验案例

（2）导入新建案例。单击右上角菜单，选中【加载项目】，选择刚才保存的案例并应用，如图 2-32 所示。

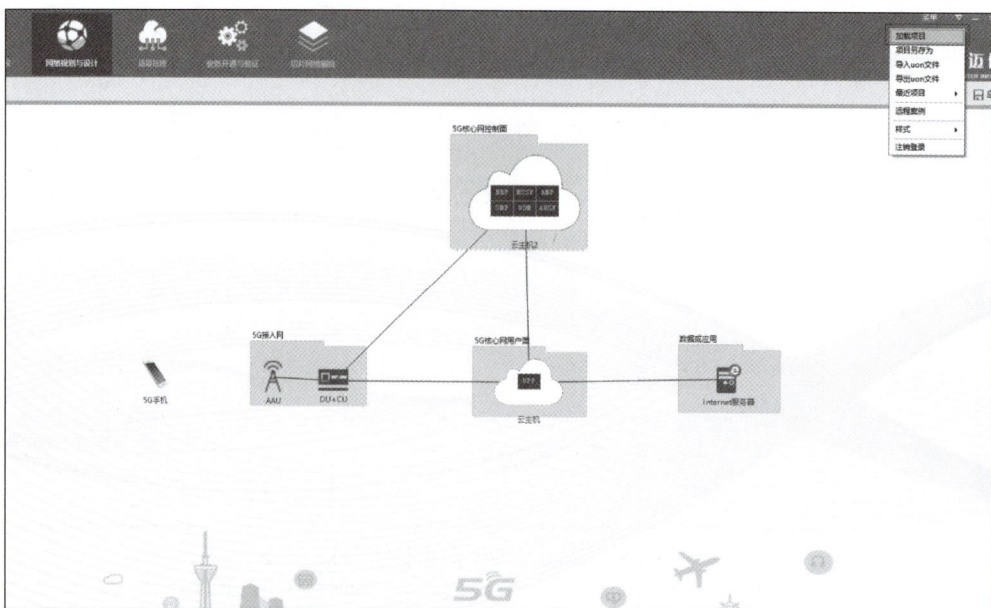

图 2-32　导入新建实验案例

2.3.4　实验总结

如上,完成了一个基本的 5G 核心网的拓扑搭建。当然,在这个拓扑中省去了很多其他设备和网络,如光传输网络、路由交换网络等,这里就不展开介绍。

完成本实验后,考虑以下问题,并完成实验报告的作答:

(1) 5G 接入网由哪些网元组成? 有什么不同架构? 在 5G 网络部署初期应该采用哪种架构,为什么?

(2) 5G 核心网由哪些主要的网络功能组成,各网络功能的中文名称是什么?

(3) 什么是用户面和控制面? 5G 核心网功能哪些属于用户面,哪些属于控制面?

第 3 章

5G移动通信系统设计架构

在第 1 章中介绍了 5G 的三大典型应用场景、关键性能指标等内容。为了满足不同业务的需求，5G 移动通信系统在网络架构设计上更加灵活。从整体上说，与 3GPP 已有系统类似，5G 系统架构仍然分为 5G 接入网和 5G 核心网两部分，但是各自的设计，特别是核心网的设计方面进行了颠覆性的革命。

3.1 5G 系统架构概述

3.1.1 5G 网络重构原则

5G 网络架构的重构是向功能更灵活、性能更优质、运营更智能、网络更友好的方向发展。无论面临着什么问题和挑战，都应坚守以下四项基本原则：

（1）灵活：要满足不同业务的超高可靠、超低时延等要求，实现以个人、企业、机器对机器（Machine to Machine，M2M）等用户为中心的组网，便于更快地功能引入。

（2）高效：要以更低的数据传输成本，更易于扩展的网络架构；简化运行状态管理、简化信令交互。

（3）智能：能够支持网络资源的自动分配和调整，实现网络自配置和自优化。

（4）开放：软硬件解耦，释放了平台开发的创造性和灵活性，网络能力向第三方开放，打造新的生态环境，创新盈利点。

3.1.2 5G 系统整体架构

从整体上看，与前一代移动通信系统类似，5G 系统整体架构仍然分为两部分，包括 5G 核 心 网（5th Generation Core Network，5GC）和下一代无线接入网络（Next Generation Radio Access Network，NG-RAN），即 5G 接入网，如图 3-1 所示，但其内部架构都发生了颠覆性的改变。

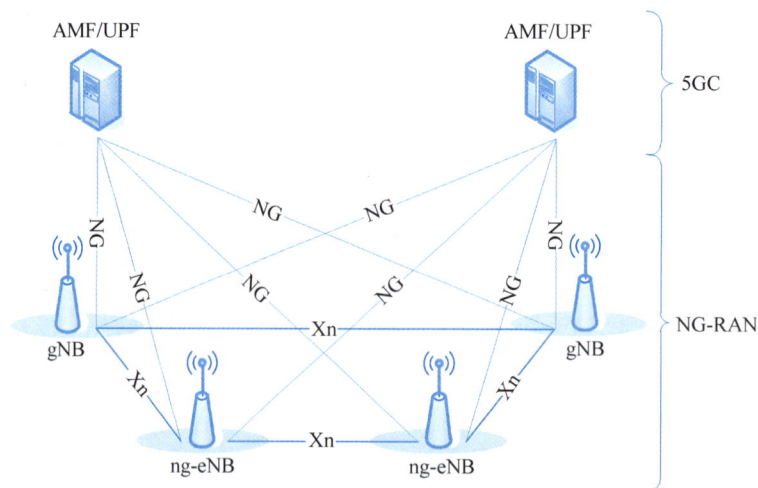

图 3-1 5G 移动通信系统网络架构

5G 核心网以软件化、模块化的方式灵活地、快速地组装和部署业务应用为目标,采用云化设计,将传统系统架构中的网元定义为一些由服务组成的网络功能,接入和移动管理功能(AMF)、用户面功能(UPF)、会话管理功能(SMF)是 5GC 的三种主要网络功能。

5G 核心网的控制平面和用户平面进一步分离。为了满足低时延、高流量的网络要求,5G 核心网对用户面的控制和转发功能进行了重构,控制面功能进一步集中化,用户面功能进一步分布化,运营商可以根据业务需求灵活地配置网络功能,满足差异化的场景对网络的不同需求。重构后的控制平面分为 AMF 和 SMF 两个网络功能。AMF 负责移动性管理,SMF 负责会话管理。用户面的 UPF 代替了 LTE 网络中的服务网关(Serving Gateway,SGW)和分组数据网络网关(Packet Data Network Gateway,PGW)。由于 SMF 和接入网之间没有接口,因此未在图中表示。

在接入网设计中,考虑到 LTE 系统的长期存在,很长一段时间内 5G 和 LTE 系统会共同部署。在网络架构设计中,NG-RAN 是由基于 5G 新空口(New Radio,NR)的基站(Next Generation Node B,gNB)和基于升级的 4G 网络 eLTE(Evolved Long Term Evolution)的基站(Next Generation Evdved NodeB,ng-eNB)两种节点通过 Xn 接口构建的。这两种基站都可以连接到核心网,但事实上它们的功能有较大的差别:

(1) gNB 面向终端(User Equipment,UE)提供 NR 用户面和控制面协议,表示 5G 基站。

(2) ng-eNB 面向 UE 提供演进的通用移动通信系统(Universal Mobile Telecommunications System,UMTS)陆地无线接入(Evolved Universal Terrestrial Radio Access,E-UTRA)属于 3GPP LTE 的空中接口的用户面和控制面协议,可以理解为升级的 4G 基站。

这个网络通过 NG 接口和 5G 的核心网 5GC 连接。在标准规范中,NG-RAN 是 gNB 和 ng-eNB 的统称。在需要区分两者的时候,才分别表明为 gNB 和 ng-eNB。

3.1.3 5G 网络关键接口

从图 3-1 可以看出,5G 网络最重要的两个接口分别是 NG 接口和 Xn 接口。

1. NG 接口

5G 接入网与核心网之间通过 NG 接口进行信令信息交换,可分为控制面接口(NG-RAN and 5GC Control Plane Interface,NG-C)与用户面接口(NG-RAN and 5GC User Plane Interface,NG-U)。gNB/ng-eNB 和 AMF 之间是控制面接口,和 UPF 之间是用户面接口。从这方面来看,5G 基站设备应有控制面和用户面两个向上的数据接口,当然有时这两种接口也可用一个物理接口来传输数据。NG 接口可以实现 AMF/UPF 和 NG-RAN 节点的多对多连接,即一个 AMF/UPF 可以连接多个 gNB/ng-eNB,另一个 gNB/ng-eNB 也可以连接多个 AMF/UPF。

2. Xn 接口

Xn 接口支持两个 NG-RAN 节点之间的信令信息交换,以及协议数据单元(Protocol Data Unit,PDU)到各个隧道端点的转发。gNB 之间、ng-eNB 之间以及 gNB 和 ng-eNB 通过 Xn 接口进行连接。从逻辑角度来看,Xn 是两个 NG-RAN 节点之间的点对点接口。

即使在两个 NG-RAN 节点之间没有物理直接连接的情况下,点对点逻辑接口也是可行的。其中,Xn 控制平面接口(Xn-C)支持自身接口状态管理、UE 移动性管理等功能。Xn 用户平面接口(Xn-U)在两个 NG-RAN 节点之间提供无保证的用户平面 PDU 传送,并支持数据传输和流量控制等功能。

3.1.4　SA 组网与 NSA 组网对比

5G 网络部署有非独立组网(NSA)模式和独立组网(SA)模式两种,如图 3-2(a)所示。

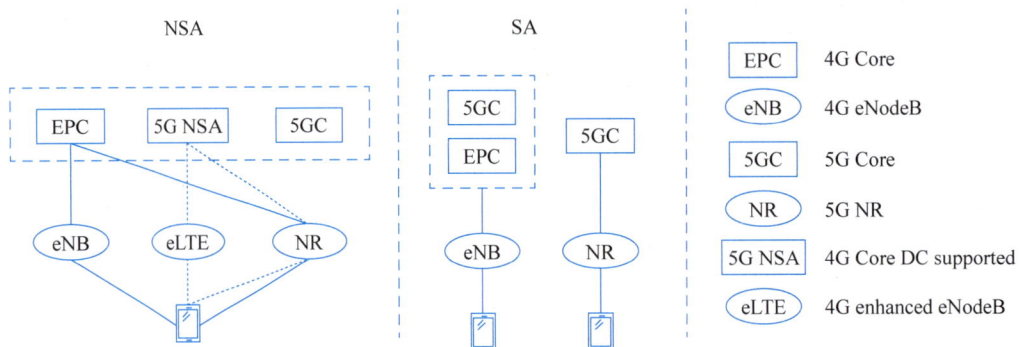

(a) 非独立组网和独立组网架构

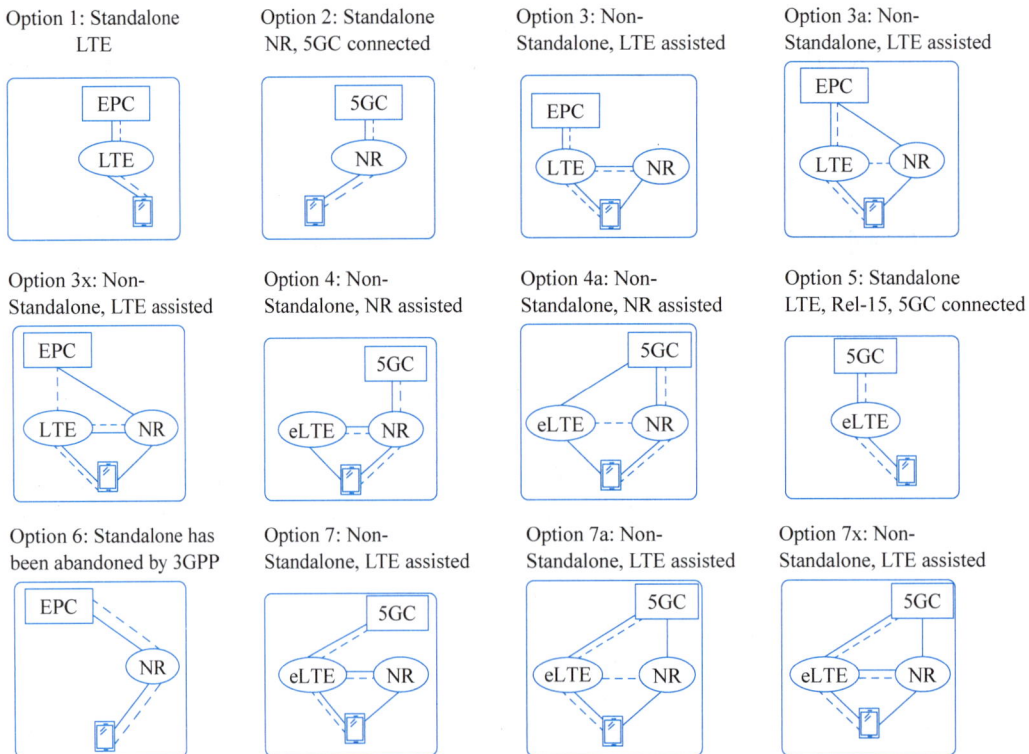

图 3-2　5G NR 组网类型与常见部署方式

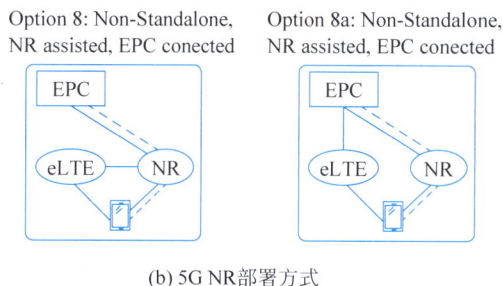

Option 8: Non-Standalone, NR assisted, EPC conected

Option 8a: Non-Standalone, NR assisted, EPC conected

(b) 5G NR部署方式

图 3-2(续)

非独立组网指的是使用现有的4G基础设施,进行改造、升级和增加一些5G设备,进行网络部署,使网络可以让用户体验到5G的超高网速,又不浪费现有的设备。基于NSA架构的5G载波仅承载用户数据,其控制信令仍通过4G网络传输。在NSA模式中,大多是以LTE为锚点来实现5G NR与LTE的双连接的。

独立组网模式指的是新建5G网络,包括5G基站、5G回程链路以及5G的核心网。SA模式在引入了全新网元与接口的同时,还将大规模采用网络功能虚拟化、软件定义网络(Software-Defined Network,SDN)等新技术,并与5G无线侧的关键技术结合,其协议开发、网络规划部署及互通互操作所面临的挑战是巨大的。

在3GPP的R15版本中分成了两个阶段,第一阶段发布的是NSA,第二阶段发布的是SA。为4G和5G组网部署方式提出了8个选项,如图3-2(b)所示,其中选项1、2、5、6是独立组网,选项3、4、7、8是非独立组网,部分选项还有不同的子选项。其中,6和8已被3GPP舍弃。

实际上,建网初期运营商大多选择了NSA选项3x的方案,把用户面数据分为两部分,对4G基站造成瓶颈的那部分迁移到5G基站,剩下的部分继续走4G基站,这样增加的投资不多,却最大效益地实现5G的功能。由于NSA是新建5G基站+4G基站升级支持5G的,再连接4G核心网,因此,5G与4G在接入网级互通复杂,虽然利用了4G设备,但组网和运营成本大增。在SA下,5G与4G仅在核心网级互通,非常简单。SA选项2采用全新的5G核心网和无线网gNB组网,其优势是可以完全发挥出5G的各项性能,按照3GPP的标准推进。

3.2 5G接入网架构和接口

3.2.1 重构下的5G接入网架构

在4G时代,基站分为基带处理单元(BBU)、射频拉远单元(RRU)和天线三部分。其中,BBU的作用是对基带信号进行处理。RRU主要是负责上下变频,收发信机模块完成中频信号到射频信号的变换;再经过功放和滤波模块,将射频信号通过天线口发射出去。

回顾第1章内容可知,5G系统支持eMBB、mMTC和URLLC等多种应用场景。各种场景对时延等关键性能的要求千差万别,在5G新系统设计之前应进行需求分析,并提出相应场景业务需要的关键性能指标。比如:针对eMBB场景,下行峰值速率应达到

20Gb/s,下行频谱效率达到 30bit/(s·Hz);对于 URLLC 场景来说,控制面传输时延应小于 10ms,用户面传输时延应小于 0.5ms 等更高的性能要求。

1. 5G 接入网的重构架构

为满足不同场景业务差异化的需要,获得相比 4G 更好的性能指标,5G 系统对接入网进行了重构。如图 3-3 所示,根据处理内容的实时性将 4G 中的 BBU 功能拆分,并将移动网络边缘计算等部分核心网功能下沉。根据这些原则,5G 接入网络重构为以下三大部分。

集中单元(CU):原 BBU 的非实时部分将分割出来,重新定义为 CU,负责处理非实时的协议和服务,同时也支持部分核心网功能下沉和边缘应用业务的部署。

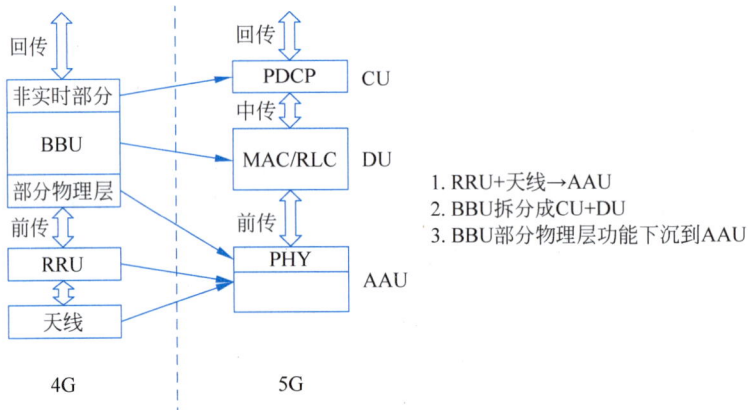

图 3-3　4G 到 5G 接入网架构变化

有源天线单元(AAU):主要负责射频信号的处理,接收与发射无线信号。在 4G 网络中"RRU+天线"的基础上,AAU 还集成了原来 BBU 的部分物理层功能,以降低 DU 和 RRU 之间的传输带宽,节省传输资源。

分布单元(DU):BBU 的剩余功能重新定义为 DU,负责处理物理层协议和实时服务。

2. 5G 接入网的两种部署方式

5G 接入网由 CU、DU、AAU 三个功能实体组成。其中,以处理内容的实时性进行区分的 CU、DU 两个逻辑网元,相当于 4G 网络中的 BBU。针对不同的应用场景,5G 基带处理部分有两种部署方案:一种是 CU+DU 合设的方式,另一种是 CU 与 DU 分离的方式,如图 3-4 所示。这些部署方式的选择,需要同时综合考虑多种因素,包括业务的传输需求(如带宽、时延等因素)、接入网设备的实现要求(如设备的复杂度、池化增益等)以及协作能力和运维难度等。

举例来说,若前传网络为理想传输(如通过光纤直连,当前传输网络具有足够高的带宽和极低时延),则可以将协议栈高实时性的功能进行集中,CU 与 DU 可以部署在同一个集

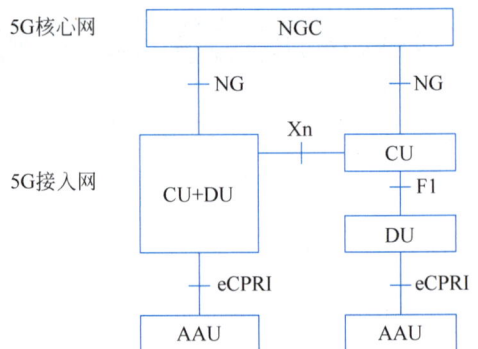

图 3-4　5G 接入网的两种部署方式

中节点,以获得最大的协作化增益。若前传网络为非理想传输(如传输网络带宽和时延有限时),则 CU 可以集中协议栈低实时性的功能并采用集中部署的方式,DU 可以集中协议栈高实时性的功能并采用分布式部署的方式。另外,CU 作为集中节点,部署位置可以根据不同业务的需求灵活调整。

3.2.2 无线网络关键接口

如图 3-5 所示,5G 无线网络部分的主要接口包括 F1、E1、eCPRI 等。

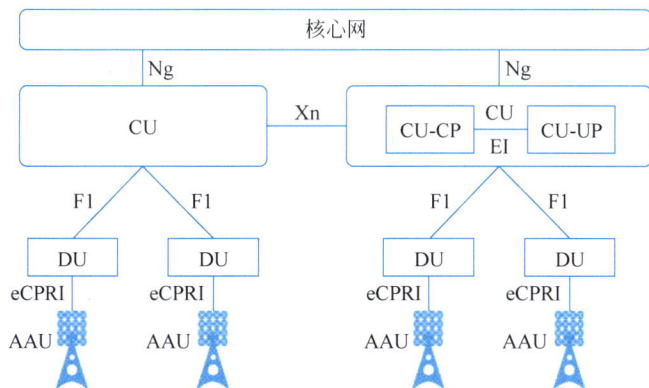

图 3-5　5G 无线网络关键接口

1. F1 接口

5G 基站分为 CU 和 DU,其中:由 gNB-CU 实现 PDCP 层以上的无线高层协议功能,包括 RRC、SDAP 和 PDCP 协议栈;由 gNB-DU 处理物理层和 PDCP 层以下的层 2 功能,包括 RLC、MAC 和 PHY 协议栈。gNB-DU 通过 F1 接口和 gNB-CU 连接,如图 3-6 所示。F1 接口是 5G 接入网新引入的接口,其主要功能包括系统信息管理、UE 上下文管理以及 RRC 消息传输等。

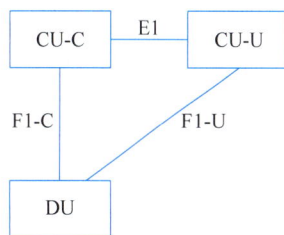

图 3-6　5G 基站 CU 和 DU 连接

2. E1 接口

5G 基站的 CU 进一步分为控制平面(Control Plane)和用户平面(User Plane)。

gNB-CU-CP 实现 RRC 和 PDCP 控制平面的协议栈,主要提供 UE 连接、移动性管理、寻呼、系统信息等接入网控制平面的功能。

gNB-CU-UP 实现 SDAP 和 PDCP 用户平面的协议栈,主要负责用户数据承载和传输的接入网用户平面的功能。

E1 接口是 5G 接入网新引入的接口,如图 3-6 所示,gNB-CU-CP 通过 E1 接口和 gNB-CU-UP 连接。

3. eCPRI 接口

5G 基站的基带部分与射频部分的接口为增强型通用公共无线电接口(enhanced Common Public Radio Interface,eCPRI),如图 3-7 所示,它源于 4G 蜂窝无线网络中的

BBU 与 RRU 之间接口的通信规范 CPRI。在 4G 及以前的时代,在物理层(Physical Layer,PHY)和射频(Radio Frequency,RF)之间设置 CPRI,该接口的速率与天线数量和载波带宽呈正比关系。然而,随着实际业务对网络速率需求的不断增长,对 CPRI 接口速率的要求提高了几十倍,成本随之急剧上升,给通信系统的建设和运营带来了巨大的经济压力。

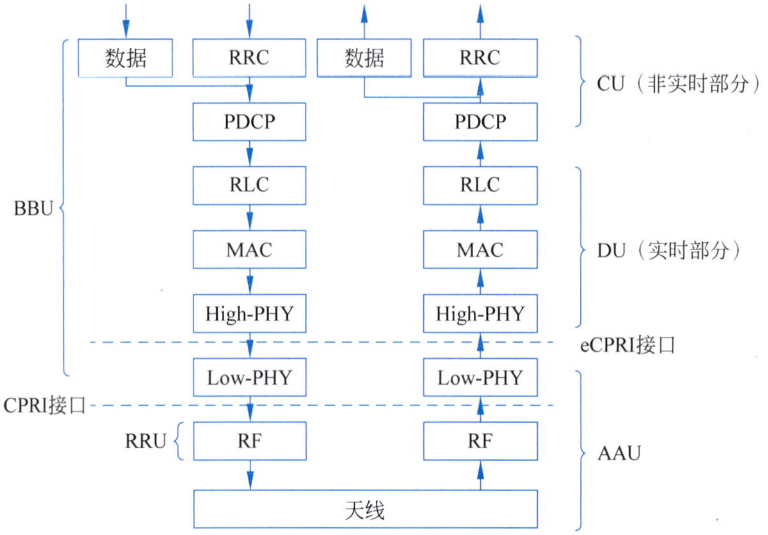

图 3-7　eCPRI

与 CPRI 相比,eCPRI 通过将在 High-PHY 往上的数据交给 DU 处理,下面的交给 AAU 处理,这样 DU 和 AAU 之间的数据量就减少,大幅降低 DU 和 AAU 之间的接口速率要求,达到节省光模块成本的目的。

3.2.3　无线网络协议层

5G 空口协议栈主要分三层,分别是网络层(L3)、数据链路层(L2)和物理层(L1)。网络层是空中接口服务的使用者,即 RRC 信令及用户面数据;数据链路层对不同的网络层数据进行区分标识,并提供不同的服务;物理层为高层的数据提供无线资源及物理层的处理。

1. 控制面和用户面

从整体结构来看,5G 和 4G 的无线侧协议栈基本相同,都是进行用户面和控制面的分离。控制面的协议栈是系统控制信令传输采用的协议簇,如图 3-8 所示,包括 L3 的 NAS、RRC,L2 的 PDCP、RLC、MAC 层和 L1 的 PHY 层。

用户面的协议栈是用户数据传输采用的协议簇,包括 L2 的 SDAP、PDCP、RLC、MAC 层和 L1 的 PHY 层。除了新增加了一个新的 SDAP 协议栈之外,其他结构与 4G 完全相同,如图 3-9 所示。

2. 各协议层功能

(1) 非接入层(Non-Access Stratum,NAS):主要用于 UE 与 AMF 之间的连接和移动控制。这里,基站只是透传 UE 发给 AMF 的消息,并不能识别或更改这部分消息,如附着、承载建立、服务请求等移动性和连接流程消息。

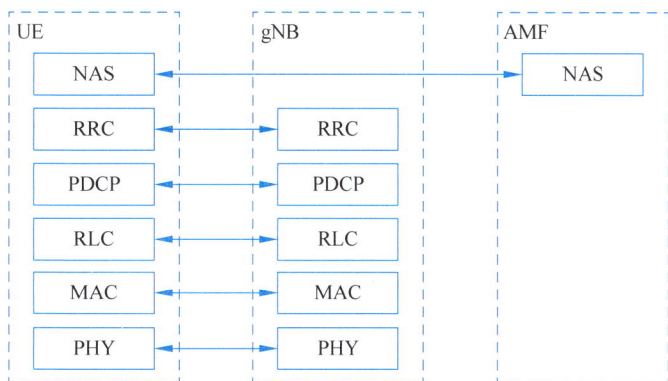

图 3-8　5G 无线侧控制面协议栈结构

（2）无线资源控制（Radio Resource Control，RRC）层：主要用来处理用户与基站之间的所有信令，包括系统消息、准入控制、安全管理、小区重选、测量上报、切换和移动性、NAS 消息传输、无线资源管理等。

（3）服务数据适配协议（Service Data Adaptation Protocol，SDAP）层：位于PDCP 层以上，直接承载 IP 数据包，只用于用户面。5G 核心网的基本业务通道从 4G 时代的承载（Bearer）的概念细化到以服务

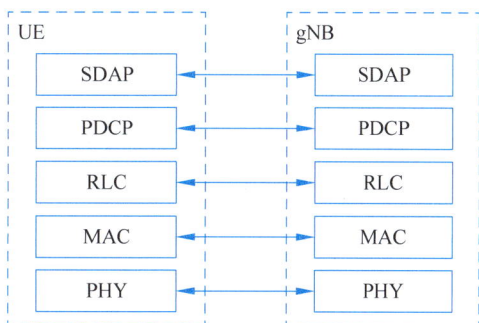

图 3-9　5G 无线侧用户面协议栈结构

质量流（Quality of Service Flow，QoS Flow）为基本业务传输单位。SDAP 层负责 5GC 中的 QoS 流与数据无线承载（Data Radio Bearer，DRB）之间的映射，为数据包添加服务质量流标识符（QoS Flow Identifier，QFI）标记。

（4）分组数据汇聚协议（Packet Data Convergence Protocol，PDCP）层：为用户面和控制面传输数据，加密、解密；对用户面 IP 头压缩；控制面完整性校验、用户面选择性校验；排序和复制检测；向 SDAP 子层提供无线承载。

（5）无线链路控制（Radio Link Control，RLC）层：为用户和控制数据提供分段和重传业务。该层给 PDCP 子层提供 RLC 信道。根据业务类型，支持对广播消息的透明模式（Transparent Mode，TM），对语音、视频业务等有时延要求的非确认模式（Unacknowledged Mode，UM），对网页浏览等错误敏感业务的确认模式（Acknowledged Mode，AM）这三种模式。

（6）介质访问控制（Media Access Control，MAC）层：实现逻辑信道和传输信道之间的映射；复用/解复用；报告调度信息；通过混合自动重传请求（Hybrid Automatic Repeat Request，HARQ）进行错误纠正；逻辑信道优先级管理。该 MAC 子层向 RLC 子层提供逻辑信道。

（7）物理层（Physical Layer，PHY）：为 MAC 子层提供传输信道。在 4G 基础上，增加了 eMBB 场景编码：控制信道 Polar 码，业务信道 LDPC 码；正交相移键控（Quadrature

Phase Shift Keying,QPSK)、16 阶正交幅度调制(16-Quadrature Amplitude Modulation,16QAM)、64QAM、256QAM 等调制；MIMO 处理等。

3.3　5G 核心网架构和接口

1G 到 4G 移动通信系统采用了整体式网元结构导致业务改动复杂、可靠性方案实现复杂,控制面和用户面消息交织导致部署运维难度大。为了彻底解决这些问题,5G 开启了网络架构新模式的探索。由中国移动牵头,联合全球 14 家运营商、华为等 12 家网络设备商提出基于服务的网络架构(SBA)。2017 年,3GPP 正式确认采用 SBA 作为 5G 核心网统一基础架构。

3.3.1　基于服务的网络架构及主要功能实体

3GPP 的 5G 系统架构是基于服务的,这意味着系统核心网架构中将原来具有多个功能的一个实体网元整体拆分成具有独自服务功能的多个个体,每个个体表现为一个网络功能(Network Function,NF),这些功能通过统一架构的接口为任何许可的其他网络功能提供服务,如图 3-10 所示。基于服务的 5G 核心网网络架构包括以下网络功能：

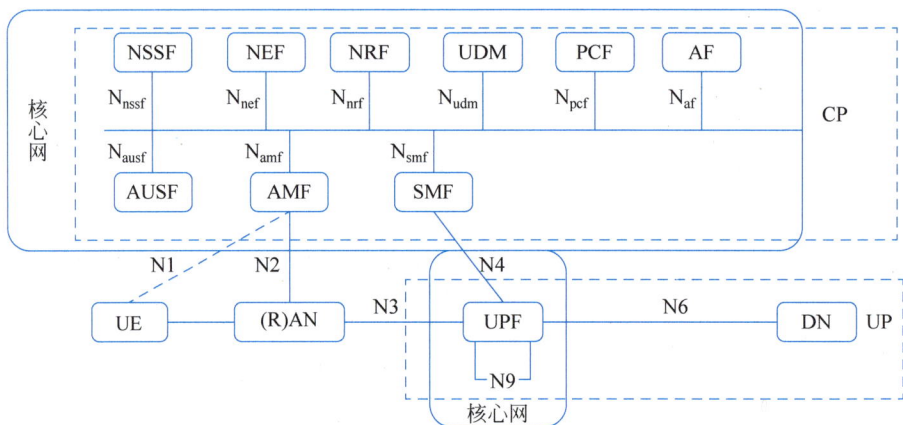

图 3-10　基于服务的 5G 核心网网络架构

接入和移动性管理功能(Access and Mobility Management Function,AMF)负责用户的移动性和接入管理,类似 4G 移动性管理实体(Mobility Management Entity,MME)中 NAS 接入控制功能。

会话管理功能(Session Management Function,SMF)负责用户会话管理,类似 4G MME、SGW-C、PGW-U 的用户平面功能。

用户面由用户面功能(User Plane Function,UPF)来管理,代替了 4G 中的 SGW 和 PGW 中用户面的路由和转发功能。UPF 是 5G 核心网中唯一一个用户面网络功能。

统一数据管理(Unified Data Management,UDM)负责前台数据的统一处理,包括用户标识、用户签约数据、鉴权数据等,类似 4G 中的归属用户服务器(Home Subscriber Server,HSS)、服务定位参考(Service Provisioning Reference,SPR)等。

策略控制功能(Policy Control Function,PCF)支持统一的策略框架,为控制面提供策略规则,访问与统一数据存储库(Unified Data Repository,UDR)中的策略决策相关的用户信息。

认证服务器功能(Authentication Server Function,AUSF)配合 UDM 专门负责用户鉴权数据相关的处理,类似 4G 归属用户服务器(Home Subscriber Server,HSS)中鉴权功能。

网络能力开放功能(Network Exposure Function,NEF)负责对外开放网络数据,类似 4G 中的服务能力开放功能(Service Capability Exposure Function,SCEF)。

网络切片选择功能(Network Slice Selection Function,NSSF)用来管理网络切片相关的信息,这是 5G 新增的功能。

网络存储功能(NF Repository Function,NRF)负责对 NF 进行登记和管理,这是 5G 新增的功能,类似 4G 中的增强域名系统(Domain Name System,DNS)功能。

应用功能(Application Function,AF)与 3GPP 核心网络交互,以提供服务,允许运营商信任的应用功能直接与相关网络功能交互。

与核心网用户面 UPF 相连接的数据网络(Data Network,DN)指外部数据网络,它代替了 4G 中的外部数据网络(Packet Data Network,PDN)。这表明 5G 志向远大,非运营商的 PDN,如第三方网络,5G 都可以连接。

在 5G 核心网中,并非所有功能都需要在网络切片的实例中使用,它支持使用部分或全部功能灵活部署。采用 SBA 的 5G 核心网架构有三大显著优点:一是拆分后的网络功能独立,既可以独立自治,又能相互合作分担,灵活性好;二是网络功能之间直达,不再需要像拓扑结构一样层级依赖,提高了传输效率;三是在服务的分配上实现智能化,区别于以往核心网需要每个网元进行详细配置入网,在 SBA 架构下,注册、发现、状态检测都是自动化处理。这种设计有助于网络快速升级、提升资源利用率、便于网内和网外的能力开放,使得 5G 系统从架构上全面云化,利于快速扩缩容。

3.3.2　核心网关键接口

与前一代移动通信系统相比,5G 核心网的控制平面和用户平面分离更加彻底。在基于 SBA 的 5G 核心网架构中,控制平面内部是基于服务化的接口(Service-based Interface,SBI)。控制平面网络功能接口用大写 N,跟着小写的网络功能名称来表示。例如 N_{amf} 就是网络功能 AMF 基于服务的接口。如图 3-10 所示,分别用 N_{amf}、N_{smf}、N_{nef}、N_{pcf}、N_{udm}、N_{af}、N_{nrf}、N_{nssf}、N_{ausf}、N_{udr} 表示 AMF、SMF、NEF、PCF、UDM、AF、NRF、NSSF、AUSF、UDR 网元的基于服务的接口。另有 N_{udsf}、$N_{5g\text{-}EIR}$、N_{nwdaf}、N_{smsf} 分别为 UDSF、5G-EIR、NWDAF、SMSF 网元的基于服务的接口,如图 3-11 所示。

5G 核心网的用户平面只有 UPF 一个网络功能。在 5G 系统架构中,参考点显示了 NF 服务之间存在的相互作用。这些参考点通过相应的基于 NF 服务的接口,并通过指定所识别的用户和生产者 NF 服务以及它们的交互,来实现特定的系统过程。5G 系统架构包含以下主要参考点:

N1:通过 NAS 在 UE 和 AMF 之间进行短消息服务(Short Message Service,SMS)

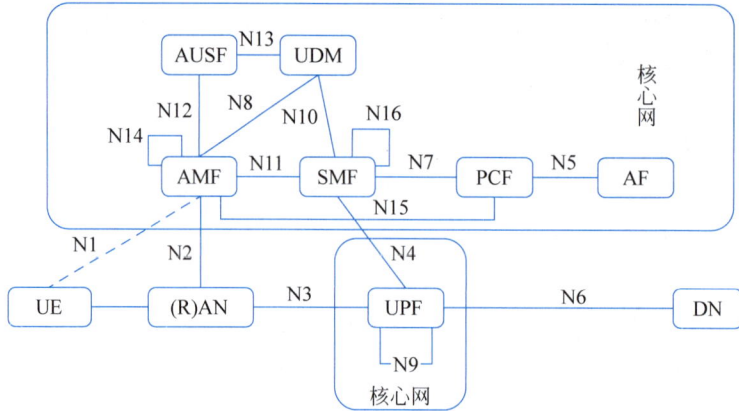

图 3-11   5G 核心网的关键接口

传输的参考点。

N2：(R)AN 和 AMF 之间的参考点。

N3：(R)AN 和 UPF 之间的参考点,在无线侧看就是 Ng-U,类似 4G 的 S1-U 口。

N4：SMF 和 UPF 之间的参考点。

N6：UPF 和外部直连数据网络 DN 之间的参考点。

N9：两个 UPF 之间的参考点。

由于 5G 网络功能很多,而且还在开放网络架构上不断增加,再加上多对多的关系,相互组合起来点对点的接口会很多。现在 5G 点对点的接口从 N1、N2、N3 一直定义到 N58、N59,将来会更多。其中 N1、N2、N3、N4、N5、N6、N7、N8、N9、N10、N11、N12、N13、N14、N15、N16、N26、N33 较为重要。大部分在 4G 网络中有类似对应接口,也有 5G 核心网新增的接口,如 N12、N13、N16、N33。

3.3.3   网络功能发现与选择

每个 NF 都通过服务化接口对外提供服务,并允许其他 NF 访问或调用自身的服务。提供服务的 NF 被称作"NF 服务提供者",访问或调用服务的 NF 被称作"NF 服务使用者"。这些活动都需要 NRF 的管理和监控。

如图 3-12 所示,每个 NF 启动时,必须到 NRF 进行注册登记才能提供服务。NF1 想要让 NF2 来提供服务,必须先到 NRF 来进行服务发现才行。

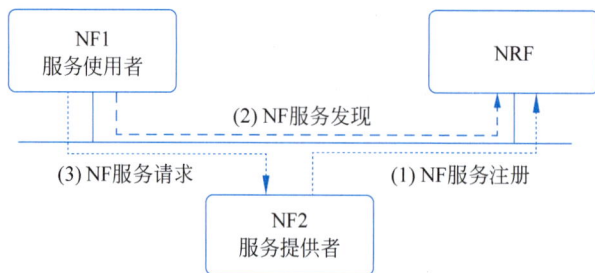

图 3-12   5G 网络功能服务的工作过程

NF 的发现与选择还涉及 SMF、AMF、AUSF、PCF、NEF 等网络功能。AMF 支持 SMF 选择功能,用于分配应管理 PDU 会话的 SMF。下面以 AMF 向 SMF 发起的选择为例,阐明 5G 中的 NF 发现与选择流程:

NF 服务注册:通过向 NRF 提供请求 NF 的配置文件,在 NRF 中注册 NF,NRF 将请求 NF 标记为可供其他 NF 发现的 NF。

NF 服务发现:尝试发现 SMF 实例时,AMF 将 UE 位置信息提供给 NRF。NRF 向 AMF 提供 SMF 实例的 NF 配置文件和 SMF 服务区域。

NF 服务请求:AMF 中的 SMF 选择功能,根据从 NRF 获得的可用 SMF 实例或 AMF 中配置的 SMF 信息,来选择 SMF 实例和 SMF 服务实例。

3.3.4　5G 核心网的关键特征

1. 控制承载分离

从 3G 开始,核心网一直沿着控制面和用户面分离(Control and User Plane Separation, CUPS)的方向演进。控制面负责建立、控制和管理转发业务数据的通道,用户面负责转发用户的业务数据。到了 5G 的 R15 版本,基于 SBA 技术,彻底将控制面和用户面分离,控制面的功能由多个 NF 承载,用户面的功能由 UPF 承载。

AMF 和 SMF 是 5G 控制面的两个主要节点,分别负责接入和移动性管理、会话管理,代替 4G 中 MME 的主要功能。配合它俩的还有 UDM、AUSF、PCF,以执行用户数据管理、鉴权、策略控制等。此外,还有 NEF 负责网络功能开放,NRF 负责网络功能的选择和发现。

UPF 代替了 4G 核心网中 SGW 和 PGW 的用户面功能,负责执行数据包路由和转发功能。UPF 作为独立的用户面实体,既可以灵活部署于核心网的各个位置,也可以部署于更靠近用户的无线网络侧。

5G 核心网中控制面和用户面的接口是 N4 接口,如图 3-13 所示,它沿用了报文转发控制协议(Packet Forwarding Control Protocol,PFCP)。SMF 从 PCF 那里获取到了数据包处理的规则,然后通过 N4 接口下发给 UPF,UPF 按照这些规则完成数据包的转发。

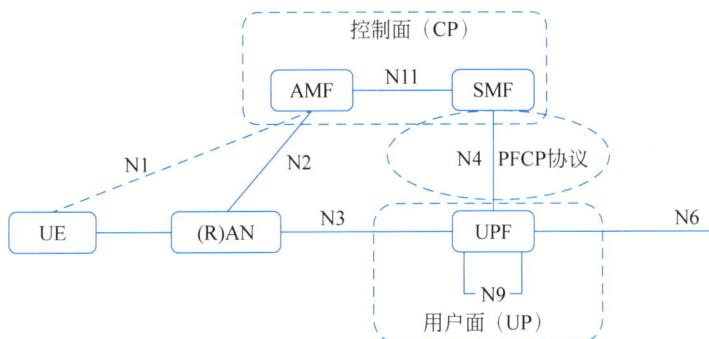

图 3-13　5G 核心网中控制面和用户面的接口——N4 接口

CUPS 有利于业务逻辑的集中控制,还可以让核心网的用户面功能摆脱"中心化"的禁锢。CUPS 的优势主要有以下几方面:

(1)控制面和用户面解耦后,各自可以独立部署、扩展、升级更新,互不影响。二者在部署的地理位置上互不相关。

(2)控制面和用户面可以独立演进,例如控制面演进到虚拟机/容器,用户面演进到 SDN、有效转发的用户数据。这是边缘计算、切片、分布式云化部署和 SDN 技术的基础。

(3)核心网的用户面去中心化后,可以更灵活地部署。根据应用场景的需求,用户面可以向无线侧、向用户靠近,降低业务访问延迟。另外,也可增加用户面的吞吐量。

(4)控制面集中化可以方便获取全局拓扑、全局信息。在控制面无须固定锚点,便于资源池化、路径优化。无用户面隧道,有利于实现控制面与无线接入制式的去相关。

2. 移动边缘计算

5G 核心网控制面和用户面分离后,核心网的用户面可以下沉到边缘,如图 3-14 所示,实现用户面的本地化。移动边缘计算(Mobile Edge Computing,MEC)技术应运而生,其本质就是"靠近本地"的云计算,能够就近提供边缘智能服务。边缘计算系统由边缘设备、边缘控制器、边缘云、边缘应用和服务四大部分组成。如表 3-1 所示,相比云计算,边缘计算是在靠近物或数据源头的网络边缘侧,融合网络、计算、存储、应用核心能力的分布式开放架构,支持网络和应用双向交互,支持用户面的灵活部署,支持应用对用户面的灵活选择,满足各行各业在数字化转型过程中,在敏捷连接、实时业务、数据优化、应用智能、安全与隐私保护等方面的关键需求。

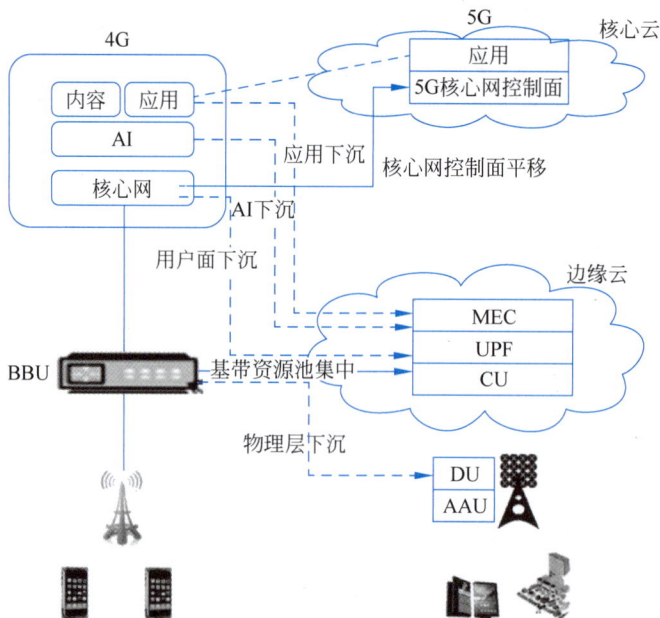

图 3-14　边缘计算技术的形成

表 3-1　云计算和边缘计算对比

项　　目	云　计　算	边　缘　计　算
位置	远端	靠近用户、设备或网关
计算方式	集中式	分布式
计算能力	由性能强大的服务器组成	由分散的各种功能的服务器组成,是云计算的补充
功能不同	大范围数据分析和控制逻辑生成	近端数据的及时分析,指令执行、现场响应
智能	云智能	本地场景的智能
时延特性	时延大,数十到数百毫秒	时延小,最低可达1ms
隐私性和安全性	需要额外的安全措施	隐私性和安全性较高
单个节点部署成本	高	低

边缘计算已成为5G网络架构的关键特性,其主要优势如下:

(1)低时延:在云计算时代,数据在相距几百千米的终端和集中的云端之间来回传送,遥远的物理距离无法满足5G毫秒级时延要求。而边缘计算聚焦实时、短周期数据的处理,能够更好地支撑本地业务的实时智能化处理,为工业互联网、智能车联网提供低时延保障。

(2)数据本地化:边缘计算更靠近用户,形成物理世界和数字世界的桥梁,应用、内容、人工智能、服务能力等下沉到靠近用户侧,在边缘节点处就近提供对数据的过滤和分析,成为数字化世界的本地化入口。有效解决了智能家居等场景在无网络或无法连接至云端时,本地数据能在边缘及时处理,保证服务正常进行。

(3)缓解核心网流量压力:通过边缘节点对本地数据进行数据处理分析,必要的数据汇聚以后上报云端,有效解决海量连接场景的海量传感器数据拥堵问题,减少本地到云端的数据流量。

3. 网络切片

第1章介绍了5G网络中的eMBB、URLLC、mMTC三大应用场景,根据其各自业务特色,对网络有不同的需求,就不能用2G/3G/4G传统的固定网络结构去应对,而应根据场景需求进行功能裁剪、按需部署、灵活组网。5G网络面向多连接和多样化业务时,应能够像积木一样灵活部署,以便于实现新业务快速上线/下线。

网络切片是指一组3GPP协议定义的特征和功能,可以按需组合、灵活地进行功能裁剪,向UE提供特定服务的某个子网络。网络切片是根据应用场景和业务指标需求的不同,将无线接入网、承载网、核心网的物理网络,切成多张相互独立的端到端逻辑上隔离的虚拟网络,来适配各种指标要求的业务应用。图3-15为5G网络典型切片部署示例。

(1)语音业务:带宽要求不高,时延要求也不苛刻,网络功能无须靠近用户,无线侧的CU和DU可以合设在区域数据中心,核心网的控制面和用户面以及IP多媒体子系统(IP Multimedia Subsystem,IMS)可以放置在云中央数据中心。核心网控制平面,需要的功能主要是AM(接入管理)、SM(会话管理)、MM(移动性管理)和计费等功能。

(2)高清视频类业务:带宽需求量大,为了避免大带宽流量对汇聚层和核心层的承载网管道造成冲击,需要尽量将用户面下沉到靠近用户的地方。为了避免不同用户不断

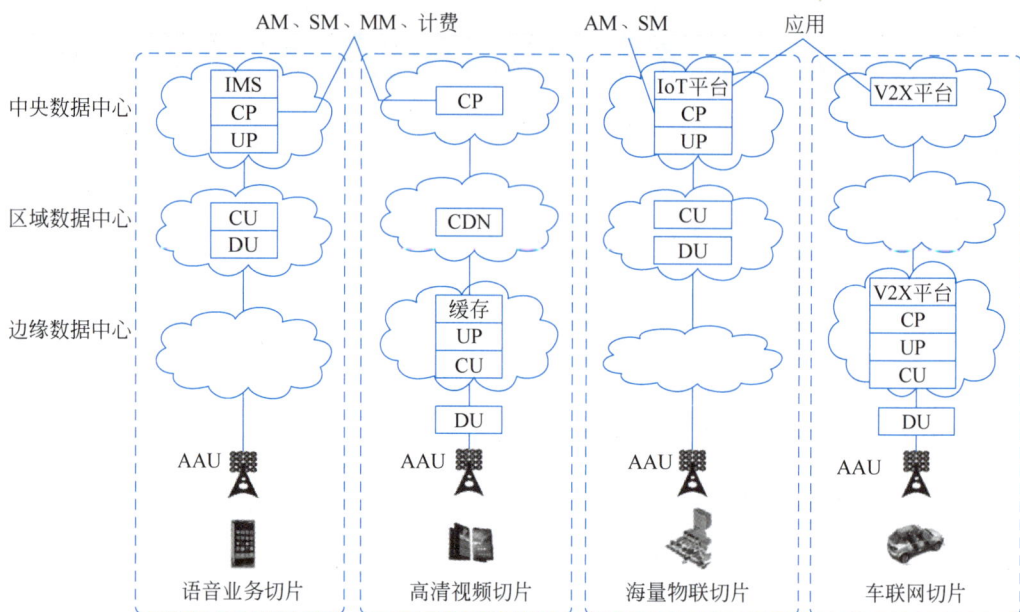

AM、SM、MM、计费　　　　AM、SM　　　　应用

中央数据中心

区域数据中心

边缘数据中心

语音业务切片　　　高清视频切片　　　海量物联切片　　　车联网切片

图 3-15　5G 网络典型切片部署示例

向远端平台请求视频源,可以利用内容分发网络(Content Delivery Network,CDN)的内容存储和分发技术,将平台视频源分发到靠近用户的地方进行缓存,使用户就近获取所需视频资源,降低网络带宽占用,提高用户访问响应速度。

(3) 海量物联网切片需要收集大范围传感器采集数据,这些数据是小包业务,数据量不大,但信令交互频繁,允许一定的时延,在规定的时间内完成状态更新、下载即可;实时性要求不高,但需要较高的安全级别、高可用性和可靠性。这种情况,无线侧功能可以在离用户较远的区域数据中心部署,而核心网功能和物联网应用平台则可以在中央数据中心部署。

(4) 对于自动驾驶、重型机械的遥控、远程手术等低时延场景,为了满足时延的苛刻要求,核心网和无线侧的功能,尤其是用户面和分布单元的功能,需要尽可能地靠近用户。这就是所谓的"下沉"。"下沉"有利于满足应用的低时延指标需求,但硬件和基础设施投资增加。对于低时延类应用,往往近端和远端都需要有平台支撑,近端平台处理的是实时性要求较高的业务逻辑(如自动驾驶中的安全类业务),远端平台处理的是大范围大连接的业务逻辑(如车联网中信息类和效率类的一些业务)。

3.4　网络架构案例1:5G 网络架构基础规划实验

3.4.1　实验介绍

1. 实验目的

本实验中,将进一步理解 5G 网络中各网元的基本功能,掌握如何根据实际情况来规划 5G 网络架构,理解不同部署方式对实际业务的影响。

2. 实验内容

在本实验中,需要完成一个简单的 5G 网络架构规划的考核案例,根据案例描述与要求,完成最终的规划设计方案。

注意,在进行本实验之前,需要先了解 5G 网络中各网元及网络功能的基本概念。例如,5G 接入网(或 5G 基站)中什么是 CU、DU、AAU? 5G 核心网的各种网络功能中什么是 AMF、SMF、UPF、AUSF、UDM、NRF、NSSF 等。

3.4.2 实验案例描述

使用平台提供的案例库,进入【5G 业务场景】板块,选择"5G 网络基础规划"案例,并单击【应用案例】。应用案例完成后,选择【网络规划与设计】,可以看到待完成的 5G 网络规划图,请你根据自己的理解将未完成的 5G 网络规划拓扑图补充完整。

1. 案例描述

2019 年 10 月 18 日,第七届世界军人运动会在湖北省武汉市顺利举行开幕仪式,为了对该世界性的活动进行宣传,各赛项采用 5G 网络进行赛事的 360°全景网络直播。为了保障赛事直播的顺利进行,湖北省电信运营商依托各地市及区县的网络基础条件进行 5G 网络的部署。如图 3-16 所示,如果你是湖北省电信运营商的网络设计人员,将如何根据如下要求进行网络方案的设计(以武汉市武昌区和宜昌市为例):

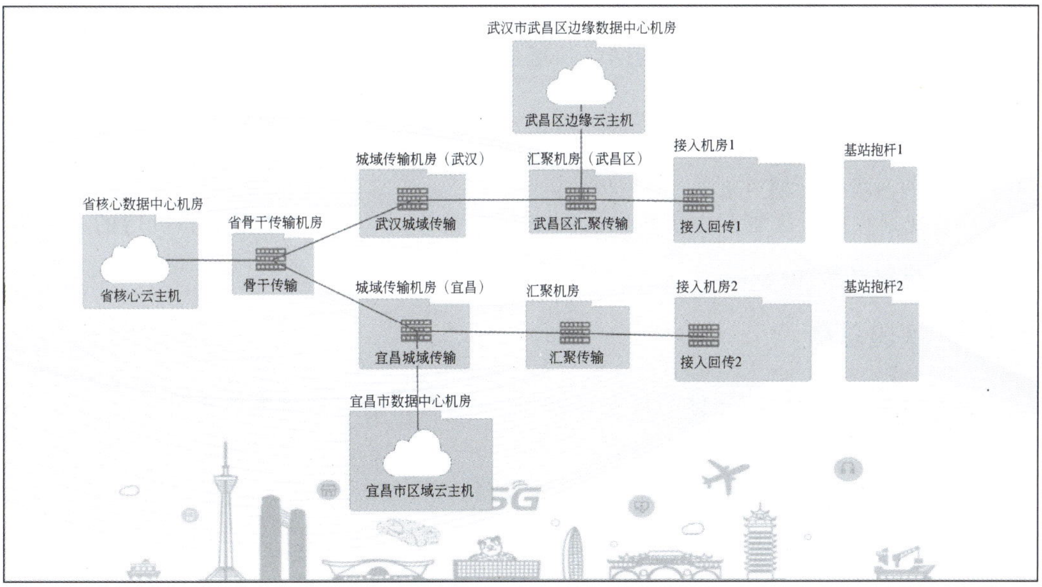

图 3-16 5G 网络部署案例

(1)要求 5G 核心网移动性管理等具有中心化特点的服务在省核心数据中心机房集中管理。

（2）为了方便5G直播信号的本地缓存与分发，保障湖北省各地市直播体验，要求武汉市各地区、宜昌市等各自对辖区内的5G用户进行PDU会话的管理，并要求网络直播数据能够直接本地分发。

（3）由于武昌区为典型城市地貌，站点较多，要求机房站点规划能够满足对各个站点的统一管理与调度。

（4）宜昌市为多山丘地貌，基站部署较为稀疏，为方便5G建设初期的部署，要求接入站点尽量结构简单，易于部署。

（5）本方案中要求每个接入机房或站点只建设一套基站设备和一个小区。

2．案例任务

以上是对本实验案例的场景描述及具体的规划要求，请根据以上的描述与要求完成5G网络规划设计，依据以下描述的实验步骤完成后续工作。

3.4.3　实验步骤

1．接入机房规划

（1）在接入机房1和基站抱杆1的设备区中添加设备，并进行辅助连线，展示设备间的逻辑关系，完成武昌区接入站点的网络规划。

（2）在接入机房2和基站抱杆2的设备区中添加设备，并进行辅助连线，展示设备间的逻辑关系，完成宜昌市接入站点的网络规划。

2．虚拟化服务部署规划

（1）规划省核心云主机提供的网络功能服务，在省核心数据中心机房的云主机上添加支持的微服务。

（2）规划武昌区边缘云主机提供的网络功能服务，在武昌区边缘数据中心机房的云主机上添加支持的微服务。

（3）规划宜昌市区域云主机提供的网络功能服务，在宜昌市数据中心机房的云主机上添加支持的微服务。

3.4.4　实验总结

分别针对每个机房阐述你的规划思路，将规划思路描述通过实验报告提交，并将最终的规划设计图截图附在报告中提交。

（1）简述接入机房1和基站抱杆1部署思路。

（2）简述接入机房2和基站抱杆2部署思路。

（3）简述省核心云主机部署思路。

（4）简述武昌区边缘云主机部署思路。

（5）简述宜昌市区域云主机部署思路。

3.5 网络架构案例2：5G接入网机房部署与设备搭建实验

3.5.1 实验介绍

1. 实验目的

本实验主要学习并了解5G基站设备、云主机等设备的基本形态，并学会利用5G仿真平台进行机房与场景的建设，完成设备的物理连线等操作，并了解5G接入网各设备之间的互联关系。

2. 实验内容

本实验中，请你按照实验步骤，在平台中建设两个接入站点机房，并在相应的机房中添加对应的设备，并完成各设备之间的物理连线。

3.5.2 实验原理

图3-4展示了5G基站的架构、基站与核心网或基站之间的协议接口。在5G基站的部署上有两种部署方案：一种是CU＋DU合设的方式；另一种是CU与DU分离的方式，加上射频AAU部分，构成完整的基站系统。

基站的基带部分与射频部分的接口为eCPRI接口，CU与DU之间接口为F1接口，相对于4G基站来说，4G系统中基站由BBU＋RRU＋天线组成，5G基站的架构发生了一定的变化。可简单理解为5G相对于4G基站在形态上发生了如图3-3所示的变化。

从协议层关系来看，5G相对于4G系统有如图3-7所示的变化。

3.5.3 实验案例描述

本实验使用平台提供的案例库，进入【5G业务场景】板块，选择"5G接入网机房部署与设备搭建"案例，并单击【应用案例】，将本实验案例加载至平台中。

1. 案例描述

某地运营商在进行5G独立组网的方案验证阶段，实验区域需两个5G接入站点：一个站点采用DU＋CU合设架构的5G基站；另一个站点采用DU与CU分离的架构，并借助原有边缘数据中心机房，新建一个云主机设备，用于基站CU部分的部署以及核心网用户面功能的部署。你作为5G基站督导工程师，需依据运营商要求指导施工人员进行基站站点机房的建设与设备的安装工作，如图3-17所示。

2. 案例任务

在本实验中，需要按照规划的内容进入"边缘接入场景"，完成"接入站点1＋天线铁塔"和"接入站点2＋楼顶抱杆"两个5G站点的建设，并完成边缘云主机的设备安装与连线。你需要按照图3-18进入"边缘接入场景"，并在指定位置建设相关机房，如图3-19所示。

注：本案例中的其他机房均已建设完成，并且为简化本实验，光传输网（Optical

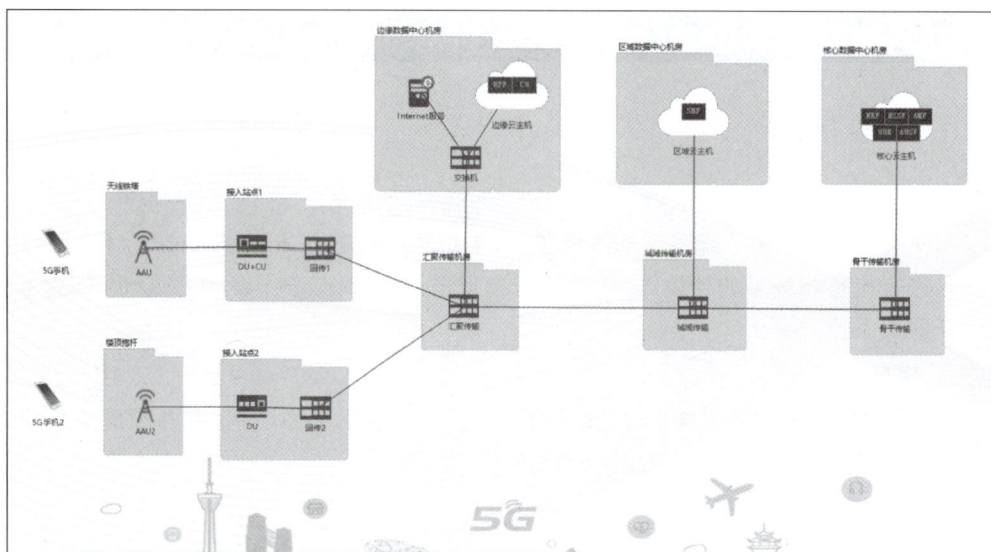

图 3-17　5G 接入网机房部署与设备搭建案例

图 3-18　进入"边缘接入场景"

Transport Network，OTN)传输设备用三层交换机替代，实验中可忽略传输设备造成理解上的困扰。

3.5.4　实验步骤

在该案例中，网络规划部分已经完成，需要在【场景搭建】板块完成机房的建设以及机房内设备的安装与连线等操作。步骤如下：

图 3-19　5G 站点的建设

1. "接入站点 2＋楼顶抱杆"的机房建设与设备安装

接入站点 2 与楼顶抱杆,这两个机房构成一个完整的 5G 站点机房。其中,放置 DU/DU＋CU 基站的位置为室内的机房站点,楼顶抱杆为室外的天线及射频部分。这种楼顶站点在很多大楼的楼顶是比较常见的。

(1) 建设"接入站点 2",并选择机房模板。

首先选择机房位置,如图 3-20 所示。

图 3-20　"接入站点 2"的建设

然后选择机房模板,选择"接入机房",并确认。

注:接入站点 2 为放置 DU 设备及传输设备的机房,为室内的站点,因此选择一个有机柜,可放置设备的室内机房模板,如图 3-21 所示。

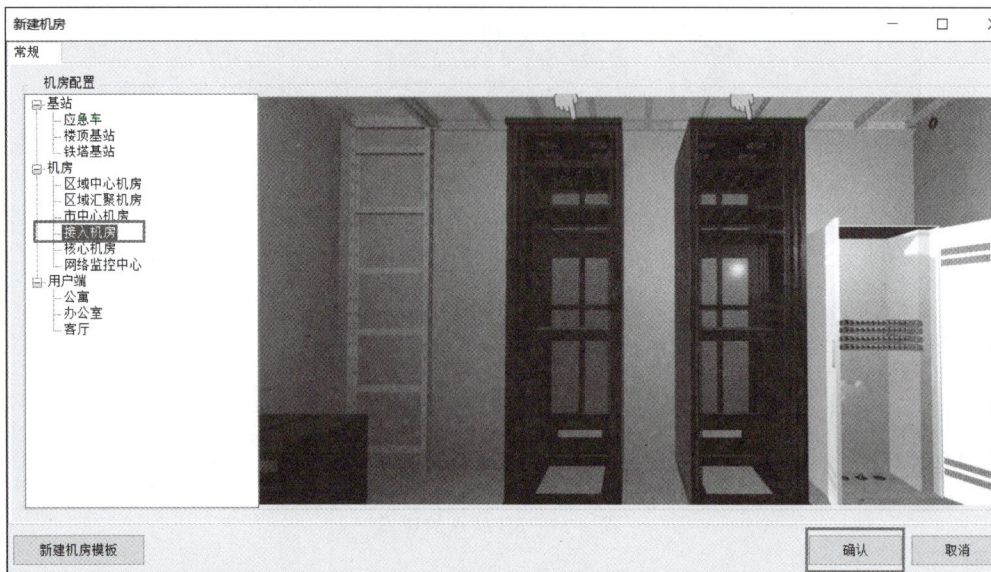

图 3-21　选择室内机房模板

如图 3-22 所示,在指定区域的楼顶建设了一个接入机房的站点。

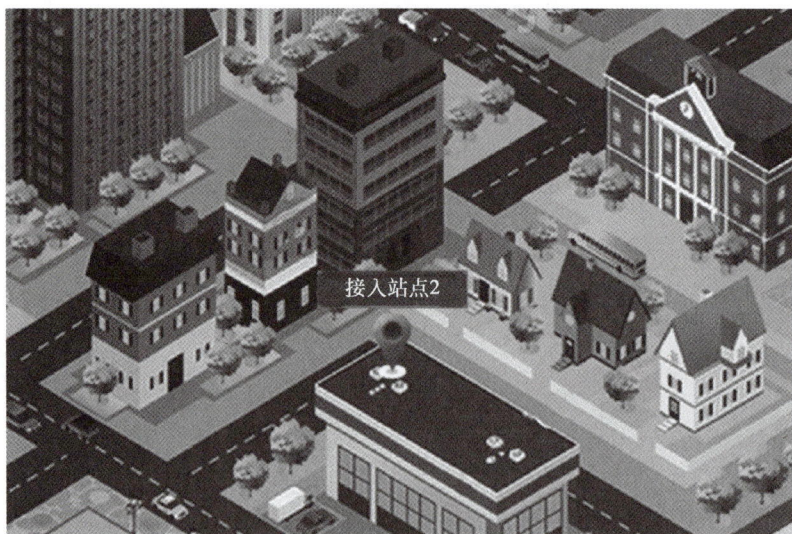

图 3-22　接入机房站点

（2）采用同样的方式在该楼顶建设"楼顶抱杆",在选择机房模板时选择"楼顶基站"即可。

（3）完成接入站点 2 和楼顶抱杆的机房设备安装。

首先进入机房,如图 3-23 所示。

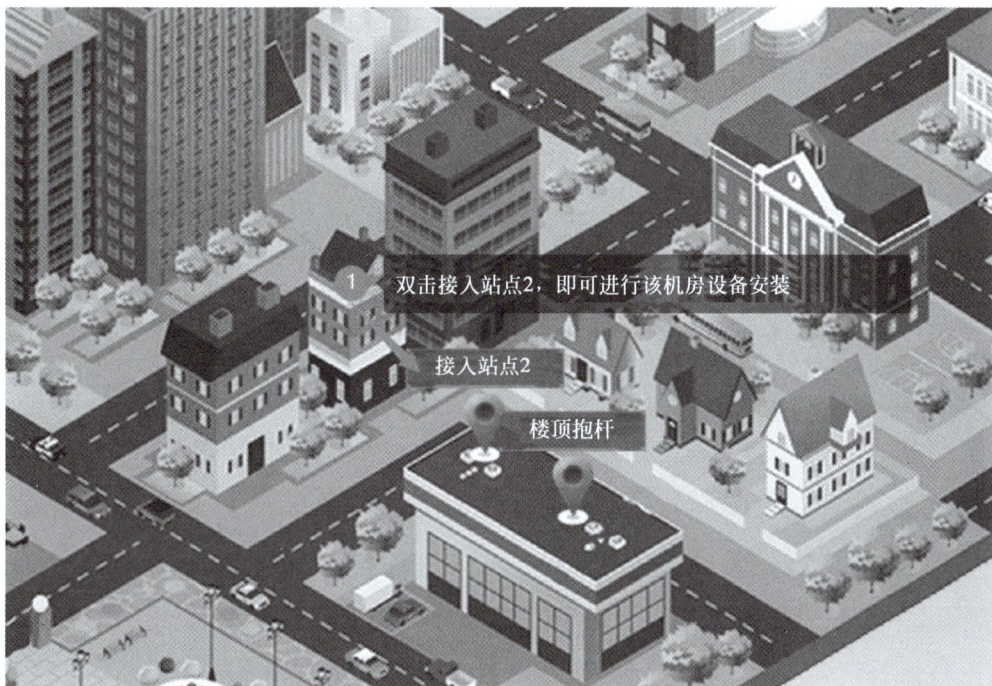

图 3-23 进入"接入站点 2"的机房

然后安装设备,如图 3-24 所示。

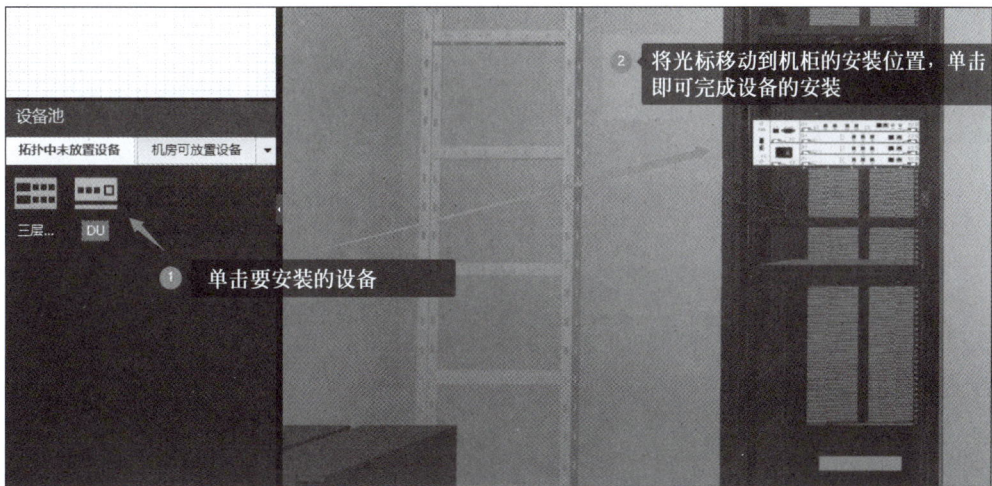

图 3-24 安装设备

同理,将其他设备及楼顶抱杆机房的设备全部拖放完成后,就完成了该 5G 站点的建设及设备的安装。

2. "接入站点1＋天线铁塔"的机房建设与设备安装

（1）在指定建设区域添加一个铁塔站点的场景。

注：5G铁塔站点一般建设在空旷的区域,铁塔上面放置5G站点的天线及射频处理部分,铁塔下面有一个小房子或箱式房间,用于放置室内的设备。

首先添加新场景,如图3-25所示。

图 3-25 添加新场景

然后添加场景图,如图3-26所示。

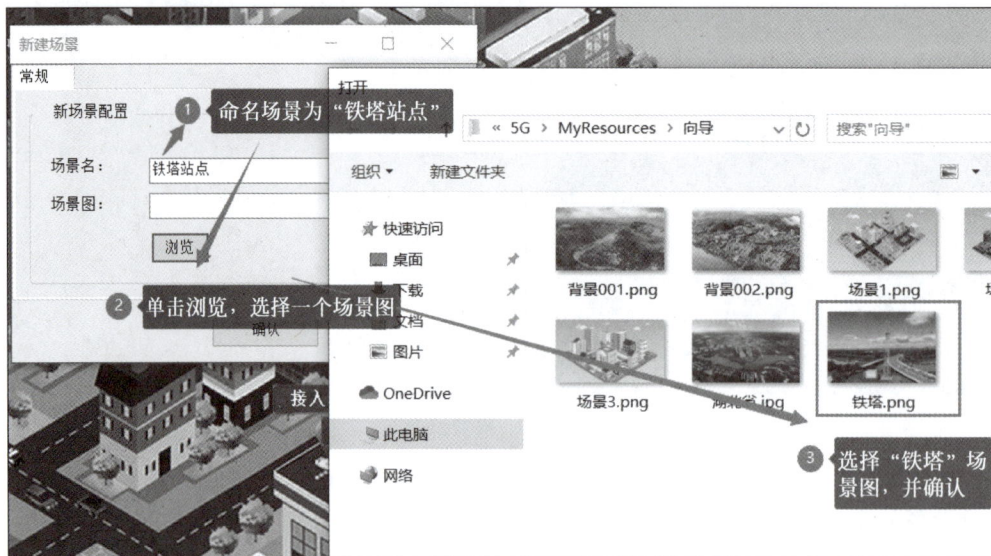

图 3-26 添加场景图

（2）双击添加的铁塔站点的场景，即可进入该场景进行机房的部署与建设。

（3）与上面步骤类似，可以在该场景下部署"接入站点1"和"天线铁塔"，如图3-27所示。

图 **3-27**　添加"接入站点1"和"天线铁塔"

提示：单击该场景图，且不松鼠标，然后就可以移动鼠标来进行场景图的上下移动显示，注意根据实际来选择机房模板。

（4）与上述楼顶抱杆设备安装步骤类似，完成铁塔站点机房设备的安装。

3．接入站点的设备连线

（1）DU/DU＋CU设备与AAU设备的连接。

注：根据实验原理，DU/DU＋CU设备与AAU之间通过eCPRI进行连接，有些设备上也会标识IR接口。

首先进入设备面板。

以铁塔站点为例。先双击进入铁塔站点的场景，再双击进入"天线铁塔"，如图3-28所示。

然后连接本端线缆，这里选择AAU的中间射频（Intermediate Radio，IR）接口，如图3-29所示。

接着，切换机房，选择该连线所需连接的另一端设备，注意这里AAU要与DU＋CU进行连接，如图3-30所示。

最后以同样的方式将楼顶站点的室内基站设备与AAU进行连线。

（2）DU/DU＋CU设备与传输设备的连线。

由实验原理，DU/DU＋CU设备向下连接AAU，向上连接CU或核心网设备，无论

图 3-28　进入设备面板

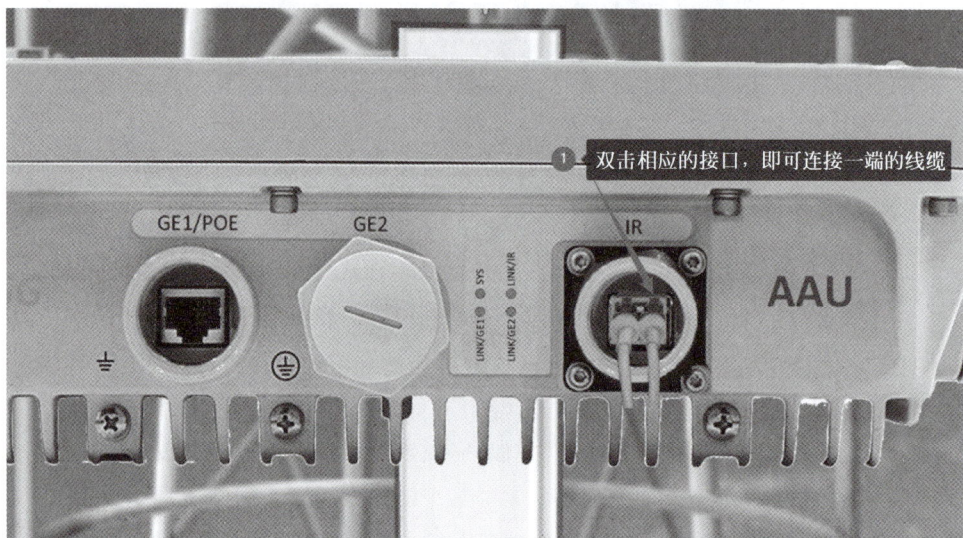

图 3-29　连接 AAU 的本端线缆

与何设备连接,均是 DU/DU+CU 的上联接口与传输设备(一般是 OTN,本案例用三层交换机替代)连接,并通过传输设备回传至核心网。平台中的 DU/DU+CU 设备上联接口为 Uplink 或 F1,其中 F1 为 DU 与 CU 之间连接的协议接口标识。

　　首先,进入"接入站点 1"机房,将基站的一个上联接口(Uplink)连接至本机房中的回传设备(即三层交换机)的任意一个光口。

　　注:本平台中基站设备具有多个上联接口,在进行后续开通实验时,也可将连接两个上联接口,一个作为基站的控制面接口,另一个作为基站的用户面接口,这样会更直观地进行数据配置的规划与处理。

　　然后进入"接入站点 2"机房,将基站的一个上联接口(F1)连接至本机房中的回传设备(即三层交换机)的任意一个光口。

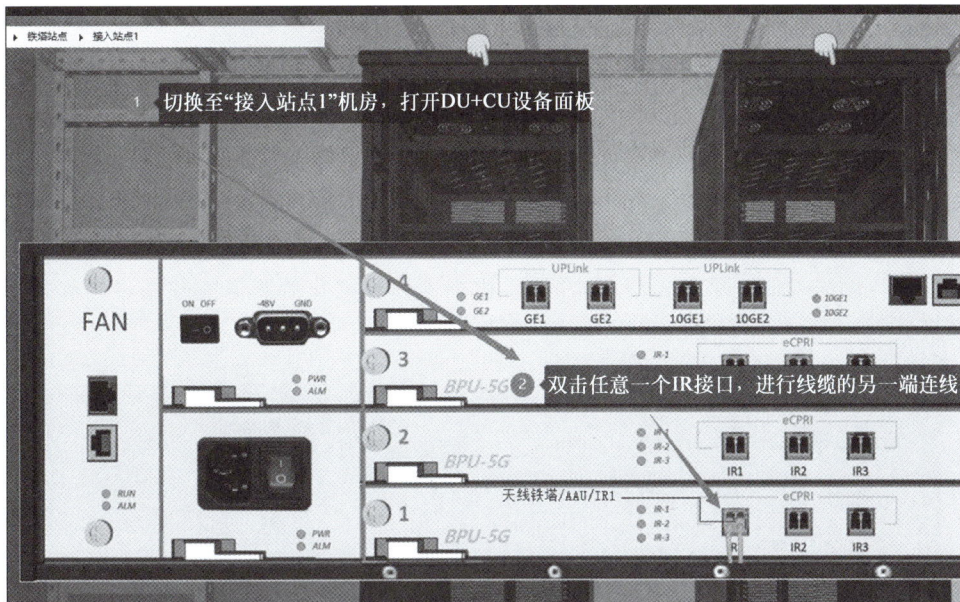

图 3-30　切换至机房，连接 IR 接口的另一端线缆

4．回传设备与汇聚传输机房中的传输设备连接

（1）将"接入站点 1"中回传设备的任意光口与汇聚机房中的传输设备的光口进行连线。

注意，本案例中的传输机房初始进入时，机柜为关闭状态，你可以单击第一个机柜，把机柜打开，其余连线操作与前面一致，如图 3-31 所示。

图 3-31　打开机柜门

（2）同样的操作，将"接入站点2"的回传设备与汇聚机房传输设备连接。

上面两步操作，已经将传输资源打通，基站的相关数据即可通过传输设备与核心网或其他网络互联互通。

5. 完成边缘数据中心机房中边缘云主机的安装部署与设备连接

（1）进入"边缘数据中心机房"，将云主机安装至机柜上，如图 3-32 所示。

注：平台中的云主机为通用服务器硬件资源和网络资源等的结合，可以理解为能够部署虚拟化网络功能的服务器设备，在该主机内不同虚拟化的服务能够通过内部的虚拟交换机进行交互，并且设备提供对外的网络接口。

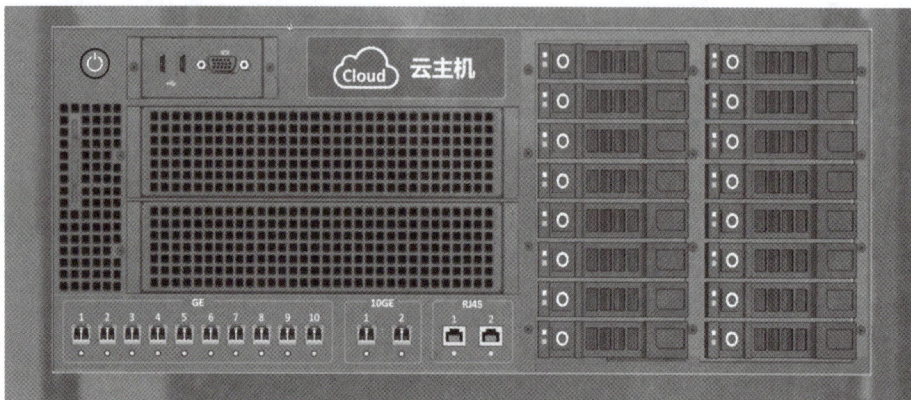

图 3-32　安装云主机

（2）将云主机的任意网络接口与本机房内的传输设备连接。

前面已建设了一个云主机设备，并且该设备打通了与传输网的连接，接下来可在该主机上添加网络服务，并进行服务的相关设置。本实验中，根据规划，该云主机将部署基站的 CU 服务以及核心网的 UPF。本实验仅完成设备的搭建，服务添加与部署将在后续实验中学习。

3.5.5　实验总结

上述操作完成后，就完成了接入机房的建设与相关设备的安装与搭建。

可以在【场景搭建】的【网络验证】页面，如图 3-33 所示，验证设备连线及部署是否与规划相符。

完成本实验后，考虑以下问题，并搜索相关资料，完成实验报告的作答：

（1）本实验中，DU 设备与 CU 服务连接的协议接口是什么？对于 5G 基站系统来说，该接口主要是什么类型的数据交互（或哪一层协议的数据）？

（2）本实验中 DU/DU＋CU 设备与 AAU 连接的接口为 eCPRI 接口，在 4G 基站中，BBU 与 RRU 之间的接口是什么？为什么 5G 中接口发生了变化？

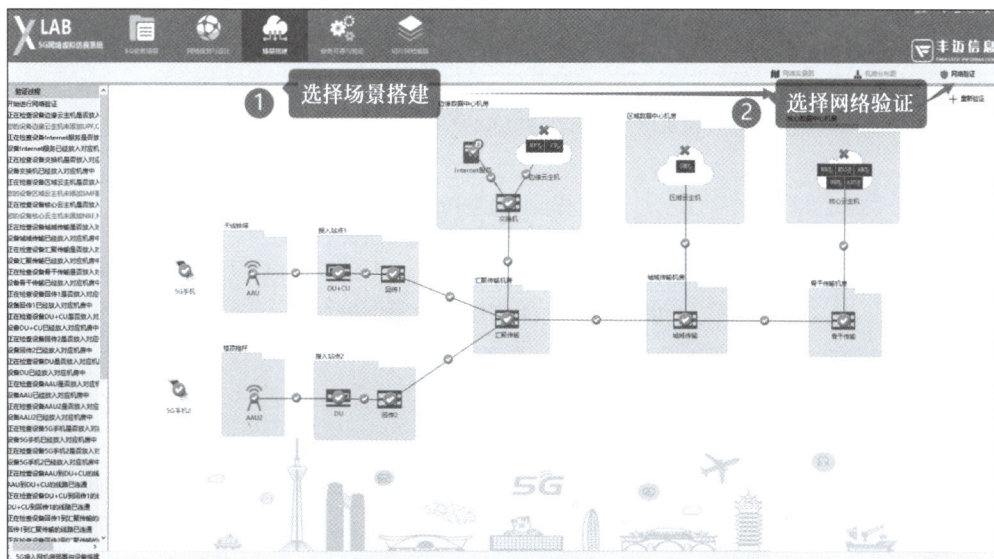

图 3-33　网络验证

3.6　网络架构案例 3：基于 NFV 的 5G 核心网功能部署实验

3.6.1　实验介绍

1. 实验目的

本实验学习 5G 核心网的部署，并深入了解 5G 核心网各网络功能的相关作用。本实验中，你将了解基于 NFV 的 5G 核心网功能如何部署并应用在通用的服务器及网络资源中，并且理解 5G 核心网 SBA 架构下对各网络功能的统一存储与管理。

2. 实验内容

在本实验中，需要按照规划在对应的云主机上部署相应的 5G 核心网的虚拟化网络功能，并实现各功能之间的网络连通及各网络功能在 NRF 上的注册。

3.6.2　实验原理

1. 网络功能虚拟化

网络功能虚拟化（NFV）是指对移动通信网络设备的功能进行虚拟化部署。虚拟化是"云计算"领域的一项重要技术，即将计算资源从本地迁移到"云端"。利用云端集中化的数据机房，在物理服务器的基础上，通过部署虚拟化平台，把计算资源（类似 CPU、内存等）、存储资源（类似硬盘）、网络资源（类似网卡）等资源进行统一管理，按需分配。在虚拟化平台的管理下，若干物理服务器就变成一个大的资源池。在资源池之上可以划分出若干虚拟服务器（即虚拟机），安装操作系统和平台服务，实现各自功能。NFV 架构如图 3-34 所示。

图 3-34　NFV 架构

2. 核心网的变化演进

在 4G 中，核心网是由很多网元设备组成的，如 MME、HSS、策略与计费规则功能 (Policy and Charging Rule Function，PCRF)等，这些网元本身就是一台定制化服务器。网元上面运行的平台服务确保功能得以实现，而且这些网元都是各个厂家自行设计制造的专用设备。现在，随着 x86 通用服务器硬件能力的不断增强，通信行业开始学习信息技术(Information Technology，IT)行业，引入云计算技术，使用 x86 通用服务器替换厂商专用服务器，将核心网"云化"。核心网的架构设计也借鉴 IT 的微服务理念变成了 SBA。简单来说，就是将"一个服务器实现多个功能"变成"多个服务器实现各自功能"，多个虚拟机多个功能各自为战相互隔离，如图 3-35 所示。

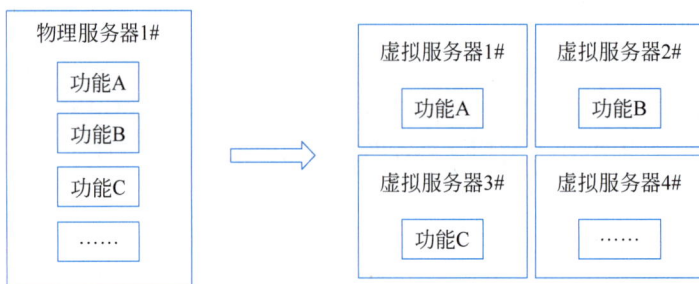

图 3-35　核心网的变化演进

5G 基础设施平台将更多地选择由基于通用硬件架构的数据中心构成支持 5G 网络的高性能转发要求和电信级的管理要求，并以网络切片为实例实现移动网络的定制化部署。5G 的网络虚拟功能架构如图 3-36 所示。

3. 为什么需要 NFV 技术

利用平台虚拟化技术可以在同一基站平台上同时承载多个不同类型的 5G 网络平台接入方案，并能完成接入网逻辑实体的实时动态的功能迁移和资源伸缩。利用网络虚拟化技术，可以实现 RAN 内部各功能实体动态无缝连接，便于配置客户所需的接入网边缘业务模式。另外，针对 RAN 侧加速器资源配置和虚拟化平台间高速大带宽信息交互能力的特殊要求，虚拟化管理与编排技术需要进行相应的扩展。

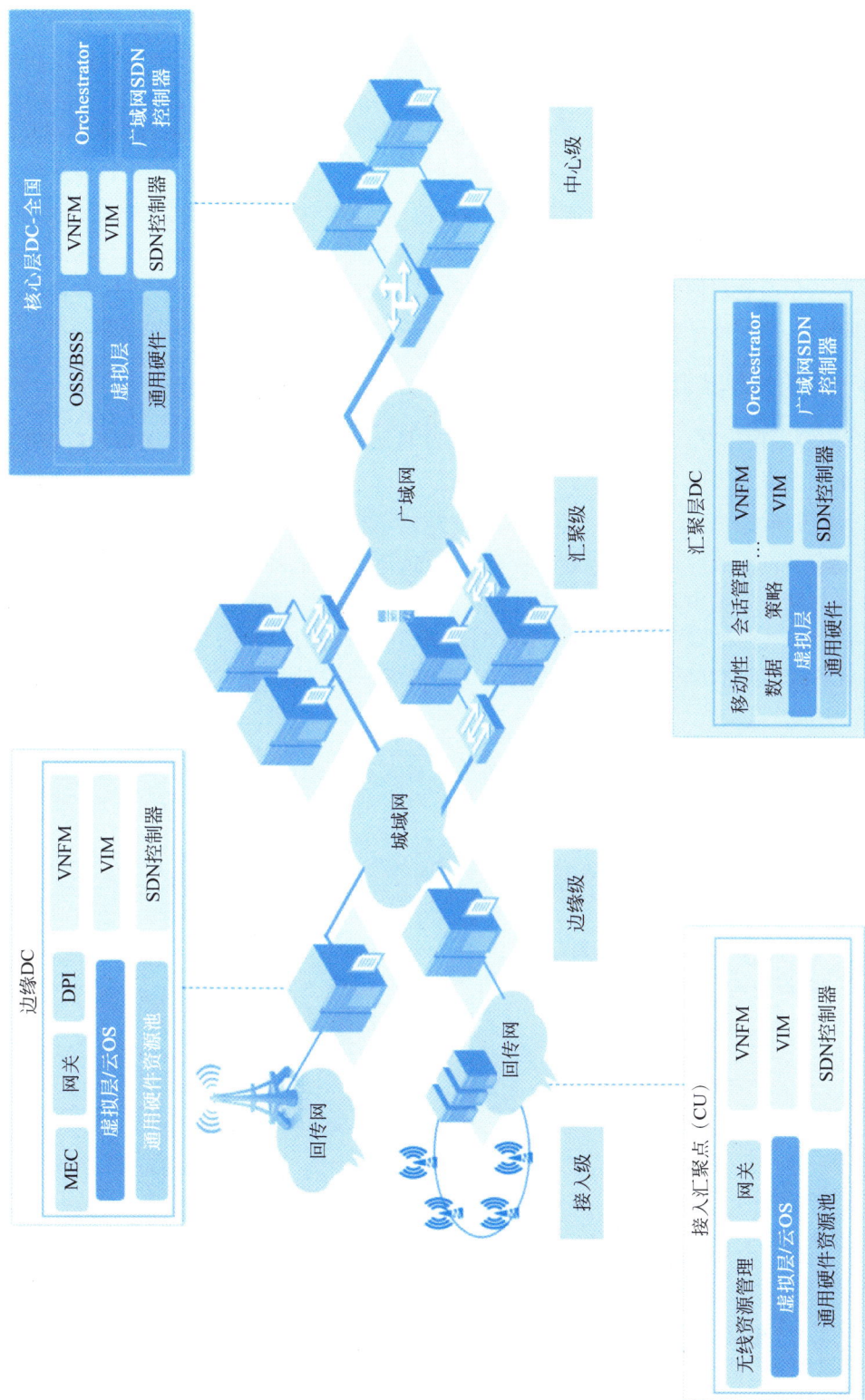

图 3-36　5G 的网络虚拟功能架构

4. 使用NFV有什么好处

NFV技术融合将提升5G网络在大规模组网方面的效能：NFV技术实现底层物理资源到虚拟化资源的映射，构造虚拟机（Virtual Machine，VM），加载虚拟网络功能（Virtual Network Function，VNF）；虚拟化系统实现对虚拟化基础设施平台的统一管理和资源的动态重配置；SDN技术则实现虚拟机间的逻辑连接，构建承载信令和数据流的通路。最终实现接入网和核心网功能单元动态连接，配置端到端的业务链，实现灵活组网。

采用NFV技术，将通信设备网元云化，可以实现平台和硬件的彻底解耦。运营商不再需要购买厂商制造的专用硬件设备，大幅降低了硬件资金投入。NFV还具备自动部署、弹性伸缩、故障隔离和自愈等优点，可以大幅提升网络运维效率、降低风险和能耗。

3.6.3　实验案例描述

在"实验案例库"中，选择"基于NFV的5G核心网功能部署"案例，并单击【应用案例】，将本实验案例加载至平台中。

1. 案例描述

某地运营商为验证在通用服务器资源下的5G网络功能的快速部署与开通过程，现基于该区域两个数据中心机房的云主机进行5G网络功能部署验证。部署规划如图3-37所示，在数据中心机房-1的云主机设备上部署5G网络的AMF、SMF、UDM、NSSF、UPF、AUSF等网络功能，在数据中心机房-2中部署NRF的服务，并实现两个机房的数据交互。

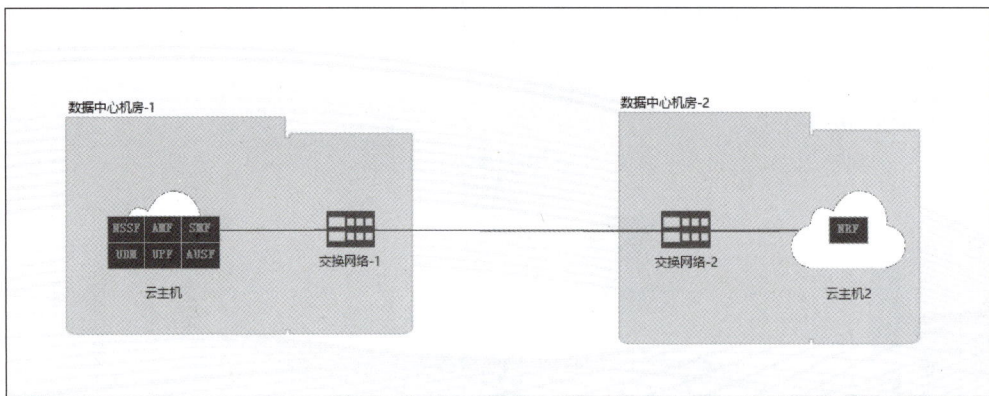

图3-37　部署规划

2. 案例任务

根据规划图，在业务开通与验证板块进行各虚拟网络功能的部署，并实现5G核心网各网络功能在NRF上的注册与存储，如图3-38所示。

3.6.4　实验步骤

按以下步骤完成基于NFV的5G网络功能部署，为了方便各网络功能之间的互通，

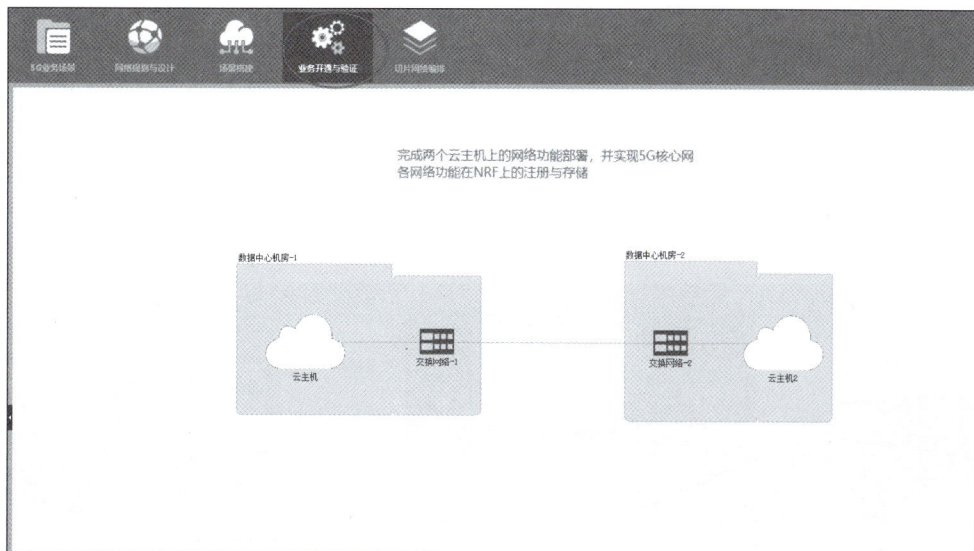

图 3-38　部署各虚拟网络功能

在本实验中将所有网络功能的 IP 地址均设置为同一个网段(除 UPF 外),按以下规划进行配置:

-NRF:192.168.1.10/24

-AMF:192.168.1.11/24

-SMF:192.168.1.12/24

-AUSF:192.168.1.13/24

-UDM:192.168.1.14/24

-NSSF:192.168.1.15/24

-UPF:控制面,192.168.1.16/24;用户面,192.168.10.16/24

1. 进行 NRF 的部署

添加 NRF 的虚拟机。在【业务开通与验证】板块,双击"云主机 2",进入云主机的服务部署界面。在该主机上添加一个包含 NRF 服务的虚拟机,步骤如图 3-39 所示。

2. 对 NRF 虚拟机资源进行配置

(1)进入 NRF 虚拟机资源设置界面,如图 3-40 所示。

(2)配置硬件资源,并设置虚拟网卡 IP,如图 3-41 所示。

注:可以根据需要,在一个虚拟机上添加多个虚拟网卡,可以选择【＋添加网络适配器】进行添加。

3. 对 NRF 进行服务配置

对"云主机 2"的网络资源进行编排,这里按照默认就可以。

4. 将新建的 NRF 服务与云主机的虚拟网络资源连通

注:虚拟网络资源是云主机内部数据交换网络,实体设备是不可见的,只作为内部交换控制使用,如图 3-42 所示。

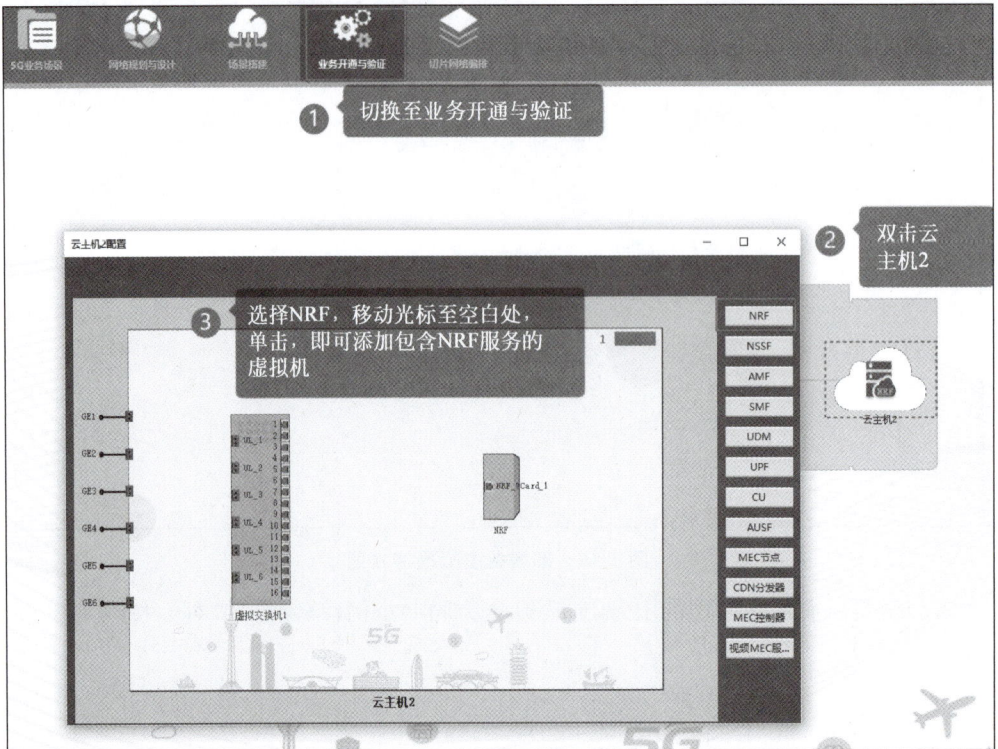

图 3-39　添加 NRF 服务的虚拟机

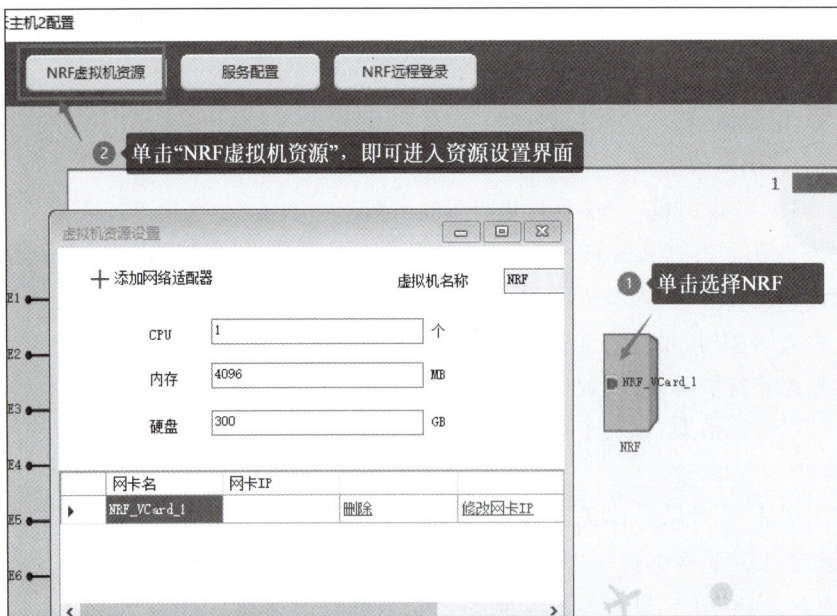

图 3-40　进入 NRF 虚拟机资源设置界面

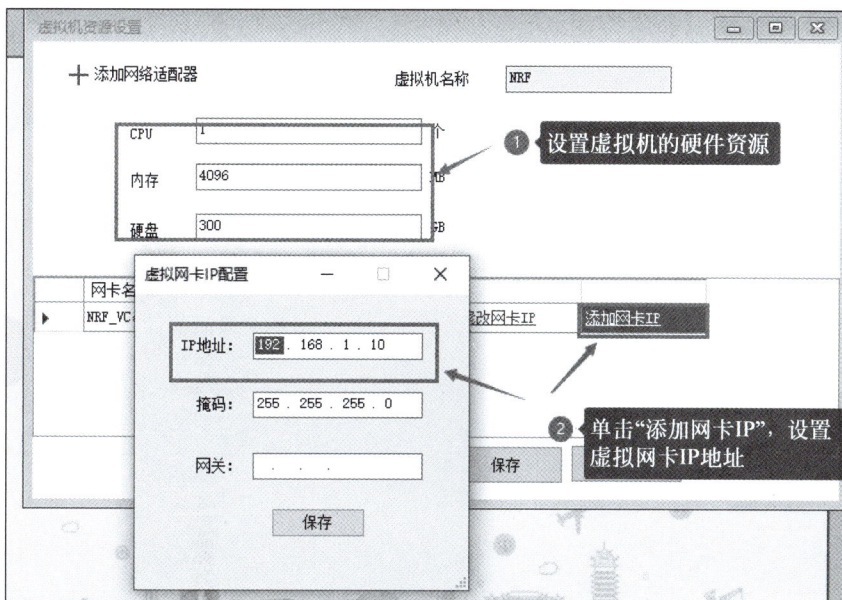

图 3-41 设置虚拟网卡 IP

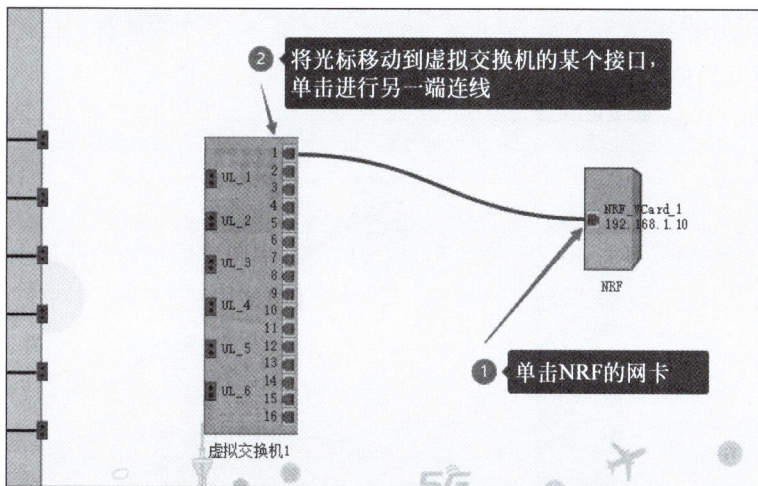

图 3-42 连通虚拟网络资源

5. 将虚拟网络资源与实际对外物理接口连通

如图 3-43 所示,有 6 个实际物理接口,至于如何连接,要与物理连接及实际配置相符。在这里,因为云主机 2 是通过 GE1 接口与外部网络(这里是"交换网络-2")互连互通,配置如图 3-43 所示。

上面步骤完成后,就完成了 NRF 的部署及网络资源的编排。NRF 服务就能够正常地为外部网络或系统提供相关服务。

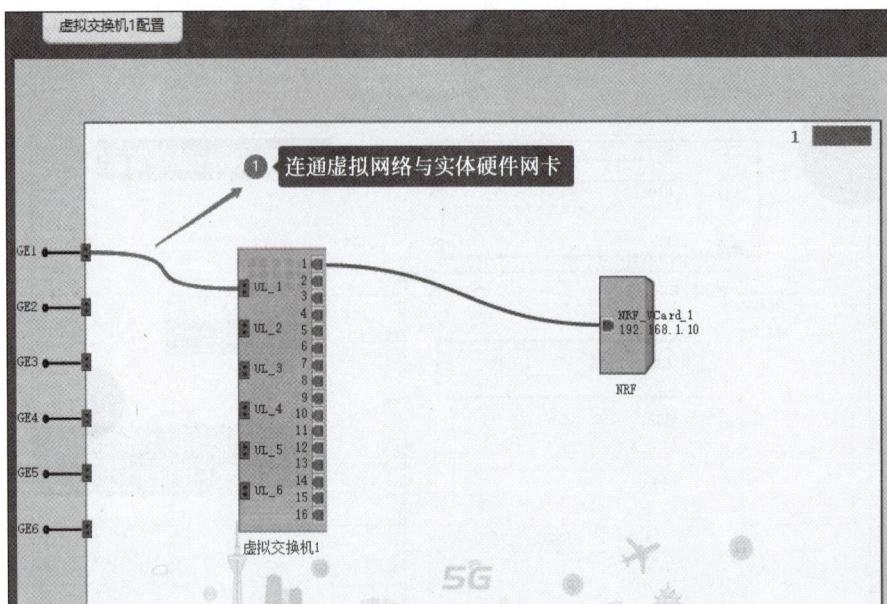

图 3-43　物理接口连通

6．完成 AMF、SMF、AUSF、UDM、NSSF、UPF 的服务部署

与上述步骤类似，在"数据中心机房-1"中的云主机上，进行 5G 核心网的各项网络功能的部署，并分别按照规划进行虚拟机的 IP 设置，如图 3-44 所示。

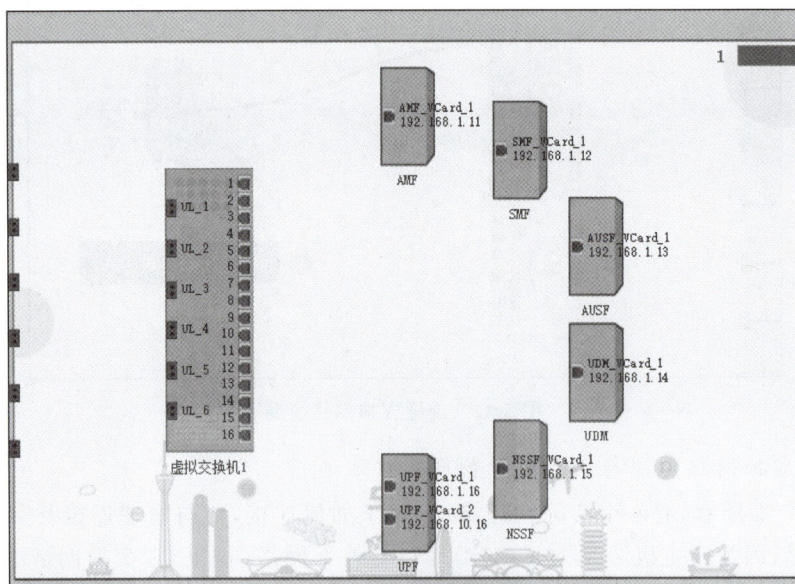

图 3-44　云主机各功能部署

注：因为 UPF 规划了控制面地址和用户面地址，因此要在 UPF 上添加两个虚拟网卡，操作如图 3-45 所示。

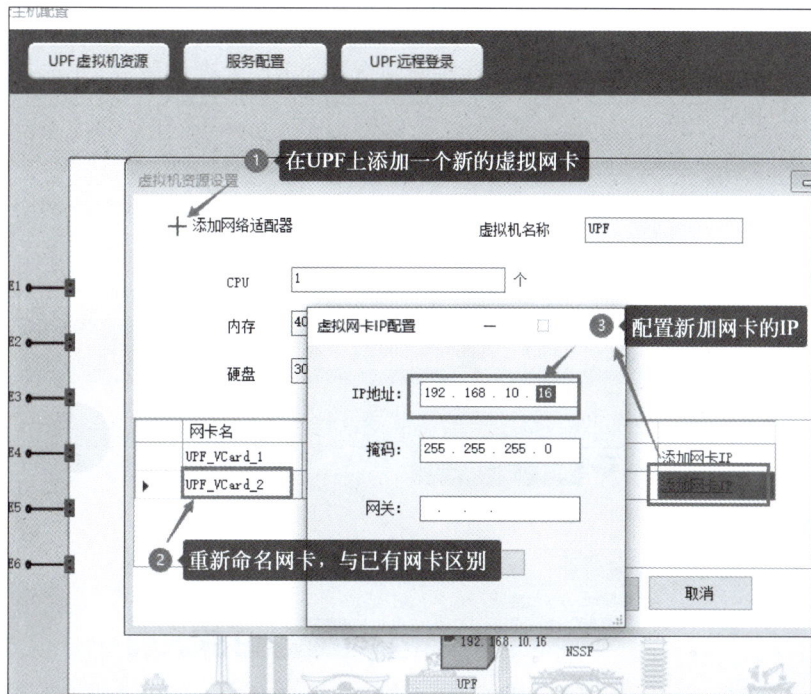

图 3-45　添加虚拟网卡

同理,进行网络资源的编排,将各网络服务功能单元与网络资源互通,并与实际物理接口建立连接,如图 3-46 所示。

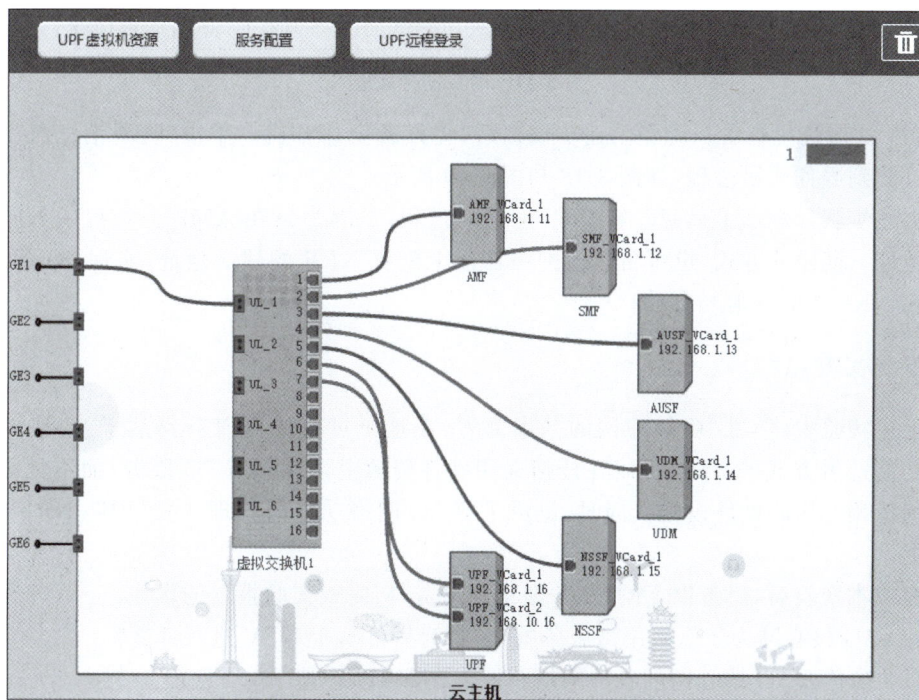

图 3-46　连接物理接口

通过以上步骤,基本完成了服务及网络资源的部署与编排。下面,各虚拟网络功能要在 NRF 上进行注册,网络才能够根据实际情况在 NRF 上查询服务,并选择相应的网络功能为用户提供服务。

7．服务注册与存储

(1) 在每个 5G 网络功能的服务配置界面,填写 NRF 的连接地址,各网络功能就能够通过相关接口向 NRF 发起注册流程。以 AMF 为例,如图 3-47 所示。

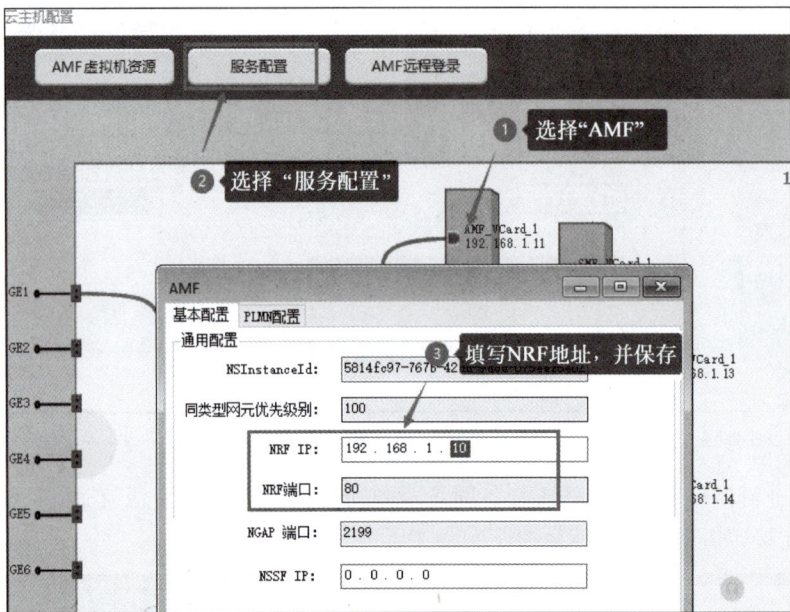

图 3-47　填写连接地址

(2) 注册流程查看。配置上述步骤以后,将设备全部开机。单击"查看消息流程"图标即可看到服务注册过程,如图 3-48 和图 3-49 所示。

上述步骤只显示了 AMF 向 NRF 注册的过程,是因为只在 AMF 上配置了 NRF 的注册地址。同样的方式,也可将其他网络功能上配置 NRF 的注册地址,实现 5G 各网络功能在 NRF 上的注册与存储。

3.6.5　实验总结

上述实验中,学习 5G 核心网的基本部署,在这个过程中可以看到基于 NFV 的 5G 网络功能部署方式的灵活,可以在任何通用硬件资源上快速部署 5G 服务,而不是像 4G 核心网依赖专用的硬件设施。同时,也可了解 5G 网络功能的管理方式,理解 NRF 的基本功能。

完成本实验后,思考以下问题,并搜索相关资料,完成实验报告的作答:

(1) 5G 核心网为什么采用微服务的架构,为何要基于 NFV 进行部署?

(2) 为什么 5G 核心网的各种网络功能要在 NRF 上进行注册管理?

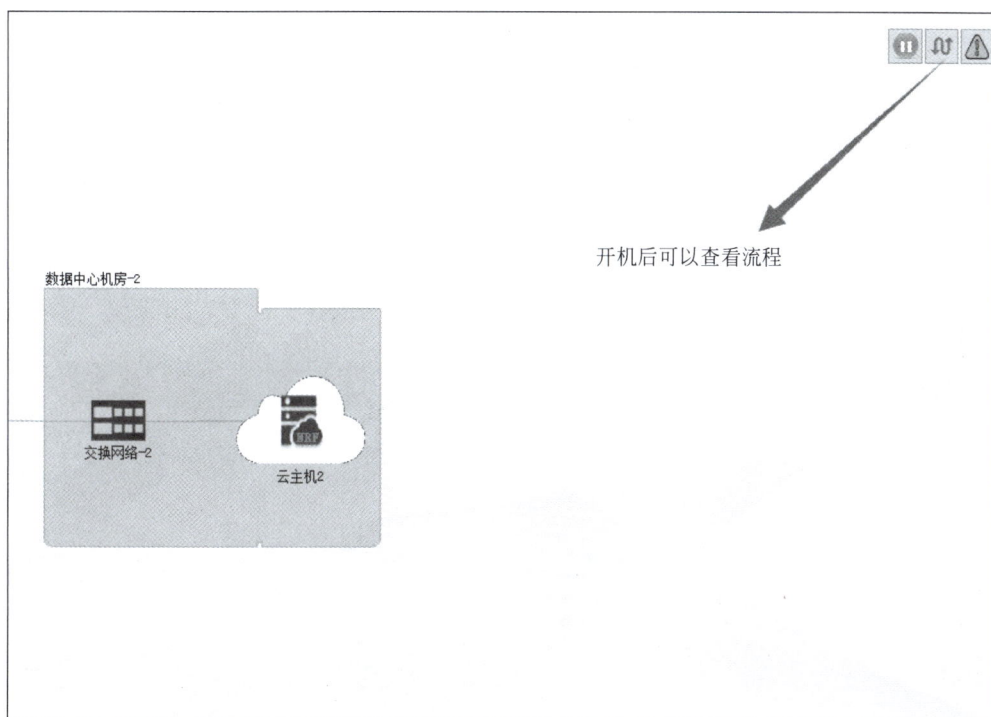

图 3-48　查看消息流程

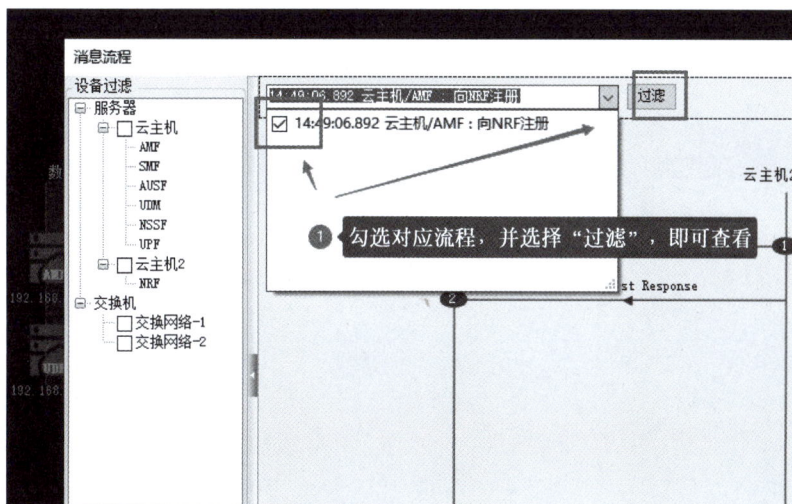

图 3-49　勾选对应选项

第

4 章

5G基站原理与工程

基站工程是5G移动通信系统建设中的重要一环,基站的架构、形态直接影响5G网络如何部署,在生活中也经常能够见到室外的基站铁塔或者楼顶上的基站天线。在本章中,将了解5G基站的运行原理、主要硬件设备的功能与结构、基站组网标识等内容。

4.1 5G基站运行原理与系统组成结构

5G基站提供无线覆盖,实现有线通信网络与无线终端之间的无线信号传输。那么,基站具体实现了哪些通信功能呢,这些功能又分别需要由什么硬件设备来实现呢?

4.1.1 5G基站运行原理与硬件组成

5G基站负责与用户终端、核心网之间的通信功能。

1. 基站的运行原理

5G基站是如何运行的呢?结合图4-1,以基站发送无线信号为例,讲述核心网/业务数据在进入5G基站后,如何一步步处理,最终形成无线信号,发射给用户终端的。

基带信号经过数据接口,依次进入以下功能模块:

(1)基带信号处理模块。

① 协议处理:将核心网传过来的数据进行5G协议物理层、MAC层、RLC层等协议基本处理,包括用户面及控制面相关协议功能。

② 编码:进行基带信号的编码。

③ 调制:将基带数字信号调制到中频。

(2)射频信号处理模块。

① 数/模(Digital-to-Analog,D/A)转换:将前传接口送来的中频数字数据,转换为模拟信号。

② 上变频:将模拟中频信号,上变频到射频。

③ 功率放大器:实现下行信号的放大。

④ 滤波器:实现发射信号的滤波等处理。

(3)天线辐射模块。

① 通过天线阵子实现电磁波辐射发射无线信号。

② 用户终端接收所属小区5G基站发送的无线信号。

基带信号处理、射频信号处理、天线辐射三个模块通过外部接口或内部接口互连,核心网/业务数据先后经过这三个模块实现从基带数字信号到无线电波的转换。

2. 基站系统的硬件组成

5G时代初期,主流基站形态变成BBU+AAU的形态,也就是CU和DU合设成为BBU产品,RRU和天线合设成为AAU产品,如图4-2所示。

在图4-2中,基站的基带处理功能在BBU中实现,基站的射频信号处理和天线辐射功能合并在AAU中实现。

(1)BBU:5G基带单元负责NR基带协议处理,包括整个用户面(UP)及控制面(CP)协议处理功能,并提供与核心网之间的回传接口(NG接口)以及基站间互连接口(Xn接口)。

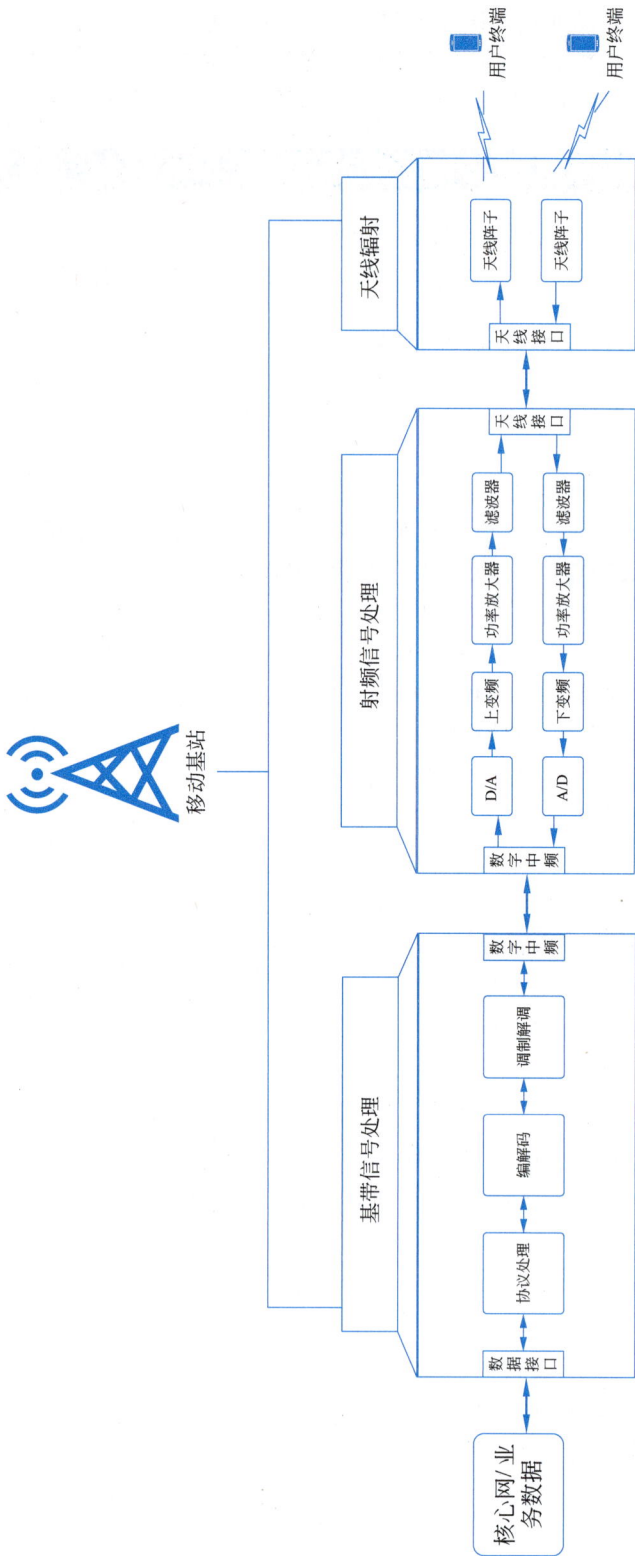

图 4-1 5G 基站信号一般处理过程

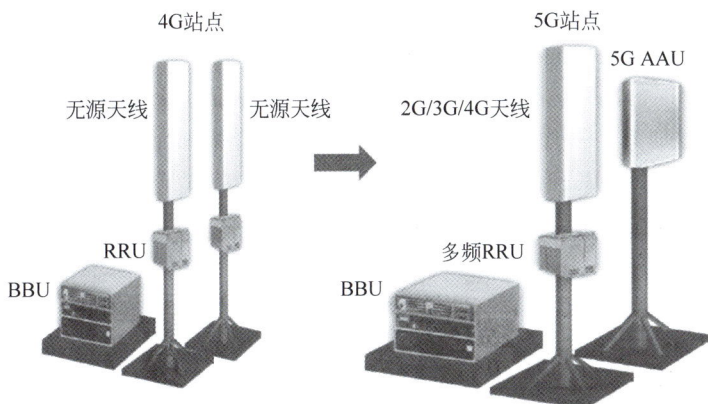

图 4-2　主流基站形态变化

（2）AAU：随着天线通道数的剧增，AAU 设备将天线与射频单元集成在一个设备上，去除了 4G 中 RRU 与天线之间的天线接口，但是基本流程较为类似。AAU 设备通过 CPRI 接口（即射频接口）接收到来自 BBU 设备处理后的基带数据，然后通过射频单元将信号变为射频信号，并通过天线单元将信号辐射成电磁波发射出去。

下面两节将具体介绍基站核心硬件 BBU 和 AAU 的设备组成、功能与结构。

4.1.2　5G 基站 BBU 设备组成与结构

1. BBU 外观与物理接口

下面以华为 BBU5900 为例介绍 BBU 外观与功能板卡。如图 4-3 所示，BBU5900 上有 11 个槽位。中间的 0～7 槽位采用由左到右，再由上到下分布。任意左右相邻两个槽位（如 Slot0 和 Slot1、Slot2 和 Slot3、Slot4 和 Slot5）可以合并成一个全宽槽位，用于支持全宽基带板（UBBPfw1）的配置。主要有四种类型的单板，分别为主控板、基带板、电源模块和风扇。

Slot 16	Slot 0 USCU/UBBP	Slot 1 USCU/UBBP	Slot 18
FAN	Slot 2 USCU/UBBP	Slot 3 USCU/UBBP	UPEU/UEIU
	Slot 4 USCU/UBBP	Slot 5 USCU/UBBP	Slot 19
	Slot 6 UMPT	Slot 7 UMPT	UPEU

图 4-3　BBU5900 设备外观与槽位分布

(1) 通用主控传输单元(Universal Main Processing & Transmission unit,UMPT,主控板):完成基站的配置管理、设备管理、性能监视、信令处理等功能;为 BBU 内其他单板提供信令处理和资源管理功能。提供 USB 接口、传输接口、维护接口,完成信号传输、平台自动升级、在本地维护终端(Local Maintenance Terminal,LMT)或网络管理系统 U2000 上维护 BBU 的功能。主备模式,占用 6、7 槽位,优先配置 7 槽位,主控板最多配置 2 块。

(2) 通用基带处理板(Universal BaseBand Processing unit,UBBP,基带板):完成上下行数据基带处理功能;提供与 RRU 通信的 CPRI 接口;实现跨 BBU 基带资源共享能力。支持 NR,可以配置 0～5 槽位。

(3) 通用星卡时钟单元(Universal Satellite card and Clock Unit,USCU)。

(4) 通用电源环境接口单元(Universal Power and Environment interface Unit,UPEU,电源模块):支持电源均流,把 −48V DC 转换成 +12V DC。双路电源输入,可以配置 18、19 槽位,优先配置 19 槽位,最大配置 2 块。

(5) 通用环境接口单元(Universal Environment Interface Unit,UEIU)。

(6) 风扇板(FAN):散热。主要配置 16 槽位。

例如,5G NR 初期典型的基站配置是 S111_64T64R,BBU 最低配置是 1 个 UMPT、1 个 UBBP、1 个 UPEU 和 1 个风扇。

2. BBU 逻辑结构

BBU 主要完成基站基带信号的处理。BBU 采用模块化设计,由基带子系统、整机子系统、传输子系统、互联子系统、主控子系统、监控子系统和时钟子系统组成。如图 4-4 所示,各个子系统分别由不同的单元模块组成。

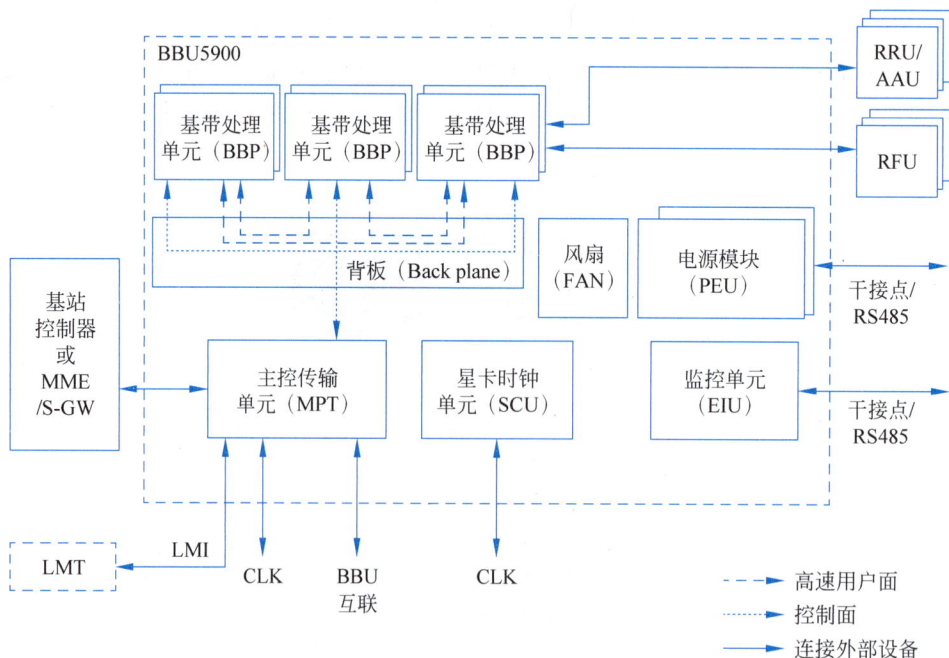

图 4-4　BBU 逻辑结构图

（1）基带子系统：基带处理单元。

（2）整机子系统：背板、风扇、电源模块。

（3）传输子系统：主控传输单元。

（4）互联子系统：主控传输单元。

（5）主控子系统：主控传输单元。

（6）监控子系统：电源模块和监控单元。

（7）时钟子系统：主控传输单元和星卡时钟单元。

5G 时代的 BBU 需要支持 4T4R、8T8R、Massive MIMO 等规格小区的灵活、按需配置。需要满足灵活演进的需求，一次网络建设应满足未来 5～10 年网络发展。演进仅按需插卡扩容即可实现，避免供电、散热等配套的重复改造。

4.1.3　5G 基站 AAU 设备组成与结构

AAU 是继射频单元（Radio Frequency Unit，RFU）、RRU 之后衍生出的一种新型射频模块形态。其主要特征在于 AAU 将原有的 RRU 单元功能和天线的功能合并，简化站点资源。

1. AAU 外观与物理接口

华为 AAU 有多种型号可供选择，包括 5612、5319、5613、5619、5313 等，可以支持 32×32 或 64×64 等的多天线系统，适用于不同的频段。下面，以 AAU5613 为例对 AAU 设备外观与物理接口进行介绍，如图 4-5 所示。

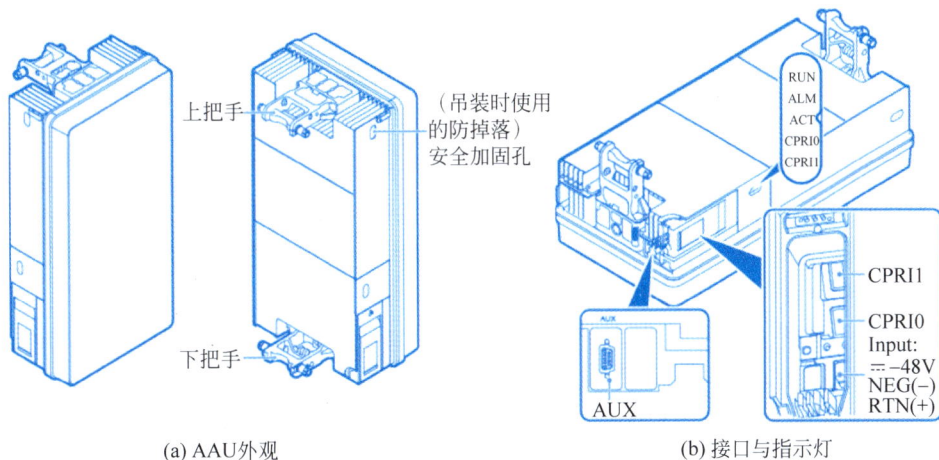

(a) AAU外观　　　(b) 接口与指示灯

图 4-5　AAU5613 设备外观、接口与指示灯

AAU5613 是一体化形态的 AAU 设备，与 BBU 等一起构成基站。设备侧面的接口：

（1）CPRI0、CPRI1：都是连接 BBU 的端口，支持 eCPRI 协议，最大支持速率为 25Gb/s。

（2）Input：电源输入端口，采用 EPC9 连接器。

（3）AUX：外接 AISU 模块接口，支持 AISG 2.1 协议，连接器类型为 DB9。

2．AAU逻辑结构

AAU是天线和射频单元集成一体化的模块，主要功能模块包括天线单元（Antenna Unit，AU）、无线单元（Radio Unit，RU）、电源模块和L1处理单元。AAU的逻辑结构如图4-6所示。

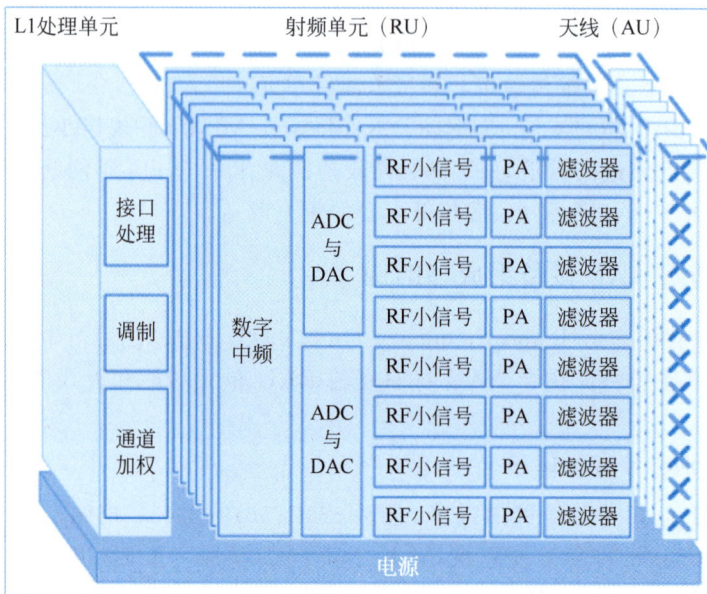

图 4-6　AAU逻辑结构

（1）天线单元：支持96个双极化振子，完成无线电波的发射与接收。

（2）无线单元：接收通道对射频信号进行下变频、放大处理、模/数（Analog-to-Digital，A/D）转换及数字中频处理；发射通道完成下行信号滤波、数/模转换、上变频处理、模拟信号放大处理；完成上下行射频通道相位校正；提供−48V DC电源接口；提供防护及滤波功能。这里滤波器的功能是与每个收发通道对应，为满足基站射频指标提供信号选择性过滤和频段隔离，确保信号在特定频段内高效传输，同时抑制干扰信号。

（3）电源模块：电源模块用于向AU和RU提供工作电压。

（4）L1处理单元：完成5G NR和LTE TDD协议物理层上下行处理；完成通道加权；提供eCPRI接口，实现eCPRI信号的汇聚与分发。

AAU5613采用Massive MIMO技术，支持64T64R，大幅提升单用户链路性能和多用户空分复用能力，从而显著增强了系统链路质量和传输速率。基站的三维覆盖能力也显著提升。

4.2　5G建设场景与建设方案演进

上面介绍了5G基站的一般运行原理、主要硬件设备组成及相关功能。那么，针对不同实际场景需求，站点机房采用什么样的设备形态；随着网络效能需求和开销的增加，主流基站组网架构的演进何去何从。下面了解5G基站的工程建设方案。

4.2.1　5G建设场景与建设方式

按照实际的建设环境不同,5G基站工程建设可分为室外覆盖场景和室内覆盖场景。

1. 室外站点场景及建设方案

5G室外站点基站系统包括BBU、AAU等主设备,传输、电源、空调、接地系统、机房等配套设备设施。根据设备的部署要求,将设备安装区域分为机房与室外天面,如图4-7所示。其中基站的BBU设备、电源及其他基础设施,由于对环境适应性较差,一般部署在机房内,并要求散热良好、通风、湿度不能太高。室外天面主要部署安装AAU/射频天线设备,在设计这类设备时,考虑了防水、散热等环境因素。

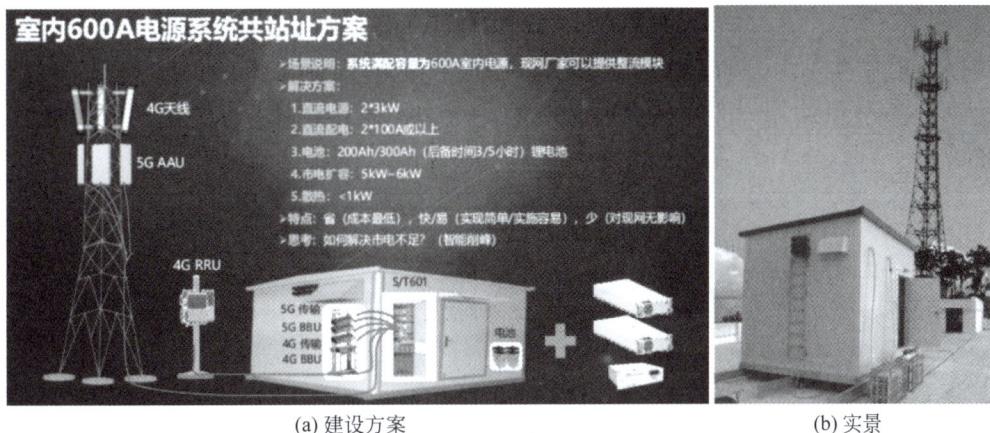

(a) 建设方案　　　　　　　　　　　　　　(b)实景

图 4-7　5G 室外站点场景建设

BBU+AAU形态的5G基站,在SA模式的5G基站用DU+CU取代NSA模式的BBU,形成DU+CU+AAU形态,其他外部连接是一样的。

根据实际基站覆盖的地理位置及环境条件,室外站点比较常见的两种站点部署方式如下:

(1) 铁塔站点:当天面空间充足时,一般针对农村或城市中较为空旷的区域,适合建设铁塔站点用于覆盖,这种方式的覆盖半径相对较大。实施方案一般是使用铁塔、单管塔、美化树等设施作为室外天面,用于安装基站的射频与天线单元,并在天面下方使用土建机房或集装箱式的一体化机房/机柜用于室内设备的安装与运行。

(2) 楼顶站点:当天面空间紧张时,一般针对城区或农村密集区域的覆盖,租用居民楼等楼栋的楼顶用于建设楼顶站点,使用楼顶抱杆作为室外天面,用于安装基站的射频与天线单元。这类站点的覆盖半径相对较小,一般在几百米。

根据覆盖区域的不同,运营商会根据需要选择不同形态的站点进行5G基站的建设。

2. 室内站点场景及建设方案

5G时代约85%的业务流量发生在室内场景,因此,室内覆盖的好坏直接关系到5G室内应用的体验。传统室内分布系统相关器件难以满足5G高频段、大容量需求,特别是交通枢纽、体育场馆、摩天大楼等大型高价值场景,有源系统成为 5G 室内分布主流解决方案。

目前,5G 有源分布设备主要包括华为的 LampSite、中兴的 Qcell 和爱立信的无线点系统(Radio Dot System,RDS)等。有源室分典型架构方案都是由基带处理单元、汇聚单元、射频单元三部分组成的,但不同厂商对各功能单元的命名不同。图 4-8 展示了华为 LampSite 室分架构。

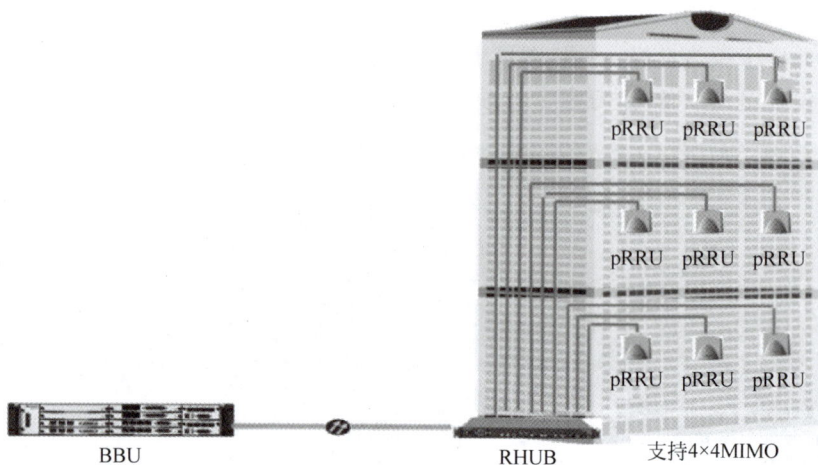

BBU　　　　　　　　RHUB　　　支持4×4MIMO

图 4-8　华为 LampSite 室分架构

LampSite 解决方案是华为推出的无线多模深度覆盖解决方案,能很好地支持 5G 室内分布场景。下面以该系统为例介绍室分系统架构。华为室分 LampSite 采用基带单元(BBU)+汇聚单元(RHUB)+射频单元(pRRU)三级架构。其与室外宏站的区别是多了汇聚单元,RRU 变成了 Pico RRU。Pico RRU 的体积更小,部署更方便,容量大,配置灵活。

在实际网络部署安装时,来自核心网/数据网络的信息,先经过 BBU,后送到 RHUB,再送到其下面的多个 pRRU。

在 BBU 实现基带信号处理,可对照 4.1 节内容回顾,它可与宏网 BBU 共享,单个 BBU 最大支持 96 个 pRRU。处理后的信号,通过光纤,送到各层 RHUB。

RHUB 实现 CPRI 光信号到 GE 电信号的转换,为 pRRU 提供 PoE 供电和传输交换。4 级级联,单级最多支持 8 个 pRRU。

RHUB 通过网线连接 pRRU,这里建议使用超六类线,以满足 5G 网络演进需求。pRRU 是室内小功率射频拉远板块,内置 2T2R 全向天线,支持外接天线。通常,将 pRRU 部署在室内各个业务集中的位置,保证覆盖区域的信号在较高的信号强度下的均匀分布。支持吸顶、吊顶、挂墙和抱杆安装。

4.2.2　5G 建设方案演进

在 5G 时代,基站分为集中单元(CU)、分布单元(DU)和有源天线单元(AAU)三部分。CU 和 DU 的作用是对基带信号进行处理,相当于 4G 网络中的 BBU,其中,CU 负责处理非实时的协议和服务,DU 负责处理物理层协议和实时服务。AAU 主要负责射频信号的处理,接收与发射无线信号。

1. 分布式 RAN 架构

分布式无线接入网(Distributed Radio Access Network,D-RAN)是指将 BBU 和 RRU 分离,BBU(或者 CU 和 DU)单独放在机柜中,RRU 和天线(或者 AAU)挂在铁塔上,就是所谓的"RRU 拉远",是当时主流的接入网形态,如图 4-9 所示。这种架构在 3G 大量使用,4G 完全成熟化。

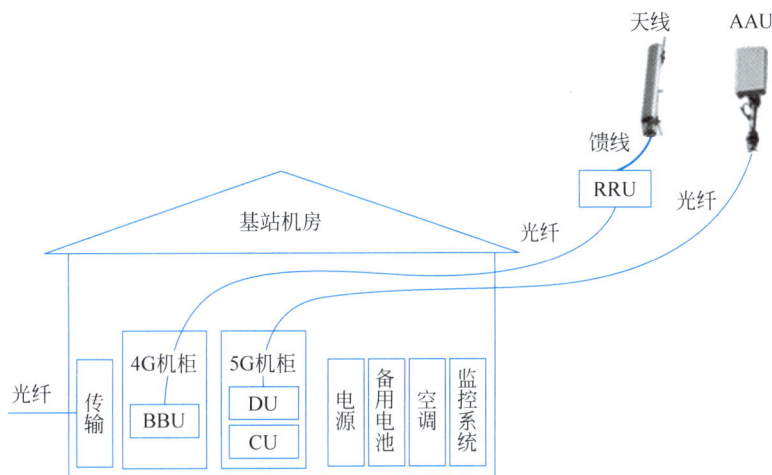

图 4-9　4G 和 5G 系统下的分布式无线接入网

将传统的 RAN 发展为 D-RAN 有两大显著优势:一方面,大大缩短了 RRU 和天线之间馈线的长度,可以减少信号损耗,也可以降低馈线的成本。另一方面,可以让网络规划更加灵活。因为 RRU 加天线比较小,方便灵活布置。

2. 集中式 RAN 架构

在 D-RAN 的架构下,运营商仍然要承担巨大的成本。一方面,为了摆放 BBU(含 CU 和 DU)和电源、空调等设备,运营商需要租赁和建设很多的室内机房或方舱。另一方面,在整个移动通信网络中,基站的能耗占 72%,空调的能耗占基站的 56%。也就是说,运营商在基站上的花费,大部分是用在了基础设施和电费上。

于是,运营商提出集中式无线接入网(Centralized Radio Access Network,C-RAN)的解决方案,图 4-10 展示了 C-RAN 架构。除了 RRU 拉远之外,把 CU 和 DU 都放在 BBU 盒子中,BBU 盒子全部都集中放在中心机房(Central Office,CO),形成一个 BBU 基带池。这样可以极大减少基站机房数量,减少空调等配套设备的能耗。另外,拉远之后的 RRU 搭配天线(或者 AAU),可以安装在离用户更近距离的位置,从而降低发射功率。

3. 云化 RAN 架构

在向 5G 演进的路上,移动通信系统的复杂性相对 4G 成倍上升,技术需求和商业需求的多样化也会给业界带来挑战。然而,传统 C-RAN 架构下,BBU(或 CU 和 DU)集中

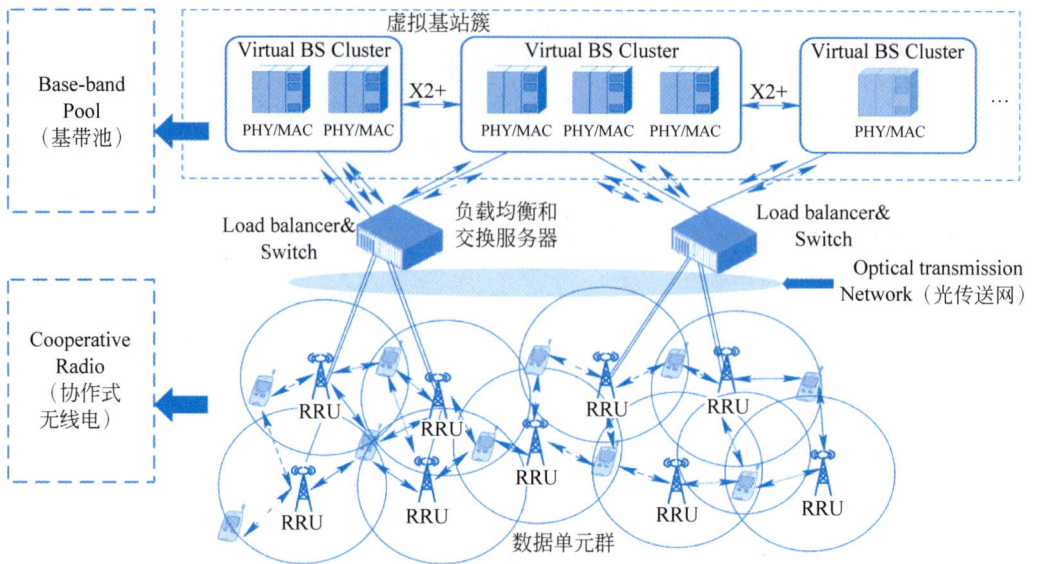

图 4-10　C-RAN 架构

放置处的存储和计算资源是分开的,其系统是不高效的,已无法应对 5G 时代需求。为此,华为提出了 Cloud-RAN 理念及解决方案,将 CU 与 DU 分离,将 DU 都放在 BBU 盒子中,将 CU 部分放在云化的数据中心,通过 NFV 技术实现,称为云接入网(Cloud-RAN),如图 4-11 所示。从具体的实现方案上,CU 在可云化的通用平台上实现,处理非实时业务,这样不仅可支持无线网功能,也具备了支持核心网功能和边缘应用的能力;DU 采用不可云化的专用设备实现,处理实时业务。

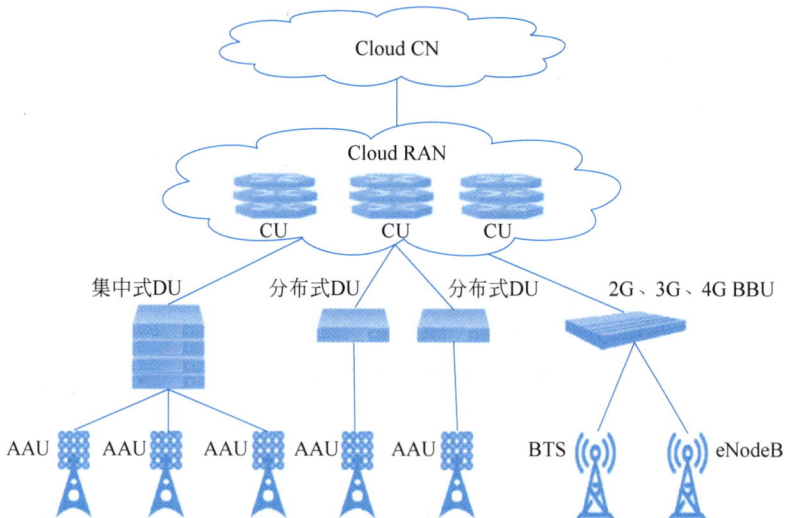

图 4-11　Cloud-RAN 架构

　　Cloud-RAN 架构下,实现了更加灵活的集中部署。控制功能在 CU,以实现协作通信,为 5G 的干扰管理和切换管理提供了重要意义。此外,Cloud-RAN 为实现 5G 网络切片提供了可能。

4. 5G 建设方案演进总结

总结来说,三种典型架构的演进体现了不同时期无线接入网络的需求。D-RAN 部署简单,在网络初期能够实现网络的快速部署与建设。C-RAN 建设方案能够解决站点机房不足的问题,同时降低能耗及运维成本。然而,Cloud-RAN 的建设方式与快速发展的 MEC 共平台部署,利用通用计算服务器架构设备,实现集中管理与协同,为无线切片的编排提供了可能,并促进了业务及服务的优化。Cloud-RAN 已成为使用规模最大的建设方式。

对于 5G 无线网络组网而言,CU 有云化的 Cloud-RAN、非云化的两种;DU 既可以布放在站点(D-RAN),也可以集中堆放(C-RAN)。因此,实际上存在 CU 非云化的 D-RAN、CU 非云化的 C-RAN、CU 云化的 D-RAN、CU 云化的 C-RAN 这四种 5G RAN 形态。另外,无论是 RRU,还是集成了天线的 AAU,射频部分都是独立部署的。

4.3 5G 基站组网与网络管理

5G 主流频段信号覆盖范围有限、穿透损耗大等特点,再加上 5G 时代多制式将长期共存,业务发展不均衡的情况,无线网络采用三层立体组网的架构,如图 4-12 所示。

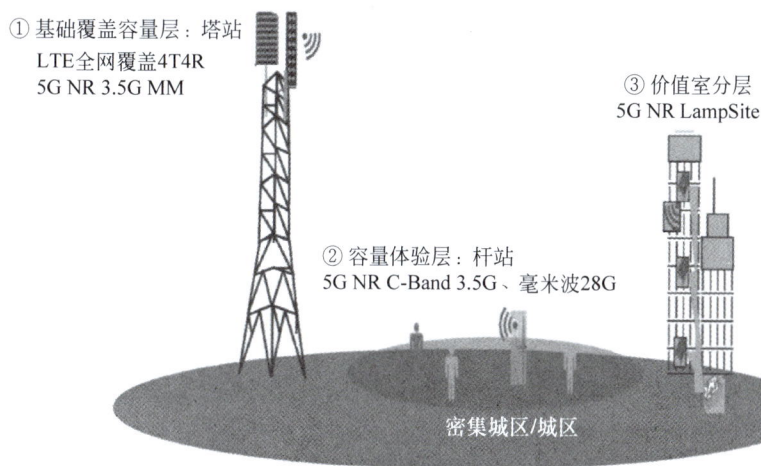

① 基础覆盖容量层:塔站
LTE全网覆盖4T4R
5G NR 3.5G MM

③ 价值室分层
5G NR LampSite

② 容量体验层:杆站
5G NR C-Band 3.5G、毫米波28G

密集城区/城区

图 4-12 5G 无线网三层立体组网架构

(1)基础覆盖容量层:以宏基站(Macro Site)为主的连续覆盖网络,覆盖半径达 200m 以上,满足基本的覆盖和容量需求,主要用于室外普遍的业务承载。

(2)容量体验层:以微基站(Micro Site)为主的非连续覆盖和容量网络,覆盖半径为 50~200m。为了满足体验一致性需求和特定场景的容量,主要部署在宏站边缘区域或流量高地,如道路、高层建筑、居民区、大型集会、风景区等。

(3)价值室分层:以皮基站(Pico Site)和飞基站(Femto Site)为主的室内网络,覆盖半径分别在 20~50m、10~20m。通常提供交通枢纽、商场等大型建筑的室内网络。

其中,宏站和微站属于室外覆盖场景,室分属于室内覆盖场景的解决方案。应对不同场景,5G 采用不同的组网形态。

4.3.1 5G 基站组网及管理需求

网络管理是运营商的一大挑战。如图 4-13 所示,5G 基站分层次组网,移动运营商各自部署自己的核心网,包括控制面和用户面,通过传输网连接到接入网。下面是不同的位置区,每个位置区下面是基站的站点,其下涵盖若干小区。多运营商之间管理各自的核心网,但可以共用部分无线侧网络。

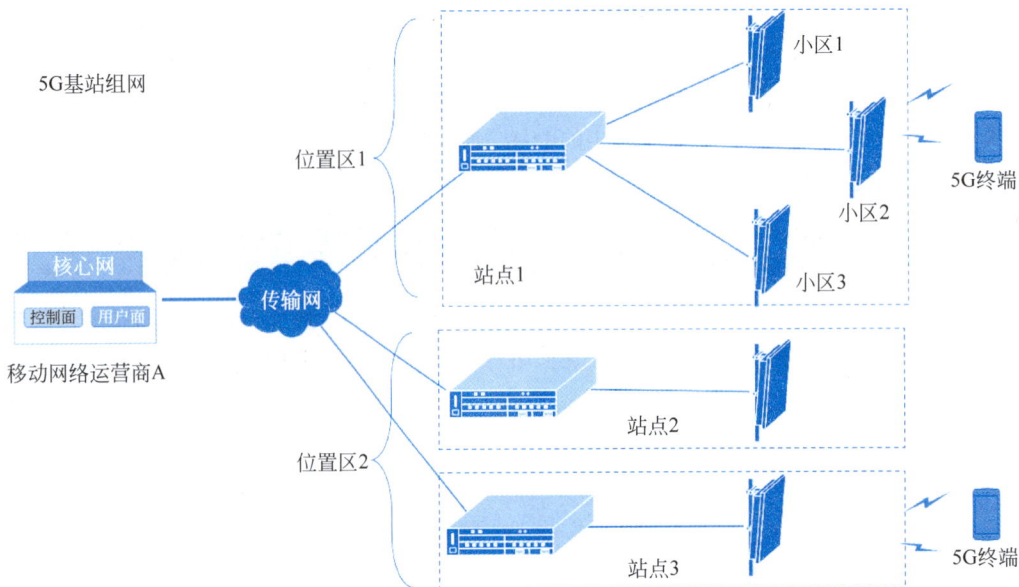

图 4-13 5G 基站组网

在 5G 组网建设中,通过层次化的网络管理参数来区分运营商网络、各个位置区、站点、小区等,从而进一步实现无线侧的位置管理、切换管理等相关业务。

4.3.2 5G 网络管理标识参数

从整个 5G 大系统来看,为方便管理和识别,每个基站或每个小区均应有全网唯一的标识。参考 3GPP 协议 TS 38.423,5G 小区或网络识别标识如下。

1. 5G 网络标识

由政府或其所批准的经营者,为公众提供陆地移动通信业务目的而建立和经营的网络,称为公共陆地移动通信网络(Public Land Mobile Network,PLMN)。它通常与公众交换电话网络(Public Switched Telephone Network,PSTN)互连,无线和有线网络结合,形成整个地区或国家规模的通信网。每个移动通信运营商有多个网络,通常用 PLMN来唯一地标识这些不同的网络,PLMN=MCC+MNC。其中:

(1)移动国家代码(Mobile Country Code,MCC):由 3 位数字组成,用于标识一个国家,但一个国家可以被分配多个 MCC。例如,美国的 MCC 有 310、311 和 316,中国的MCC 只有 460。

(2)移动网络代码(Mobile Network Code,MNC):由 2~3 位数字组成。它和 MCC

合在一起唯一标识一个移动网络提供者。例如：中国移动系统使用 00、02、07；中国联通 GSM 系统使用 01、06、09；中国电信 CDMA 系统使用 03、05、电信 4G 使用 11；中国铁通系统使用 20。

因此，460-00、460-02、460-07 就唯一标识中国移动，460-01、460-06 标识中国联通，460-03、460-05 标识中国电信。

2. 5G 位置标识

跟踪区(Tracking Area,TA)是 LTE 系统为 UE 的位置管理新设立的概念,用来进行寻呼和位置更新的区域,如图 4-14 所示。比如：当 UE 处于空闲状态时,核心网络能够知道 UE 所在的跟踪区；当处于空闲状态的 UE 需要被寻呼时,必须在 UE 所注册的跟踪区的所有小区进行寻呼。两个主要的参数分别为

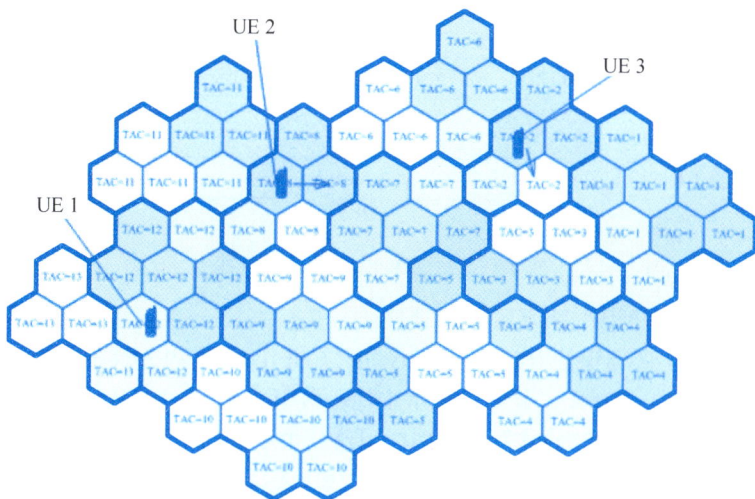

图 4-14 5G 位置标识

(1) 区域跟踪码(Tracking Area Code,TAC)：唯一标识在一个 PLMN 中的跟踪区域,用于 UE 的位置管理。

(2) 跟踪区标识(Tracking Area Identity,TAI)：用于标识跟踪区域,它由跟踪区域所属的 PLMN 标识和跟踪区域的 TAC 构成,即 TAI=PLMN ID+TAC。

跟踪区规划作为 LTE 网络规划的一部分,与网络寻呼性能密切相关。TAC 包括的小区多可能导致寻呼成本高,TAC 包括的小区少可能导致位置更新成本高。跟踪区的合理规划,能够均衡寻呼负荷和 TA 位置更新信令流程,有效控制系统信令负荷。通常,多个 TA 组成一个 TA 列表,同时分配给一个 UE,UE 在该 TA 列表(TA List)内移动时不需要执行 TA 更新,以减少与网络的频繁交互；当 UE 进入不在其所注册的 TA 列表中的新 TA 区域时,需要执行 TA 更新,MME 给 UE 重新分配一组 TA,新分配的 TA 也可包含原有 TA 列表中的一些 TA；TA 是小区级的配置,多个小区可以配置相同的 TA,每个小区只能属于一个 TA。

3. 5G 站点标识

Global gNB ID 用于全球范围内唯一地标识一个基站 gNB,它由 PLMN ID+gNB

ID 构成。其中,gNB Identifier(gNB ID)用于在一个 PLMN 内标识一个 gNB。

(1) gNB ID 最大 32bit,范围：0~4294967295。

(2) gNB ID 最小 22bit,范围：0~4194303。

4. 5G 小区标识

NR 小区全球标识符(NR Cell Global Identifier,NCGI)：用于全球范围内标识一个 NR 小区。它由 PLMN ID + NCI 构成,图 4-15 展示了 NCGI 和 NCI 结构,其中：

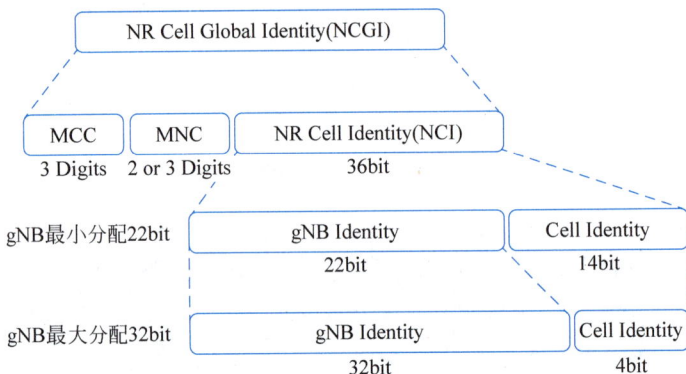

图 4-15 5G NR 小区全球标识符

(1) PLMN ID：标识小区所属的 PLMN。

(2) NCI：NR 小区标识(NR Cell Identity,NR Cell ID)：在 PLMN 内标识一个小区。其高位包含所在 gNB 的 gNB ID。其低位表示本地小区 ID。标识一个基站下的不同小区。比如,4G 中若一个基站下有 3 个小区,可分别标识这三个小区的本地小区 ID 为 1、2、3。

5. 5G 小区无线信号标识

在 5G NR 中,终端以物理小区标识(Physical Cell Identifier,PCI)来区分不同小区的无线信号。在小区主同步信号(Primary Synchronization Signal,PSS)和辅同步信号(Secondary Synchronization Signal,SSS)信道之外的其他信道上数据的发送,都会用此物理小区标识进行加扰。可以说,小区标识是对于进出小区的数据进行初步的身份标识的一种手段,避免不是小区的数据进入小区,避免干扰信号被当成小区信号。类似小区的通行证,只有持有小区通信证的载波数据,才会被基站的小区认可。

5G 中的最大 PCI 数量为 1008(0~1007)。在 5G 网络规划设计中,进行 PCI 规划的目的就是为每个 gNB 小区合理分配 PCI,确保同频同 PCI 的小区下行信号之间不会互相产生干扰,避免影响手机正确同步和解码正常服务小区的导频信道。5G PCI 规划遵循的原则如下：

(1) 不冲突原则：相邻同频小区不能使用相同的 PCI。

(2) 不混淆原则：同一小区的同频邻区不能使用相同的 PCI,否则切换时 gNB 无法区分哪个为目标小区,容易造成切换失败。

(3) 复用原则：保证相同 PCI 小区拥有足够的复用距离。

4.4 5G 基站组网下的移动性管理

在移动性管理中有两部分重要内容：

（1）位置管理：使网络通过跟踪终端用户的位置，在用户有消息和呼叫时，网络可以联系到用户，来提供通信服务。

（2）切换管理：通过保持用户从一个接入点（基站）到另一个接入点过程中连接的连续性，实现通信服务的连续性。

4.4.1 5G 位置管理

寻呼作为位置管理的关键组成部分，是网络寻找呼叫 UE 的过程。按照消息的来源不同，寻呼可以分为两类：

（1）5GC（5G 核心网）寻呼：来自 5GC，RRC_IDLE 状态（空闲态）UE 有下行数据到达时，5GC 通过 Paging 寻呼消息通知 UE。

（2）RAN（无线接入网）寻呼：来自 gNB，RRC_INACTIVE 状态（非激活态）UE 有下行数据到达时，gNB 通过 RAN Paging 寻呼消息通知 UE 启动数传下行数据到达时，gNB 通过 RAN Paging 寻呼消息在无线接入网通知区域（RAN Notification Area，RNA）发起寻呼，通知 UE 启动数传。

表 4-1 展示了 5G 支持的不同寻呼类型对位置的管理。

表 4-1 5G 支持的不同寻呼类型对位置的管理

类　　型	5GC 寻呼	RAN 寻呼
寻呼消息来源	来自 5GC，主要由 AMF 发起	来自 gNB
寻呼条件	UE 已注册且处于 CM＿IDLE/RRC＿IDLE 态，核心网检测到 UE 有下行数据需要发送	UE 处于 RRC＿INACTIVE 态，源 gNB 检测到 UE 有下行数据需要发送
寻呼过程	5GC 发起，gNB 在 TAC 范围内寻呼 UE	gNB 在 RNA 区域内发起对 UE 的寻呼
寻呼范围	Tracing Area(TA)	RAN-based Notification Area(RNA)

在 5G 系统中，已注册 UE 的 TA 消息，由 UE 周期给核心网，核心网保存到 RM_DEREGISTERED 上下文中；后续在 5GC 寻呼过程中，AMF 寻呼该 UE 时，在 UE 所在的 TA 范围内进行。两种方式的寻呼过程如图 4-16 所示，寻呼范围如图 4-17 所示。

在 UE 处于 RRC_INACTIVE 状态时，如果 UE 移动到新的 RNA，或有下行数据到达时，RAN 会发起寻呼。基站根据 UE 的 RNA 信息生成寻呼消息，基站在 UE 所在的 RNA 内广播寻呼消息。RAN 寻呼在 UE 注册的 RNA 范围内进行，RNA 通常比 TA 更小。UE 接收到寻呼消息后，向基站发送响应，完成寻呼流程。

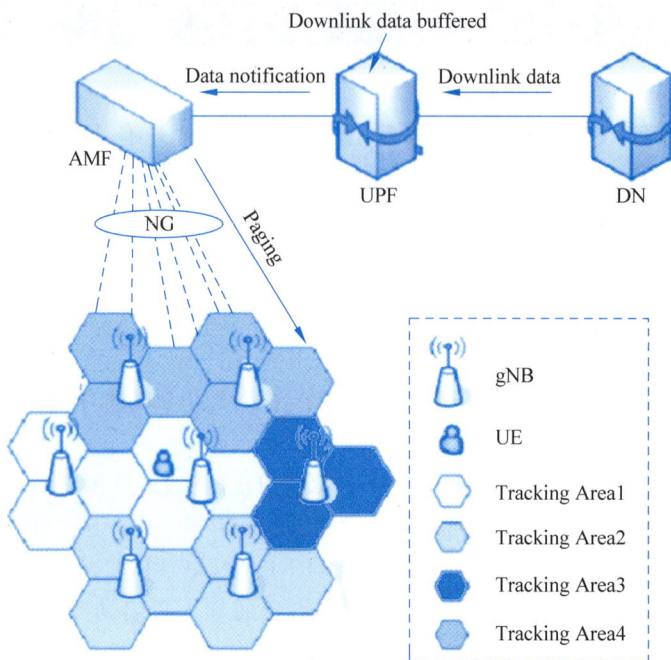

(a) 5GC寻呼示意图

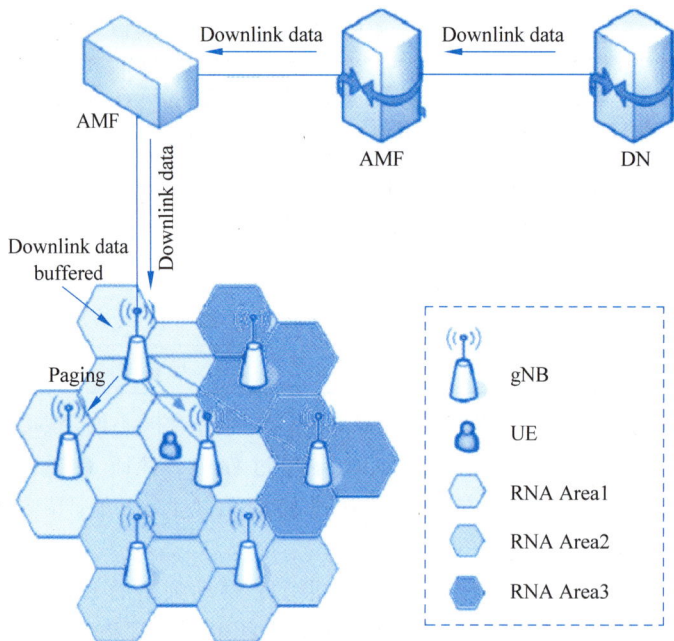

(b) RAN寻呼示意图

图 4-16　5G 寻呼过程示意图

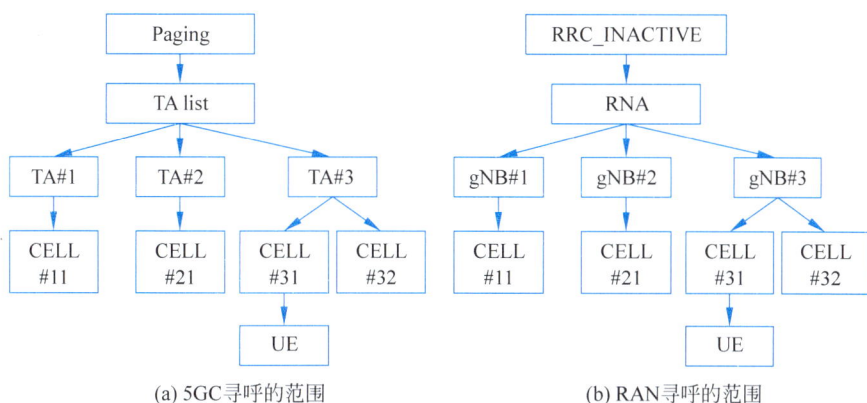

(a) 5GC寻呼的范围   (b) RAN寻呼的范围

图 4-17　5G 寻呼的小区范围逻辑架构

实际上,两种方式最终的寻呼消息下发都是由 gNB 通过空口下发给 UE 的。在 5GC 寻呼中,根据协议,寻呼的 UE Radio Capability 信息包括了 UE 可支持的无线接入技术 (Radio Access Technology,RAT)信息(如能量等级、频段等)。gNB 仅在 UE 支持的频段小区内下发寻呼消息,可以避免寻呼浪费(针对 5GC 寻呼),实现高效寻呼。

4.4.2　5G 切换管理

无线终端设备具有移动性,用户可以在任何时间、任何地点随时随地使用服务,这要归功于移动网络支持切换。切换管理是移动网络下的一项基本功能,用户设备(UE)可以从一个基站/小区切换到另一个基站/小区而不丢失任何传入或传出的数据,并且在这种切换期间与网络进行通信而不中断,确保了无论用户连接到哪个单元都可以无缝地通信。

为了提供更好的用户体验,5G 采用多连接技术,终端用户会连接到多个小区,甚至可能会连接到多个运营商或虚拟运营商,并且都处于在线状态,当终端进行切换时,切换管理问题也会变得比传统无线网络更加复杂。

5G NR 的切换流程同 4G 一样仍然包括以下三个流程。

(1) 测量:由 RRC Connection Reconfiguration 消息携带下发;测量 NR 和 4G 电平值。

(2) 判决:UE 上报测量报告(Measurement Report,MR)(MR 可以是周期型也可以是事件型),基站判断是否满足门限。

(3) 执行:基站将 UE 要切换到的目标小区下发给 UE。

在 5G 系统的双链接(Dual Connectivity,DC)下,定义终端用户同时连接的多个小区组分别如下:

(1) 主小区组(Master Cell Group,MCG):UE 首先发起随机接入(Random Access Channel,RACH)的 Cell 所在的 Group。

(2) 辅小区组(Secondary Cell Group,SCG):是与辅助 RAN 节点相关联的一组服务小区,由主辅小区(Primary Secondary Cell,PSCell)和一个或多个辅助小区(Secondary

Cell，SCell)组成。

假设现在进行了双链接，那么就有了 MCG 和 SCG 的概念，如图 4-18 所示。

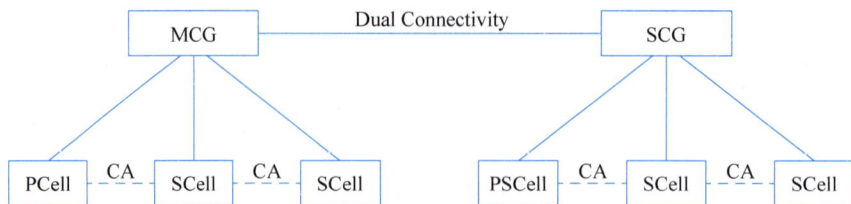

图 4-18 双链接示意图

在每个小区组内，包含：主小区（Primary Cell，PCell)。辅小区（SCell)和主辅小区（PSCell)。

在 MCG 下，可能会有很多个 Cell，其中有一个用于发起初始接入的小区，这个小区称为 PCell。顾名思义，PCell 是 MCG 里面最"主要"的小区。MCG 下的 PCell 和 MCG 下的 SCell 通过载波聚合（Carrier Aggregation，CA)技术联合在一起。

同样地，在 SCG 下也会有一个最主要的小区，即 PSCell，也可以简单理解为在 SCG 下发起初始接入的小区。SCG 下的 PSCell 和 SCG 下的 SCell 也是通过 CA 技术联合在一起。

因为很多信令只在 PCell 和 PSCell 上发送，为了描述方便，协议中也定义了一个概念 sPCell(special Cell)，sPCell＝PCell＋PSCell。

为了保持每一个服务的连续性，当用户在切换时，在不同网络之间研究一个合适的同步机制是很有必要的。

4.5 工程建设与开通案例 1：5G 基站及小区基本开局实验

4.5.1 实验介绍

1. 实验目的

本实验将学习一个 5G 基站的基本开通过程，在该过程中，参考 3.1.2 节 5G 网络架构和 3.1.3 节关键接口，将了解 5G 接入网与核心网之间的接口关系，并学习一个 5G 服务小区建立的基本过程，并且参考 4.3.2 节 5G 网络管理标识参数内容，理解网络、基站或小区的各项标识及作用。

2. 实验内容

本实验中，请按照实验步骤，在平台中开通一个 5G 基站，并完成基站的小区添加，使 5G 手机能够正常入网。

4.5.2 实验案例描述

使用平台提供的案例库，进入【5G 业务场景】板块，选择"5G 基站基本开局"案例，并单击【应用案例】，将本实验案例加载至平台中。

1. 案例描述

某地运营商基于 5G 独立组网方案新建了一个基站设备,其中接入站点的硬件设备均已安装到位,但基站的相关配置及开局工作还未进行。在本案例中,5G 核心网及传输网等设备的配置均已完成,需要根据运营商提供的参数完成基站的开通过程,如图 4-19 所示。也可以通过直接查看已配置的设备的相关数据,完成基站的开通。

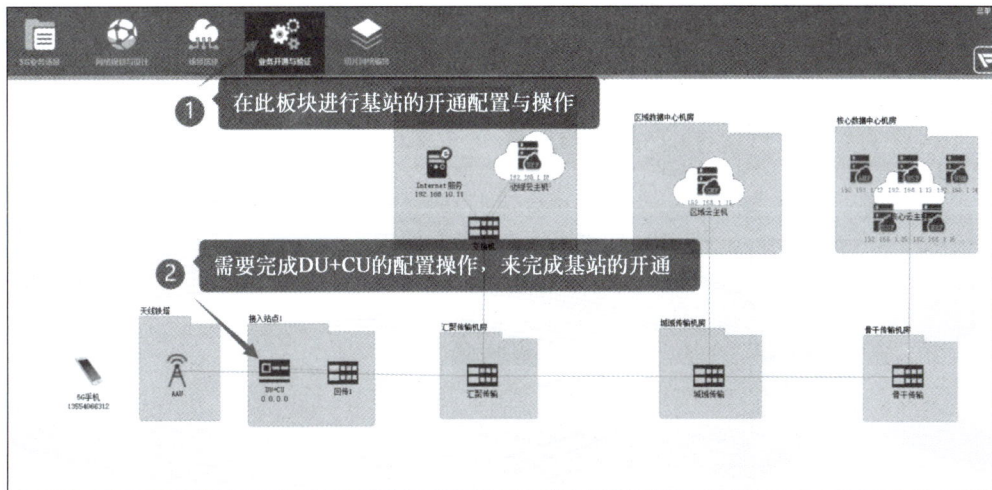

图 4-19 开通基站案例

2. 案例任务

假设已接到开通此 5G 服务小区的任务,且运营商提供的开通小区参数如下:

(1) 基站业务 IP:控制面地址 192.168.1.30;用户面地址 192.168.10.30。

(2) NR CGI (全球小区识别码):460-10-1001-1。

(3) PCI(物理小区标识):120。

(4) TAC:4301。

按照以上参数要求完成该基站设备及小区的开通。注意:本实验不涉及小区具体无线参数的设置,这将在后续实验课程中进行。

注:某地区实际现网 5G 基站的工参表(非独立组网,仅供参考),如图 4-20 所示。

站型	基站名称	小区名称	ECI（唯一标识列）	CGI	pci	经度	纬度	天线挂高（仅宏站）	方向角（仅宏站）	TAC	中心频点	频段	带宽
宏站	装研究所73	装研究所73	1883259137	460-00-7356481-1	181	121.58509	38.91773	26	158	16778	2545	D4/D5/D6	60M
宏站	装研究所73	装研究所73	1883259138	460-00-7356481-2	182	121.58509	38.91773	26	129	16778	2545	D4/D5/D6	60M
宏站	装研究所73	装研究所73	1883259139	460-00-7356481-3	180	121.58509	38.91773	26	360	16778	2545	D4/D5/D6	60M
宏站	锦辉商城73	锦辉商城735	1883260417	460-00-7356486-1	234	121.58293	38.91032	30	30	16778	2545	D4/D5/D6	60M
宏站	锦辉商城73	锦辉商城735	1883260418	460-00-7356486-2	236	121.58293	38.91032	30	120	16778	2545	D4/D5/D6	60M
宏站	锦辉商城73	锦辉商城735	1883260419	460-00-7356486-3	235	121.58293	38.91032	30	230	16778	2545	D4/D5/D6	60M
宏站	连胜街73	连胜街7356	1883261441	460-00-7356490-1	205	121.58701	38.91356	24	120	16814	2545	D4/D5/D6	60M
宏站	连胜街73	连胜街7356	1883261442	460-00-7356490-2	209	121.58701	38.91356	24	240	16814	2545	D4/D5/D6	60M
宏站	民权街73	民权街7356	1883265281	460-00-7356505-1	208	121.59319	38.91406	39	334	16847	2545	D4/D5/D6	60M
宏站	民权街73	民权街7356	1883265282	460-00-7356505-2	204	121.59319	38.91406	39	105	16847	2545	D4/D5/D6	60M
宏站	民权街73	民权街7356	1883265283	460-00-7356505-3	206	121.59319	38.91406	39	260	16847	2545	D4/D5/D6	60M
宏站	肤病医院73	肤病医院73	1883260929	460-00-7356488-1	1	121.59643	38.91686	26	0	16847	2545	D4/D5/D6	60M

图 4-20 5G 基站的工参表

4.5.3　实验步骤

1. 5G基站Global gNB ID识别信息

在进行5G基站设备的开局时,首先要给基站配置一个唯一识别的信息,这样运营商才能方便地对网络进行维护与管理。

根据实验原理 Global gNB ID＝PLMN＋基站 ID。运营商提供给的小区信息是NCGI(NR全球小区识别码):460-10-1001-1。其中 NCGI＝PLMN＋NCI＝MCC＋MNC＋基站 ID＋本地小区 ID,因此 PLMN 为 460-10,基站 ID 为 1001,本地小区 ID 为 1。

(1) 单击【业务开通与验证】板块,双击基站"DU＋CU",即可对设备进行配置,如图 4-21 所示。

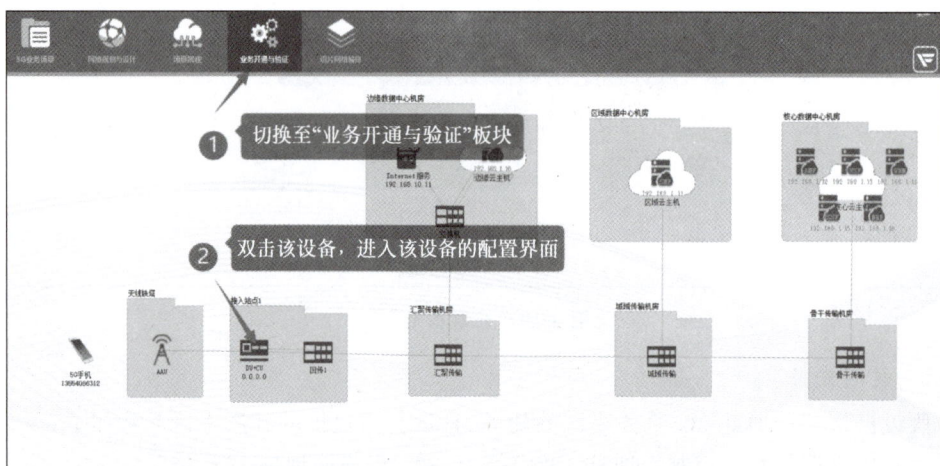

图 4-21　设备配置

(2) 根据运营商提供的参数,填写基站的基本配置。

根据上述分析,Global gNB ID＝PLMN＋基站 ID＝MCC＋MNC＋基站 ID＝460-10-1001,填写信息并保存,如图 4-22 所示。

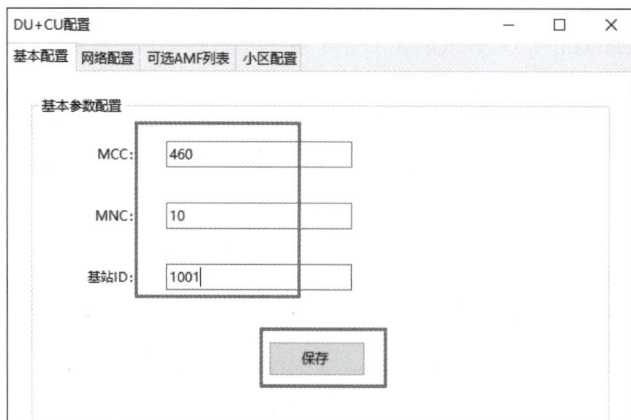

图 4-22　基站基本参数配置

2. 配置基站业务IP,并建立与核心网之间的链路

(1) 配置基站业务 IP 地址。基站业务 IP 地址是用于接入网与核心网之间的不同的地址,在这里,将其分为控制面地址和用户面地址。其中:控制面地址作为 NG-C 接口,用于与 AMF 的通信;用户面地址作为 NG-U 接口,用于与 UPF 之间的互通。按要求配置参数如图 4-23 所示。

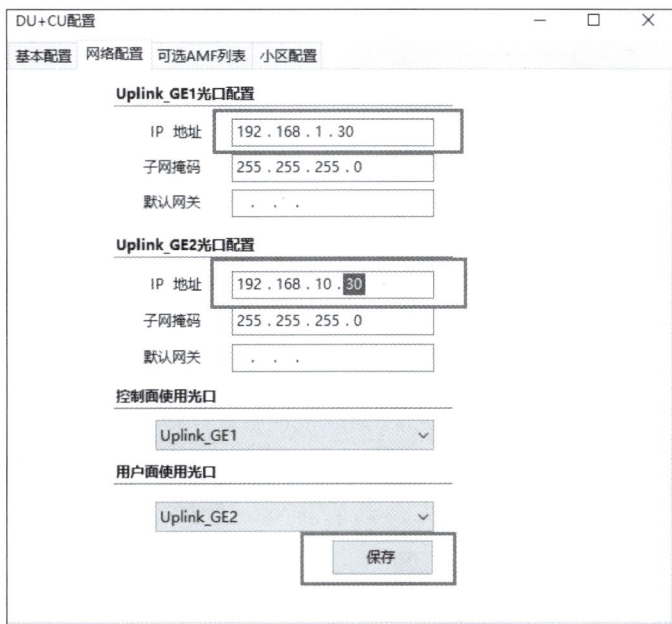

图 4-23 基站业务 IP 参数配置

(2) 建立基站与核心网之间的链路。

如图 4-24 所示,根据实际情况完成 AMF 的添加,使基站可通过添加的 AMF 信息找到与核心网 AMF 交互的地址。

3. 新建小区,并配置小区基本信息

(1) 新建服务小区,指定该小区的射频资源,并配置小区的识别信息。

注意,在新建一个小区时,要指定该小区的射频资源(即哪个 AAU 对应该小区)。如图 4-25 所示,配置的 AAU 板卡光口号即为基站设备与 AAU 连接的光口名称。

在该基站下新建一个 5G 服务小区,并且根据规划值,本地小区为 1,PCI 为 120,将规划内容配置至小区的相关信息中。

注:如图 4-26 所示,可以在空白处右击,并选择"显示端口名称"来显示线缆两端的接口名称,以方便根据实际物理连线进行配置。可以使用鼠标滚轮进行画面的放大与缩小。

(2) 配置该小区所在的跟踪区。

根据规划,填写 TAC 的值(图 4-27),并选择将案例中已配置的一个网络切片分配到该 TAI 下。(网络切片相关内容将在后续实验中进行讲解)

(3) 本地小区参数及小区规划参数,按默认值进行保存。

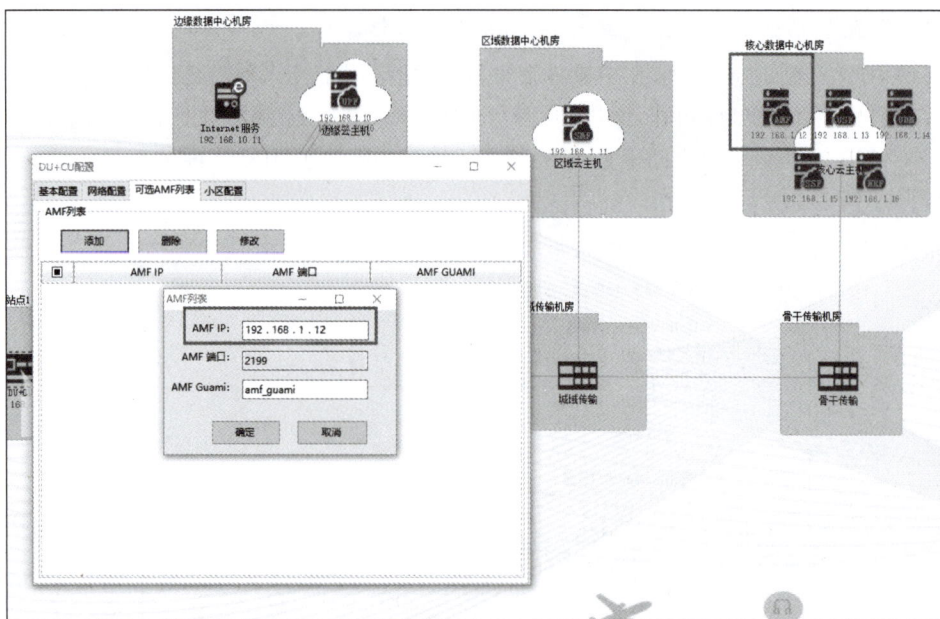

图 4-24　添加 AMF 信息

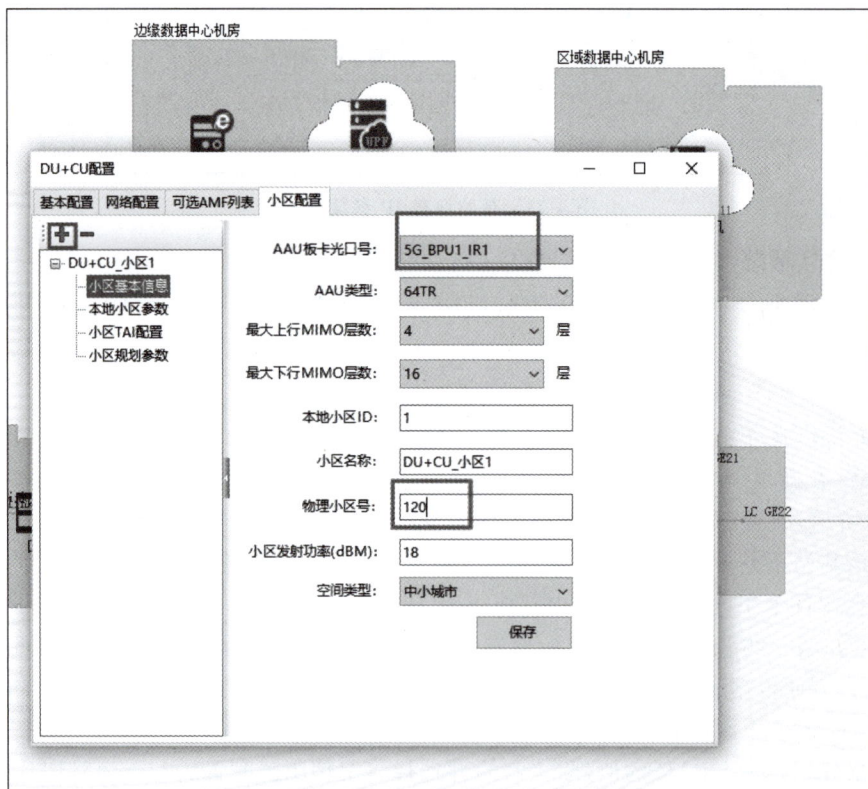

图 4-25　新建 5G 服务小区

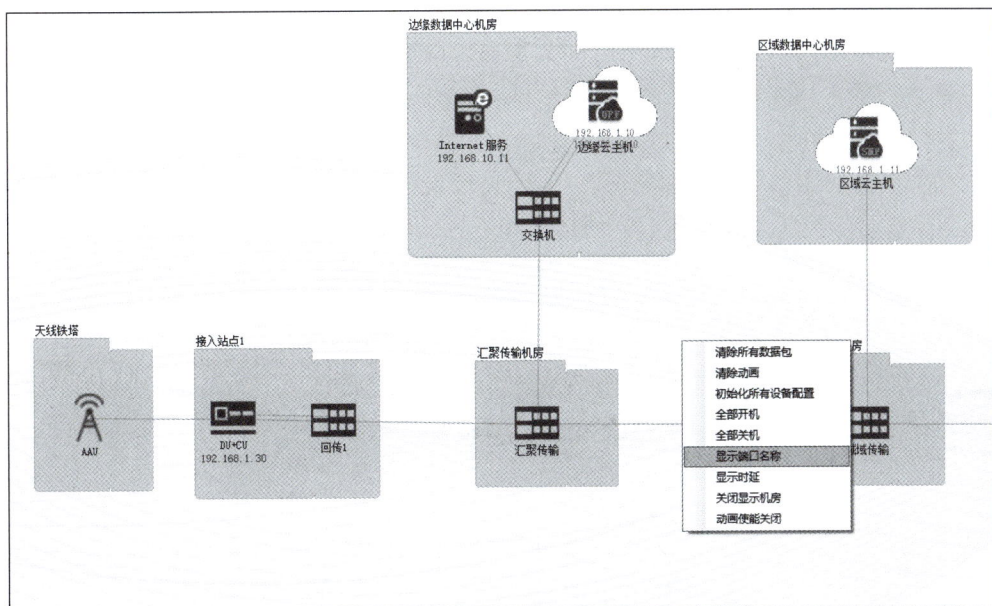

图 4-26 显示端口名称

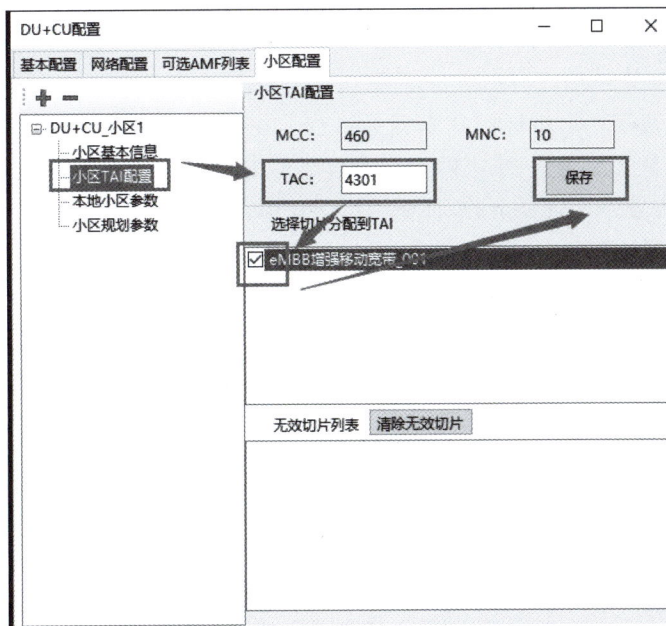

图 4-27 填写 TAC 的值

4.5.4　结果验证

上述操作完成后,可以将设备开机,验证小区是否建立成功,具体操作如图 4-28 所示。

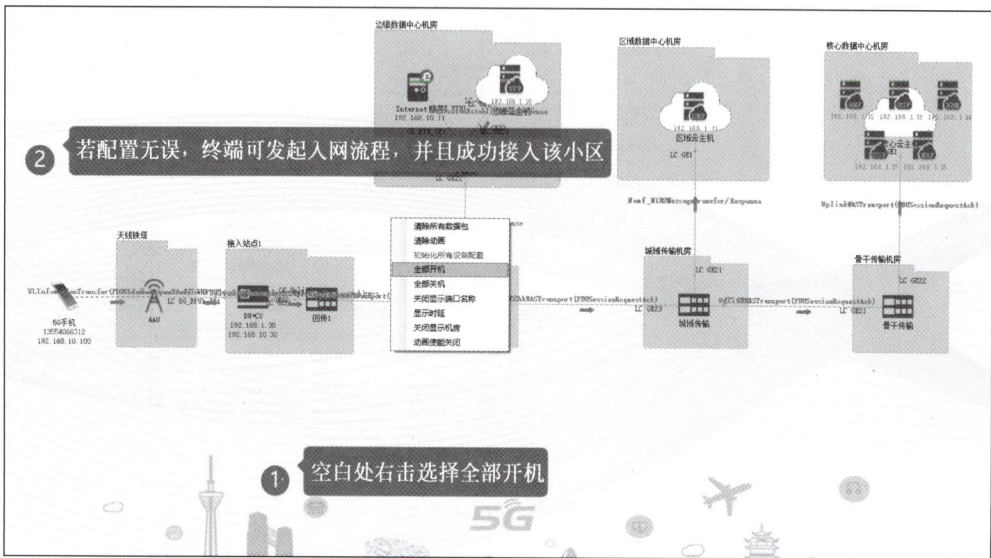

图 4-28　结果验证

4.5.5　实验总结

上述过程完成了一个小区的基本开通过程。在此过程也进行了相关工程上各种网络及小区标识的认知。当然,小区的无线参数都是按照默认值进行设置的,从 5G 无线侧来看,其物理层配置是比较复杂的,将在后续课程中逐步学习。

完成本实验后,思考以下问题,并搜索相关资料,完成实验报告的作答:

(1) 在实际工程中首先要打通 5G 基站与核心网 AMF 两者之间的传输链路,从原理上来说,是建立的哪个接口之间的连接? 为什么基站配置中不添加 UPF 信息的列表?

(2) 从基站和小区的标识来看,4G 系统中一个 PLMN 内 E-UTRA Cell ID 共计 28bit(前 20bit 为基站 ID,后 8bit 为本地小区 ID(标识该基站下的小区 ID)),5G 系统中 NR Cell ID 共计 36bit(前 22~32bit 为基站 ID,后 4~14bit 为本地小区 ID)。只从数量上来看,思考为何有此变化?

(3) 思考在一个 PLMN 下,为何要划分 TAC,有何作用?

(4) 对于基站的服务小区来说,PCI 值的不同代表着什么? 在 4G 系统中 PCI 标识为 0~503,共计 504 个,在 5G 系统中 PCI 的值有多少个?(有兴趣的同学可以思考如何确定 PCI 值的最大数量。)

4.6 工程建设与开通案例实验 2：DU 与 CU 分离架构的 5G 基站开通实验

4.6.1 实验介绍

1．实验目的

本实验中，将在实验 1 的基础上学习 DU、CU 分离架构的 5G 基站的开通，一方面巩固前面的实验内容，另一方面了解不同基站架构的区别与联系。

2．实验内容

本实验中，请按照实验步骤，在平台中开通一个 DU、CU 分离式架构的 5G 基站，并完成基站的小区添加，使 5G 手机能够正常入网。

4.6.2 实验原理

1．接口关系

图 4-29 为 5G 接入网的基本架构。由图可以看出，对于 5G 基站来说，支持 CU 与 DU 的分离部署，并且有以下特征：

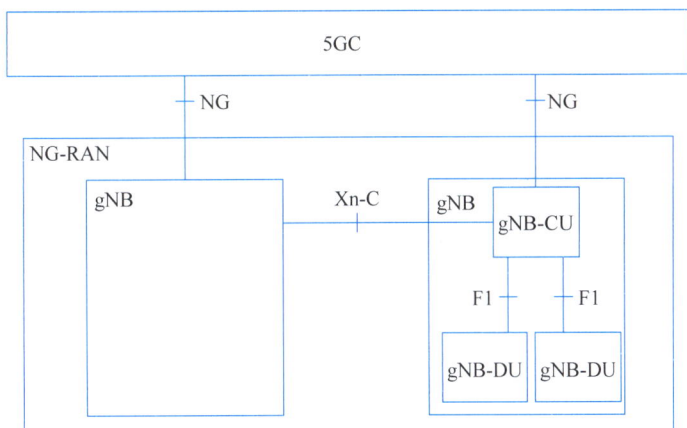

图 4-29　5G 接入网的基本架构

（1）一个基站可以由 CU 和一个或多个 DU 组成。

（2）CU 和 DU 通过 F1 接口连接。

（3）一个 DU 仅连接到一个 CU。

注：为了弹性规划，可以通过适当的实现将 DU 连接到多个 CU，但在整个学习过程中默认不考虑此种情况。

2．协议分层

如图 4-30 所示，对于基站的整个协议栈来说，CU 与 DU 切分在基站哪个协议层是有多种切分方案提交讨论的。在 3GPP 举行的 RAN3 会议中明确确定了采用选项 2 的切分方案，即基站的 PDCP 层以上作为两者的切分点。

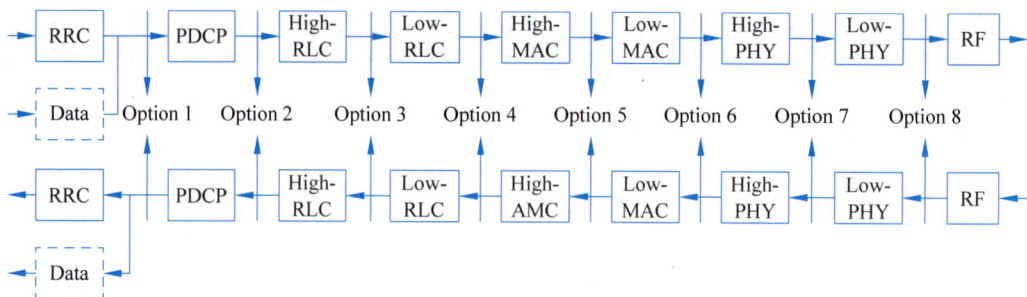

图 4-30　协议分层切分方案

4.6.3　实验案例描述

使用平台提供的案例库,进入【5G业务场景】板块,选择"DU、CU分离架构的5G基站开通"案例,并单击【应用案例】,将本实验案例加载至平台中。

1. 案例描述

某地运营商在前期已完成DU+CU合设的基站架构的开局与测试,为了后期大规模部署5G基站时,在高密度的基站区域对多个站点的统一管理,实现站点协同、基带资源统一调度与智能运维,并保障后期接入网的切片工作的顺利实施与测试,需新建一个DU、CU分离架构的基站系统进行测试工作。

在本案例中,接入站点的硬件设备已经安装到位,并且已经借助边缘数据中心机房的云主机设备,部署了一套CU服务。相关配置及开局工作界面如图4-31所示。

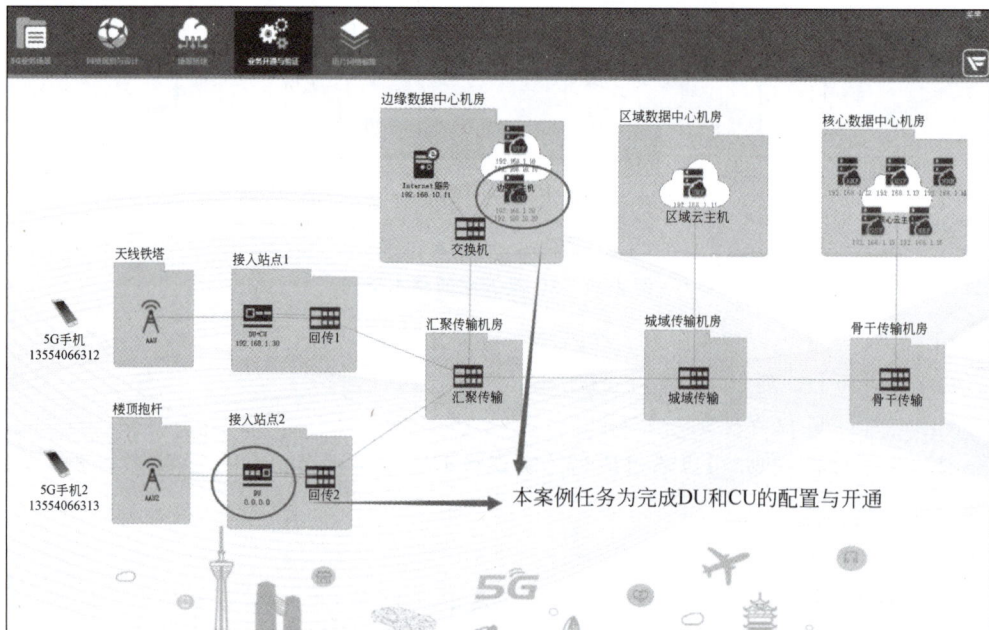

图 4-31　DU+CU配置与基站开通案例

2. 案例任务

假设已接到开通此 5G 服务小区的任务,且运营商提供的开通小区参数如下:

(1) DU 设备业务 IP:控制面地址 192.168.1.31;用户面地址 192.168.10.31。

(2) DU 设备名称:DU。

(3) NR CGI(全球小区识别码):460-10-1002-1。

(4) PCI(物理小区标识):121。

(5) TAC:4301。

按照以上参数要求完成该 DU、CU 分离架构的基站设备及小区的开通工作。

4.6.4　实验步骤

1. 配置 DU 地址,并建立 CU 连接

配置 DU 设备业务 IP 地址,按规划的业务 IP 地址完成 DU 设备 IP 配置,并单击保存,如图 4-32 所示。

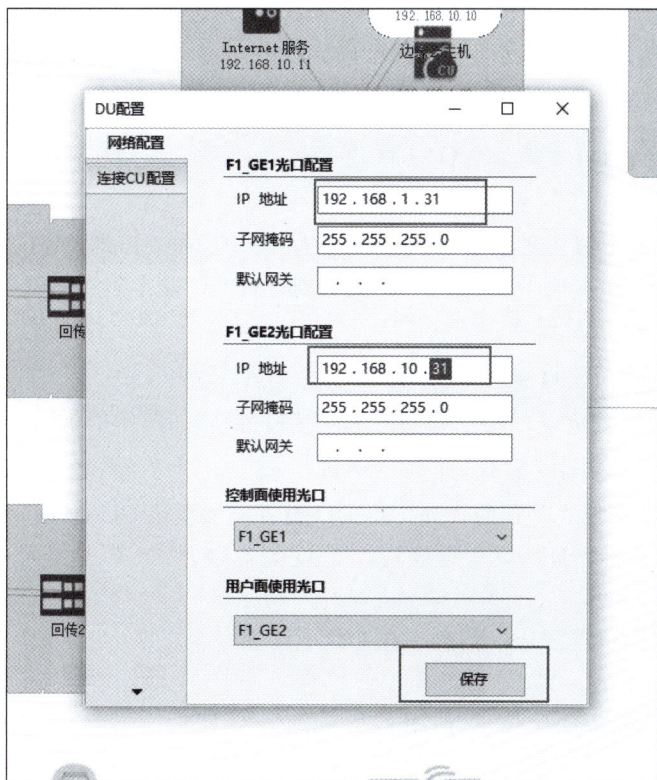

图 4-32　配置 DU 设备业务 IP 地址

2. 建立 DU 与 CU 的连接

根据 CU 接口地址信息,在 DU 上配置连接 CU 的参数,建立 DU 与 CU 之间的链路,即建立 F1 接口,如图 4-33 所示。

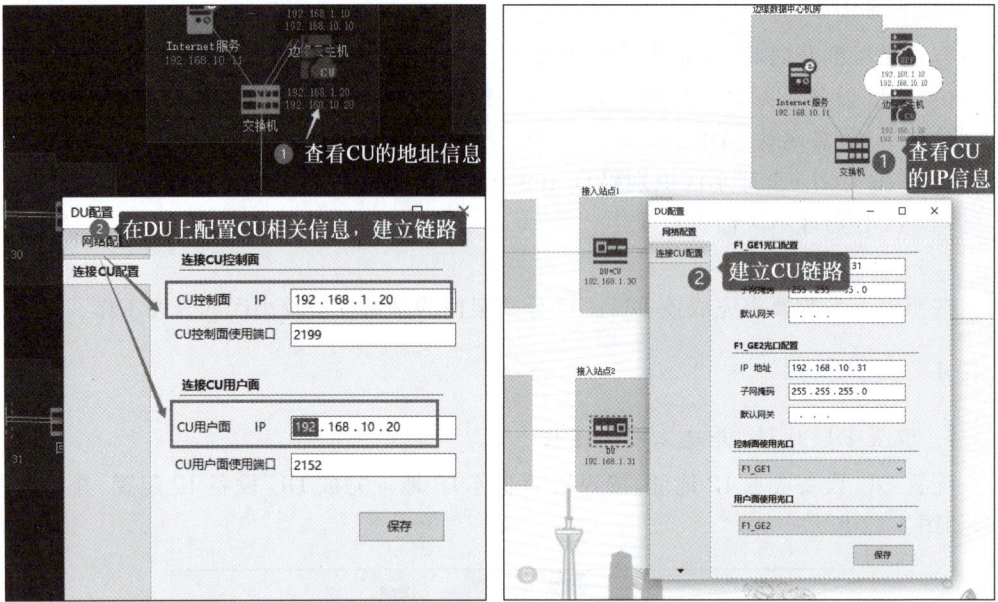

<table>
<tr><td>(a) 配置CU地址信息</td><td>(b) 建立CU链路</td></tr>
</table>

图 4-33　建立 DU 与 CU 的连接

3. 配置 CU 标识,并建立 NG 接口

根据规划,设置 CU 的基本信息。

根据规划,NR CGI（全球小区识别码）为 460-10-1002-1,即 MCC 为 460,MNC 为 10;基站 ID 为 1002,本地小区 ID 为 1。按规划进行 CU 基本信息配置如图 4-34 所示。

注意,配置完成以后保存。

4. 建立 CU 与 5G 核心网之间的链路

与实验 1 一致,建立基站与核心网的 NG 接口链路,如图 4-35 所示。

5. 建立 CU 实现 DU 管理,并创建小区

（1）通过 CU 实现对 DU 的管理。将 DU 设备添加至该 CU 的 DU 管理列表中（注:一个 CU 下可添加多个 DU）。根据规划,DU 设备名称为"DU",地址可填写 DU 的控制面地址,如图 4-36 所示。

（2）添加小区,并配置小区信息。在 DU 上添加一个小区（注:一个 DU 可管理多个小区）,如图 4-37 所示。

（3）根据规划填写小区信息,如图 4-38 和图 4-39 所示。

4.6.5　实验结果验证

将设备全部开机,观察终端是否正常发起入网流程,判断小区是否建立成功,如图 4-40 所示。

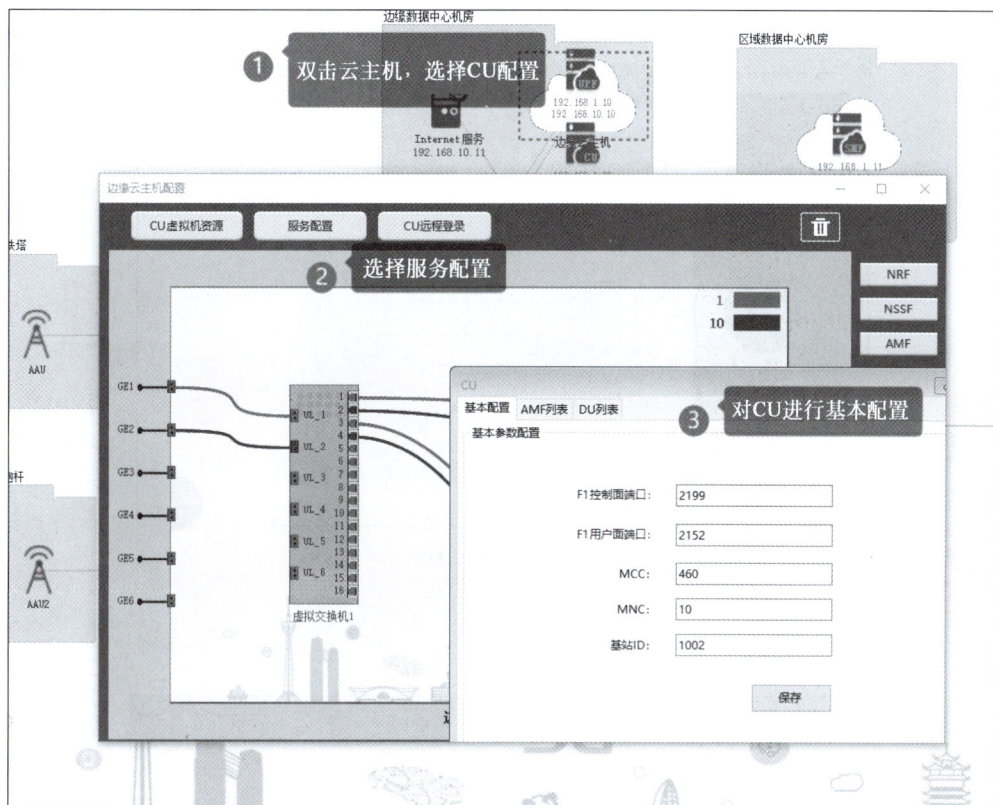

图 4-34　CU 基本信息配置

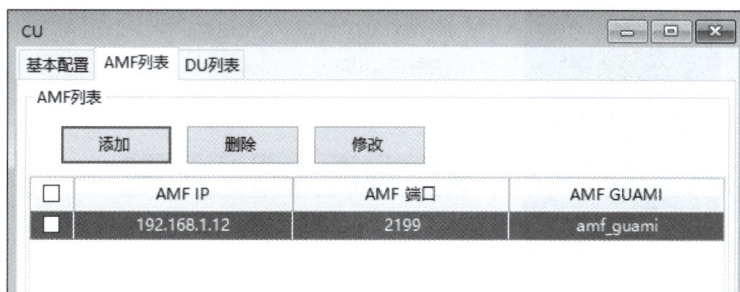

图 4-35　建立基站与核心网的 NG 接口链路

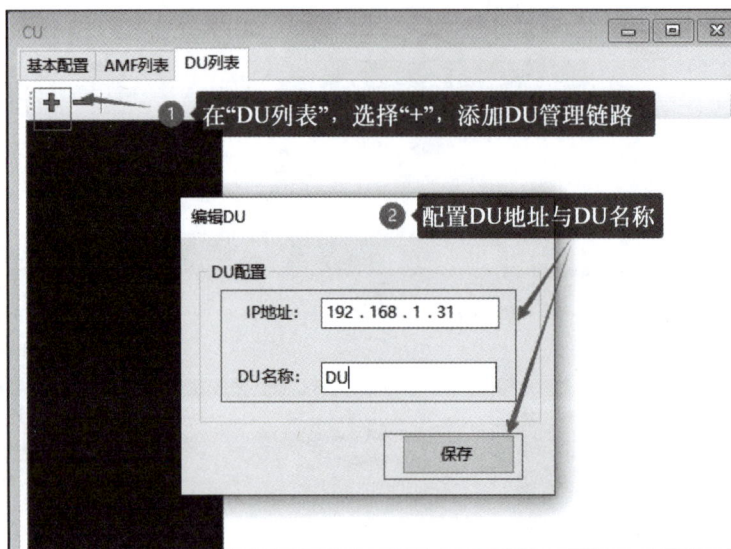

图 4-36　添加 DU

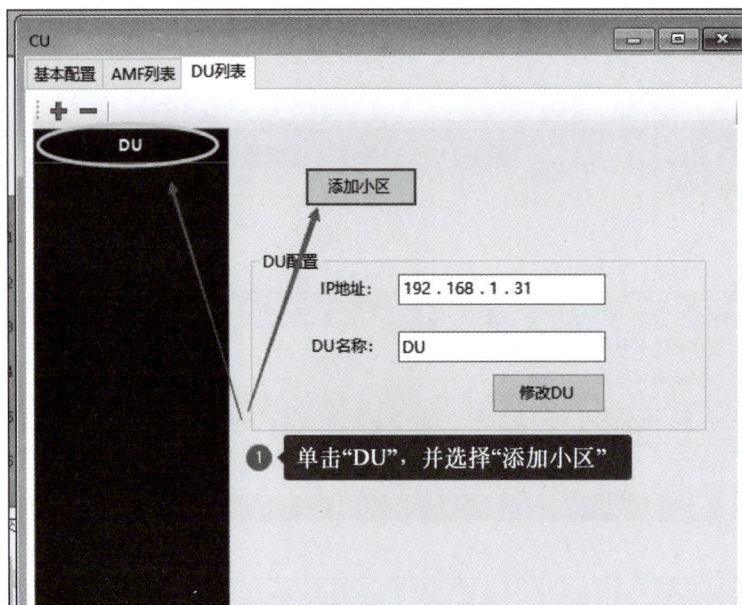

图 4-37　在 DU 中添加小区

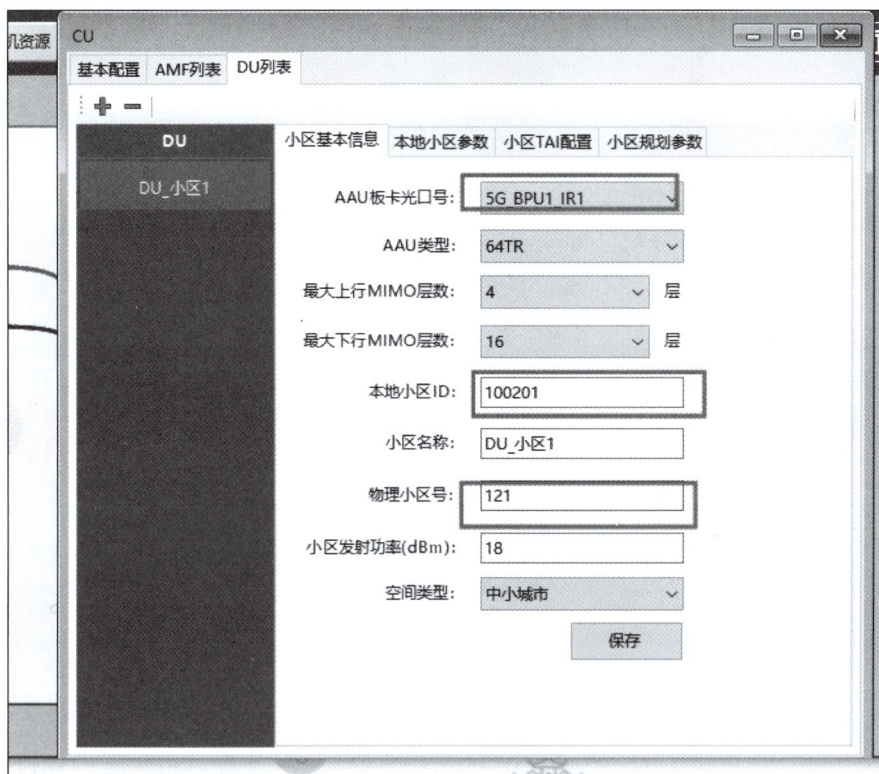

图 4-38　填写小区信息

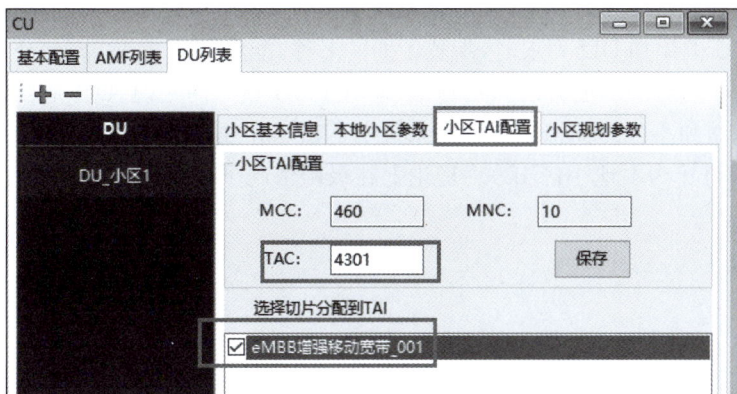

图 4-39　配置小区 TAI

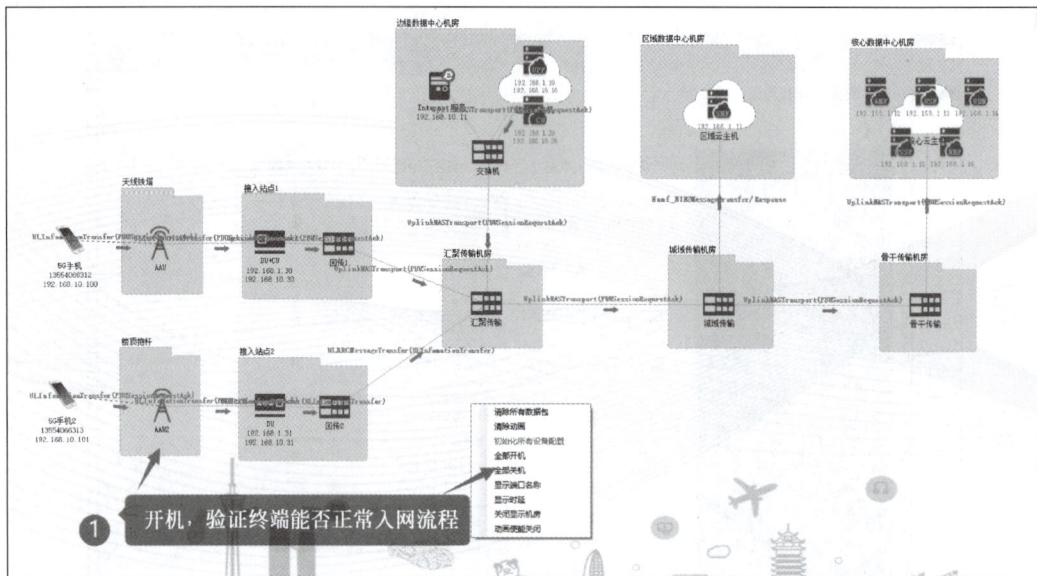

图 4-40　开机验证

4.6.6　实验总结

上述过程完成了 DU、CU 分离式架构的基站开通。在此过程也进行了相关工程上各种网络及小区标识的认知。当然,小区的无线参数都是按照默认值进行设置的,从 5G 无线侧来看,其物理层配置是比较复杂的,将在后续课程中逐步学习。

完成本实验后,思考以下问题,并搜索相关资料,完成实验报告的作答:

(1) CU 与 DU 之间的接口是什么? CU 与 DU 的切分有何好处?

(2) 在该实验配置中,为何在 CU 上去配置基站 ID,而不是在 DU 上去配置基站 ID?

(3) 在 CU 上添加 DU 列表时,配置了 DU 名称,配置"DU 名称"有何作用,该名称是否作为 5G 核心网对 DU 设备的识别标识(即对于 5G 核心网来说,DU 是否可见)?

(4) 从基站和小区的标识来看,5G 系统中 NR Cell ID 共计 36bit(前 22~32bit 为基站 ID,后 4~14bit 为本地小区 ID)。理论上在极限情况下,一个 CU 可管理多少 DU?

第

5

章

5G基本业务开通与网络信令流程

本章主要介绍 5G 移动终端在 SA 组网下,经过 5G 基站接入 5G 核心网的过程,包括注册和 PDU 会话建立过程。

注册过程实现用户设备(User Equipment,UE)和网络之间进行注册,在网络建立用户上下文,为后续用户获取网络提供的业务提供基础,主要包括身份识别、UE 业务能力获取和存储、入网接纳等,特别是身份识别/接入鉴权。

PDU 会话建立过程主要是根据 UE 签约业务类型、业务等级和 UE 自身的能力给 UE 分配相应的网络资源,包括 IP 地址、QoS 对应的业务承载等。

用户终端开机后,首先要向网络申请接入鉴权,然后执行各种用户面功能。

5.1 5G 注册管理

注册是 5G 系统中的基础流程。终端需要在网络中注册后,才能使用网络提供的服务。另外,由于终端的移动性,如果有终端终结的业务,如被叫,网络必须能够找到终端。这就需要网络在注册流程中获得终端的位置信息,建立终端的移动性上下文。与 4G EPC 网络不同,5G 将移动更新和周期更新也归入注册流程。这样,注册流程包含以下四类情况。

(1) 初始注册(Initial Registration):刚开机时,UE 发起初始注册。

(2) 移动更新注册(Mobility Registration Updating):当 UE 移动到不属于已注册的 TAI list 的跟踪区(TA)时,或者当 UE 需要更新通过注册过程流程协商的能力和协议参数时,UE 发起移动更新注册。

(3) 周期更新注册(Periodic Registration Updating):UE 需周期性地发起周期性注册更新流程,由网络侧下发的周期性注册计时器 T3512 控制。当周期更新定时器 T3512 超时时,UE 发起周期更新注册。

(4) 紧急注册(Emergency Registration):当 UE 在受限状态下需要紧急服务时,UE 发起紧急注册。

这四种注册流程通过非接入层(NAS)消息注册请求中的参数 5GS registration type 来区分,初始注册为 001,移动更新注册为 010,周期更新注册为 011,紧急注册为 100,最后的 111 作为保留位。在注册过程中,终端 UE、无线接入网是必须参与的,核心网方面涉及 AMF、AUSF 和 UDM,如果配置了 PCF 进行策略控制,也会有 PCF 的参与。3GPP 规范 TS 23.502 定义了初始注册的 5G 端到端信令流程,如图 5-1 所示。

图中虚线部分为可选流程。当终端接入 3GPP 无线网络时,触发注册流程,其主要步骤如下:

第 1 步:终端向 gNB 发起注册请求。通过携带不同的参数区分不同的注册类型。

第 2 步:gNB 依照 UE 携带的字段描述、权重甚至切片信息等参数选择合适的 AMF。

第 3 步:gNB 将终端的注册请求转发至选中的新 AMF。具体说来,通过 N2 消息将 NAS 层的注册请求消息发给 AMF;如果接入层(Access Stratum,AS)和 AMF 当前存在 UE 的信令连接,则 N2 消息为"UPLINK NAS TRANSPORT",否则为"INITIAL UE MESSAGE"。如果注册类型为周期性注册,那么第 4～20 步可以被忽略。

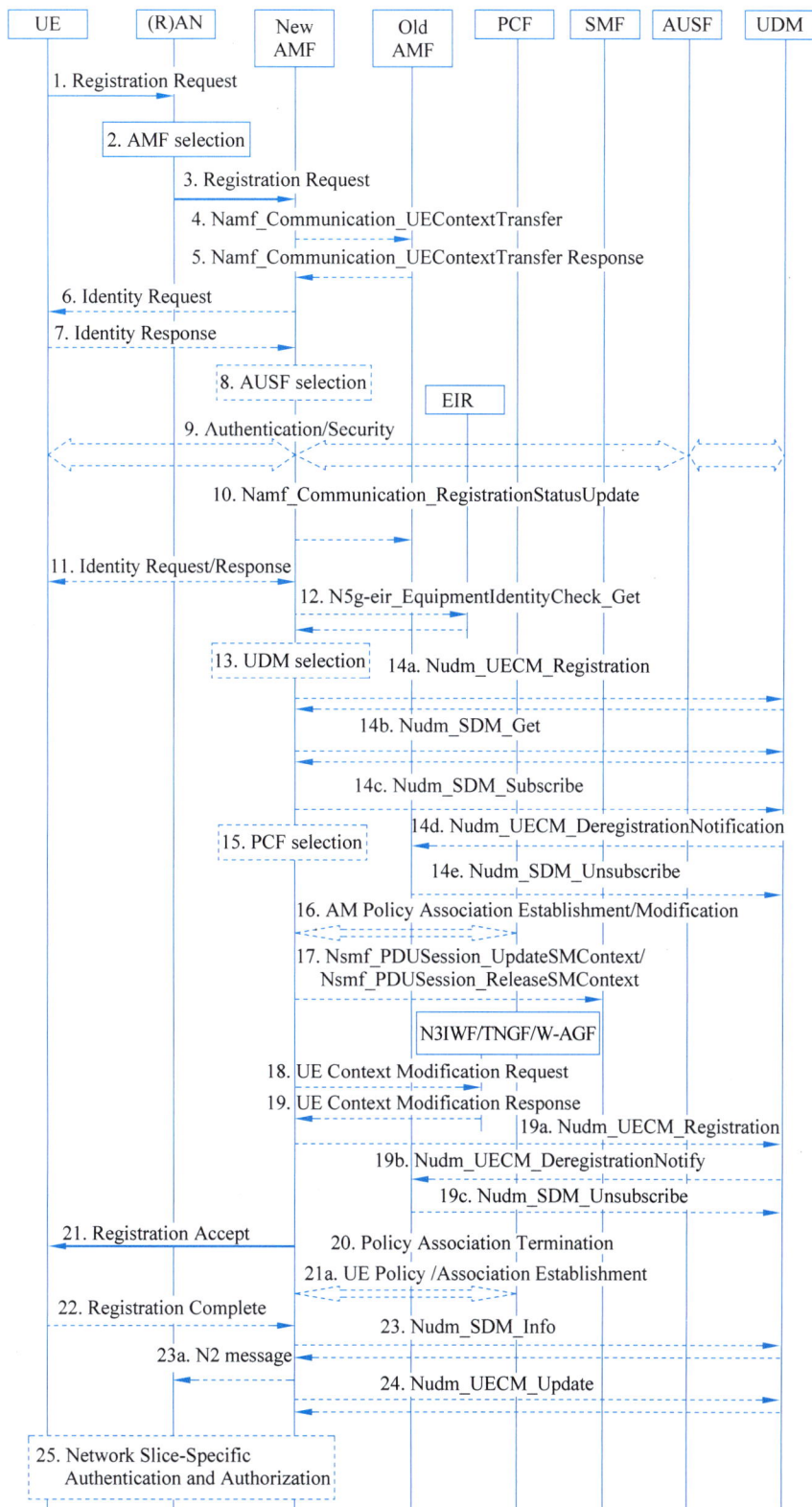

图 5-1　规范中的注册流程

第 4 步和第 5 步：新 AMF 找旧 AMF 获取 UE 的订阅永久标识符（Subscription Permanent Identifier，SUPI）等上下文消息。

第 6 步和第 7 步：这两步为有条件触发，若旧 AMF 把 UE 上下文删除，则新 AMF 需要找 UE 获取订阅隐藏标识符（Subscription Concealed Identifier，SUCI）等 ID 信息用于后续的鉴权流程。

第 8 步：新 AMF 查询 NRF 完成鉴权服务器 AUSF 的选择。

第 9 步：完成 UE 与核心网之间的鉴权、加密、完整性保护流程。

第 10 步：新 AMF 通知旧 AMF，UE 已经在新 AMF 上完成注册。

第 11 步和第 12 步：执行国际移动设备识别码（IMEI）检查。第 11 步执行新 AMF 到 UE 的身份请求和响应。如果 UE 没有提供永久设备标识符（Permanent Equipment Identity，PEI）且无法从旧的 AMF 中获取到，AMF 就会触发 ID 流程来获取 PEI，PEI 应该进行加密传输（需要注意的是，无鉴权的紧急注册除外）。第 12 步启动设备身份检查。AMF 请求设备识别寄存器（Equipment Identification Register，EIR）检查移动设备识别码（Mobile Equipment Identification，MEID）的合法性。

第 13 步：新 AMF 查询 NRF 选择一个 UDM。

第 14a 步：新 AMF 将 UE 在 UDM 上进行注册登记。第 14b 步：新 AMF 从 UDM 获取 UE 的接入和移动订阅数据。第 14c 步：新 AMF 向 UDM 订阅签约数据的变更、SMF 选择订阅数据和 UE 在 SMF 的上下文信息等。第 14d 步：UDM 通知旧 AMF 去注册 UE，旧 AMF 删除 UE 上下文等信息。第 14e 步：旧 AMF 向 UDM 发起取消 UE 的相关订阅。

第 15 步和第 16 步：若 AMF 还没有 UE 的有效接入和移动策略信息，则选择合适的 PCF 去获取 UE 的接入和移动策略信息。其中，第 15 步新 AMF 查 NRF 选择 PCF。第 16 步新 AMF 请求 PCF 下发 am-policy，即接入管理策略。

第 17 步：有条件步骤，只涉及 PDU 会话修改和释放才会触发，进行 PDU 会话更新。

第 18 步和第 19 步（含 19a/b/c）：有条件触发，用于和非 3GPP 网络（如 Wi-Fi）的互操作。实现通知 N3IWF，包括新 AMF 向 N3IWF 的 N2 AMF 移动请求和响应。

第 20 步：旧 AMF 触发 Policy Association 终结流程。

第 21 步：新 AMF 向 UE 发送注册接收消息，确认注册成功。

第 21a 步：新 AMF 从 PCF 获取 UE 策略（可选）。

第 22 步：UE 给新 AMF 回复注册完成消息。只有网络给在注册接收消息分配了 5G 全局唯一的临时 UE 标识（5G Globally Unique Temporary Identity，5G-GUTI）或者网络分片订阅发生改变时，才需要 UE 回复注册完成消息。

第 23 步：有条件触发，仅用于国际漫游场景。若 UDM 在第 14b 步中向 AMF 提供的接入和移动性订阅数据包括漫游信息，则该流程指示 UDM 对 UE 接收该消息的确认。

第 23a 步：新 AMF 和 RAN 交互，如发送 RRC Inactive 辅助参数。

第 24 步：新 AMF 向 UDM 发送更新，自己是否支持 IMS。AMF 将使用 Nudm 到用户上下文管理（UE Context Management，UECM）更新信令向 UDM 发送"基于 PS 会话的 IMS 语音的同类支持"指示。

第 25 步：有条件触发,用于网络切片场景下的二次鉴权/授权流程。一般针对行业用户,普通的 eMBB 用户通常是没有该步骤的。

至此,完成了注册流程。可以看出规范中的流程图是一个大而全的图,并没有根据实际环境区分场景,例如：

（1）图中有新 AMF、旧 AMF 两个 AMF,并不是所有的初始注册流程一定出现两个 AMF。例如：一个北京用户,若该用户工作、住家都在单位附近,则很大概率整天都驻留在同一个 TA 或相邻的 TA,但该 TA 和相邻的 TA 都属于同一个 AMF 的服务范围,该用户当前并未离开 AMF 所分配的注册区域,AMF 也不会发生变化。该场景下 UE 无论关机、开机发起多少次注册流程,总是由同一个 AMF 为其服务,所以第 4 步、第 5 步、第 10 步都没有。

（2）第 12 步执行 IMEI 检查,实际商用网络不一定开启。

（3）第 18 步和第 19 步是和非 3GPP(Wi-Fi)的互操作,实际网络可能没有商用。

（4）第 25 步是网络切片相关的二次鉴权和授权,通常针对行业用户,普通的 eMBB 用户通常是没有该步骤的。

（5）规范中隐藏或省略了很多子流程,如查询 NRF 的网元选择流程、鉴权过程等,而只关注高层应用部分的流程。

因此,规范虽全,但在学习时也需要提炼和区分场景。

5.2 PDU 会话建立

协议数据单元(Protocol Data Unit,PDU)是指网络通信中,由协议层传递的最小数据单位,是协议层传输数据的基本单位。它由头部和数据部分组成,头部包含了一些有关源地址、目的地址、传输层协议类型等信息,数据部分则是真正的数据内容,包括文件、图像、音频等。PDU 可以用来实现网络层之间的数据传输,通过把上层的数据封装成 PDU 传递到下一层,实现网络层之间的数据传输。PDU 会话(PDU Session)是指一个用户终端 UE 与数据网络(Data Network,DN)之间进行通信的过程。这里的 DN 是指 UE 想访问的目标网络,属 5GS 以外。PDU 会话建立后,也就是建立了一条 UE 和 DN 的数据传输通道。UE 的所有数据流量都必须通过 PDU 会话来承载。换句话说,UE 在使用上网等 5G 网络中的业务,需要先建立 PDU 会话,实现 PDN 连接。只有建立会话,UE 才会被分配对应的 UE IP,才能访问 DN 中的业务,如图 5-2 所示。

5.2.1 总体流程

规范 TS 23.502 明确规定了 PDU 会话对应的四种场景,其中三种是由 UE 发起的,一种是由网络侧触发的。其包括 UE 直接请求建立、从非 3GPP 切换到 3GPP 后发起 PDU 会话建立、从 4G 切换到 5G 发起的 PDU 会话建立及网络侧通过发送 Device

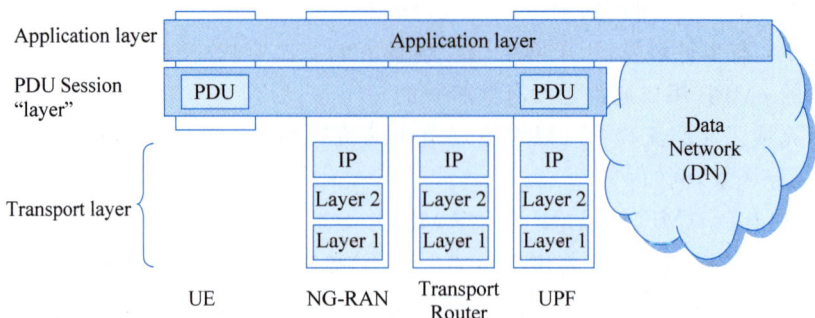

图 5-2　用户面协议栈示意图

trigger message 引导 UE 中的 App 发起 PDU 会话建立流程。以非国际漫游或者国际漫游，但是采用拜访地本地分流场景为例，给出 PDU 会话建立流程，如图 5-3 所示。

其主要步骤如下：

第 1 步：UE 发送 PDU 会话建立请求，主要参数包括请求的数据网络名称（Data Network Name，DNN）、PDU 会话类型等。由于这个 NAS 消息属于会话管理类，因此会被封装到 Payload-Container 参数中，由 AMF 透传给 SMF 处理。

第 2 步：AMF 收到请求后，根据注册流程中的 UDM 下发的 SMF 选择签约数据并结合 UE 请求的 DNN 和切片信息，查询 NRF 得到 SMF 的地址信息，完成 SMF 的选择。

第 3 步：AMF 调用 SMF 的 Nsmf_PDUSession_CreateSMContext 服务操作，将 NAS-SM 消息透传给 SMF 处理。

第 4 步：SMF 调用 UDM 的服务，从 UDM 获取 sm-data，即会话管理签约数据，并且向 UDM 订阅 sm-data 签约数据的变更事件。

第 5 步：SMF 给 AMF 返回 Nsmf_PDUSession_CreateSMContext Response，并分配 SM 上下文标识（SM Context ID）。若 SMF 发现 UE 没有签约这个 DNN，则会拒绝 PDU 会话建立，并返回一个合适的错误原因值。

第 6 步：可选的二次鉴权/授权流程，通常是针对行业用户的，结合认证授权计费（Authentication Authorization Accounting，AAA）服务器来做。

第 7a 步：SMF 查询 NRF 完成 PCF 的选择。

第 7b 步：SMF 建立到 PCF 的会话管理策略关联，并获取会话管理策略，用于对该 PDU 会话的 QoS 进行管控。

第 8 步：SMF 可根据 DNN、UE 的位置等信息选择一个 UPF。

第 9 步：若满足了 PCF 下发的策略控制请求触发条件（Policy Control Request Trigger），则 SMF 发起 SM 策略关联修改流程请求对会话管理策略进行修改。

第 10a 步和第 10b 步：SMF 和 UPF 建立 N4 会话，并下发 N4 相关规则（数据包检测规则（Packet Detection Rules，PDR）、转发行为规则（Forwarding Action Rules，FAR）等）。在第 10b 步的响应消息中，UPF 会分配 N3 接口用户面地址和隧道端点标识符（Tunnel Endpoint Identifier，TEID），用于上行数据的传送。

第 11 步：SMF 调用 AMF 的 Namf_Communication_N1N2MessageTransfer 服务，

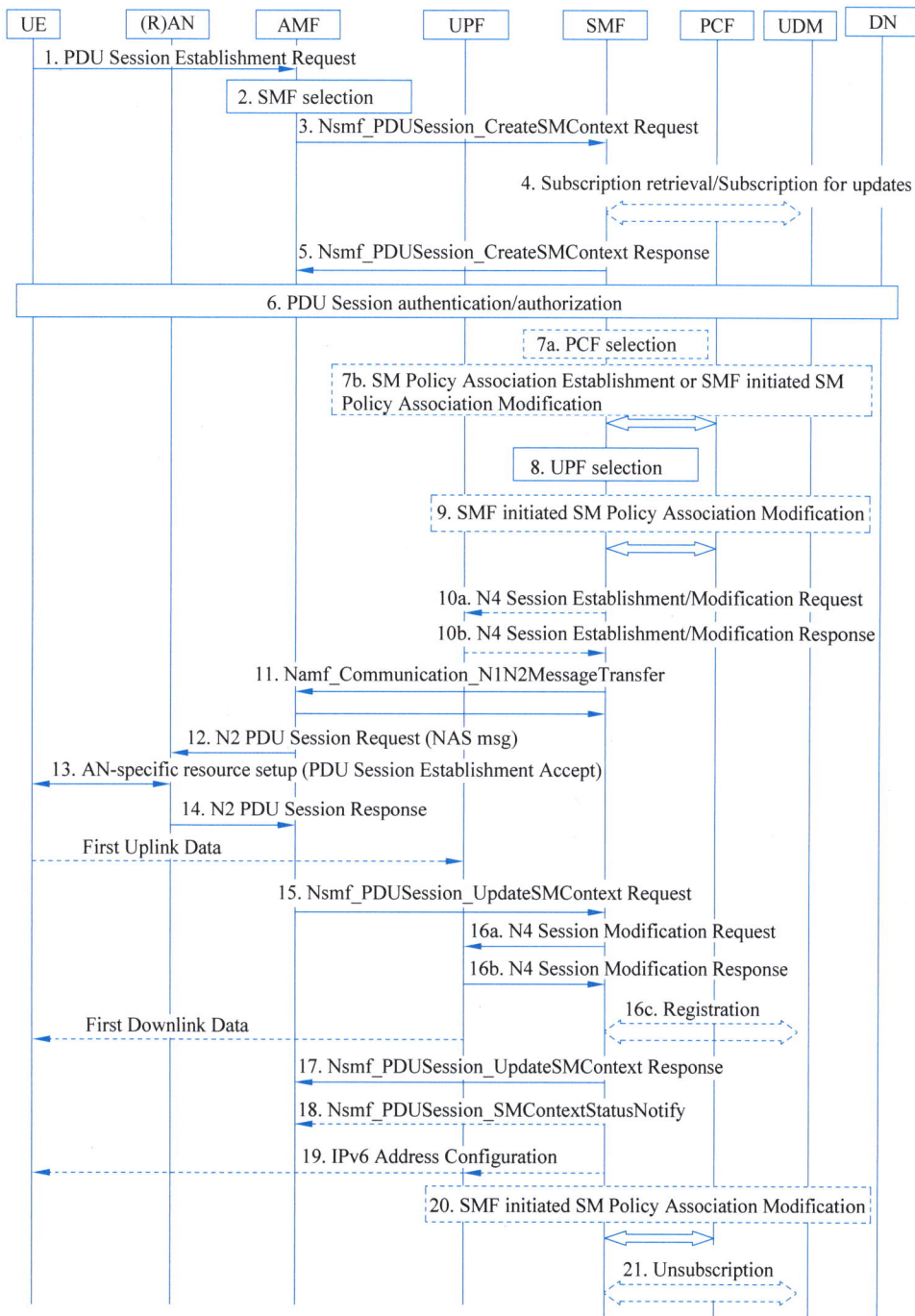

图 5-3　规范中的 PDU 会话建立流程

请求 AMF 透传 N2 消息(主要参数包括 UPF 侧 N3 接口地址和 TEID、从 PCF 获得的 QoS 参数等)给 gNB,并经 gNB 透传 NAS 消息,PDU 会话建立接收消息给 UE。

第 12 步:AMF 给 gNB 发送 N2 消息,包含透传给 gNB 的 N2 消息和透传给 UE 的

NAS 消息 PDU 会话建立接收。

第 13 步：gNB 将 NAS 消息通过空口发送给 UE,并且开始建立关联的数据无线承载(Data Radio Bearer,DRB)。

第 14 步：gNB 建立 DRB 资源,并分配 gNB 侧 N3 接口地址和 TEID 后,给 AMF 返回 N2 响应消息。

本步骤完成后,上行方向用户面已经通了,上行转发路径是 UE→gNB→UPF。

第 15 步：因为 SMF 侧的 SM 上下文已经创建,所以这里 AMF 调用 SMF 的 Nsmf_PDUSession_UpdateSMContext Request 服务操作,并且提供之前 SMF 分配的 SM 上下文标识,请求 SMF 更新 SM 上下文,主要目的是把 gNB 侧的 N3 接口地址发送给 SMF。

第 16a 步和第 16b 步：SMF 修改 N4 会话,将 gNB 的 N3 接口地址信息发送给 UPF。

第 16c 步：SMF 和 AMF 一样,也需要在 UDM 中做注册登记。

第 17 步：SMF 给 AMF 返回(第 15 步的)响应。

第 18 步：若 SMF 侧 PDU 会话建立不成功,则 SMF 调用 Nsmf_PDUSession_SMContextStatusNotify(Release)服务通知 AMF。

第 19 步：若涉及 IPv6 的地址分配,则可能有本步骤。由 SMF 给 UE(经 UPF)发送 IPv6 的路由器通告(Router Advertisement,RA),用于 IPv6 前缀的分配。

第 20 步：与 Ethernet PDU 会话场景有关,适用于 5G 专网等场景。

第 21 步：若 PDU 会话建立失败,则 SMF 应向 UDM 发起 sm-data 签约数据的去订阅。

以上规范中的 PDU 会话建立流程涉及了终端以及 RAN 和 5GC 的各个网元。在不同应用场景中,部分步骤有所不同,某些可以省略。下面以一个较为复杂的省间漫游场景为例来说明 PDU 会话建立流程中的各个网元在实际网络中在哪里。首先,gNB、AMF、NRF 一定是在拜访地,AUSF/UDM 一定是在归属地,这些是没有争议的。

但是 SMF/UPF、PCF 是在拜访地还是归属地,3GPP 并没有强制要求,需要看运营商的要求。为了保证用户体验,SMF/PCF 通常延续 4G 组网经验,依然在拜访地,并且现在运营商已经取消了省间漫游费用,省间结算的需求下降,为使用拜访地 SMF/UPF 进一步创造了条件。如果是 MEC 场景,则 SMF/UPF 还会下沉到用户侧。

PCF 按照业务的业务类型又分为提供语音业务 PCF 和数据业务 PCF。语音业务 PCF 通常位于拜访地,因为语音专载策略全国较为一致,无须归属地获取;数据业务 PCF 通常要回归属地,因为各省数据业务发展有差异,某些特色套餐包也可能是某省特有,同时需要识别本省的 VIP 用户做差异化 QoS 策略,这些都导致数据业务 PCF 需要回归属地。

5.2.2 SMF 选择

SMF 是 5G 核心网网元之一,负责会话管理等功能,具体参见第 3 章内容。在 PDU 会话建立流程中,有在 AMF 上进行 SMF 选择的过程,用于为每个 PDU 会话分配相应的 SMF,对应图 5-3 中第 2 步 SMF Selection。

AMF 如何选择一个 SMF 呢？大体上分为两类：一是利用 AMF 的本地配置;二是利用 NRF discover。AMF 会使用 NRF discover 服务去发现 SMF。AMF 的具体处理规则如下：

（1）如果请求类型是"Initial request"，或者 PDU 会话建立请求的原因是 4G 或 non-3GPP 切换，那么 AMF 会保存 PDU 会话的单-网络切片选择辅助信息（Single-Network Slice Selection Assistance Information，S-NSSAI）、DNN、PDU Session ID、SMF ID 及接入类型。

（2）如果请求类型是"Initial request"，并且包含 Old PDU Session ID，那么 AMF 会按照会话与服务连续性模式 3（Session and Service Continuity Mode 3，SSC Mode3）的处理方式选择一个 SMF，并保存 UE 新分配的 PDU Session ID、S-NSSAI、SMF ID 及接入类型。

（3）如果请求类型是"Existing PDU Session"，那么 AMF 会根据 SMF ID 选择 SMF，并保存相应的接入类型。SMF ID 在 UE Context 和 UDM 中都有保存，如图 5-4 所示。

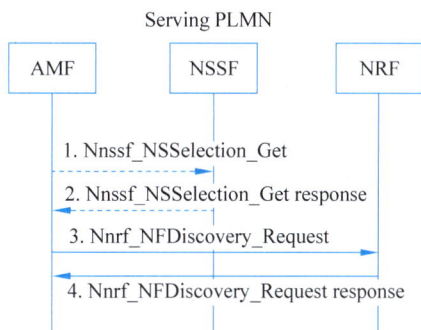

图 5-4　规范中非漫游和漫游与局部中断场景下的 SMF 选择流程

具体来说，主要是通过 DNN、S-NSSAI 来进行 SMF 的选择，下面以规范 TS 23.502 中 SMF 选择流程为例讲述主要步骤如下（其核心信令为图 5-4 中的第 3、4 步）。

第 1 步：AMF 从 NSSF 中调用 Nnssf_NSSelection_Get 服务操作来为 PLMN 服务，其中服务 PLMN 的 SNSSAI 来自 UE 请求允许的 NSSAI，SUPI 的 PLMN ID，UE 的 TAI，并表明请求在非漫游或漫游局部中断场景下都在 PDU 会话建立过程中。

第 2 步：服务于 PLMN 的 NSSF 选择网络切片实例，确定并返回适当的 NRF，用于在选定的网络切片实例中选择 NFs/服务，并可选择性地返回与网络切片实例对应的网络切片实例标识符（Network Slice Instance Identifier，NSI ID）。

第 3 步：AMF 通过发出 Nnrf_NFDiscovery_Request 来查询服务 PLMN 的合适 NRF，该 Nnrf_NFDiscovery_Request 至少包括来自 Allowed NSSAI 的本地 PDU 会话服务 PLMN 的 S-NSSAI、SUPI 的 PLMN ID、DNN，若 AMF 已经存储了来自 Allowed NSSAI 的本地 PDU 会话服务 PLMN 的 S-NSSAI 的 NSI ID，则可能包括 NSI ID。

第 4 步：服务于 PLMN 的 NRF 提供给 AMF。例如，完全限定域名（Fully Qualified Domain Name，FQDN）或 IP 地址，在 Nnrf_NFDiscovery_Request response 消息中的一组发现的 SMF 实例或 SMF 服务实例的端点地址，以及可能的 NSI ID 为选定的网络切片实例对应的 S-NSSAI，用于后续的 NRF 查询。

5.2.3 会话认证及授权

5G 在 PDU 会话建立时,可能会触发 DN 的 AAA Server 中进行二次认证和授权,对应图 5-3 中第 6 步 PDU Session Authentication/Authorization。这个环节是可选的,如果步骤 3 中的请求类型为"现有 PDU 会话"、"紧急请求"或"现有紧急 PDU 会话",SMF 不会执行二次认证/授权。如果 SMF 在 PDU 会话建立过程中需要通过 DN-AAA 服务器进行二次认证/授权,SMF 将触发 PDU 会话建立的认证/授权流程。主要流程如图 5-5 所示。

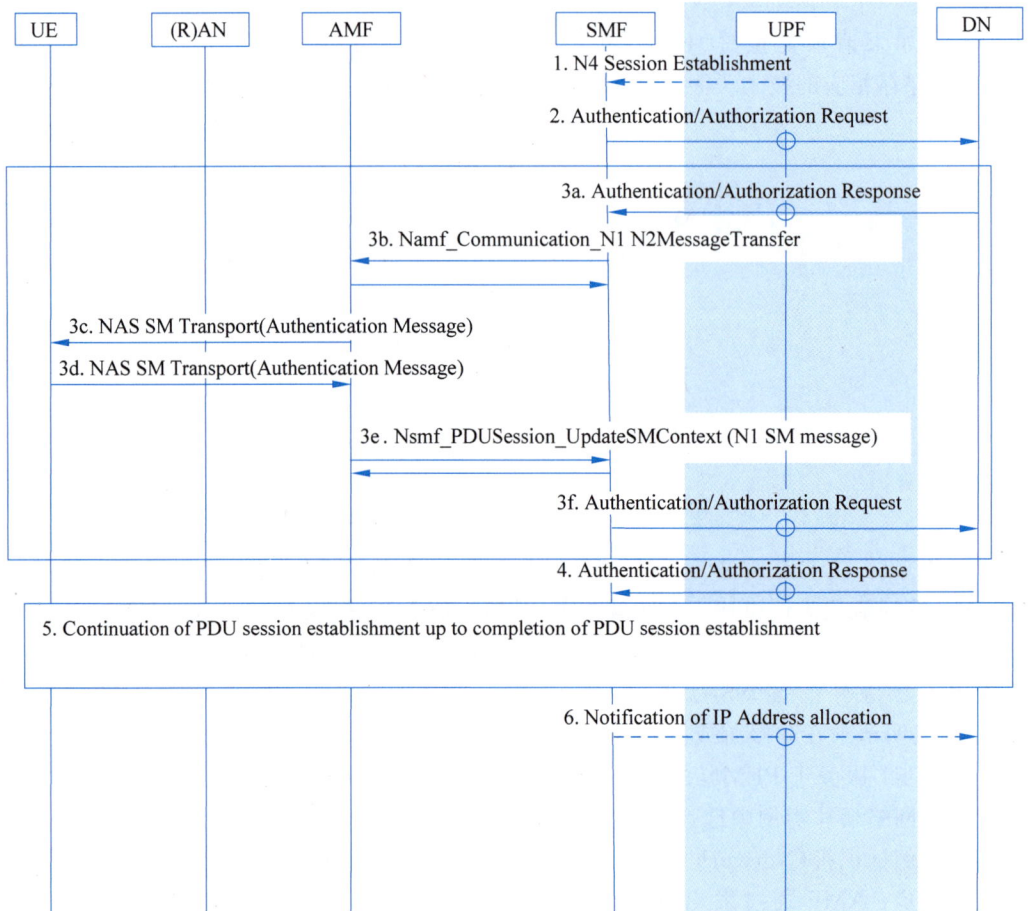

图 5-5 PDU 会话建立过程中由 DN-AAA 服务器执行的二次认证/授权

第 1 步:如果没有现有的 N4 会话可用于在 SMF 和 DN 之间传递消息,SMF 选择 UPF 并触发 N4 会话建立。

第 2 步:SMF 通过 UPF 启动与 DN-AAA 的认证流程,认证 UE 提供的 DN 特定身份。SMF 在信令中提供 GPSI(通用公共订阅标识符)。

第 3a 步:DN-AAA 服务器通过 UPF 向 SMF 发送认证/授权消息。

第 3b 步：DN 请求容器信息传递。有两种情况：在非漫游和本地 breakout（LBO）情况下，SMF 调用 Namf_Communication_N1N2MessageTransfer 服务操作，通过 N1 SM 信息将 DN 请求容器信息传递给 UE。在漫游情况下，H-SMF 通过 Nsmf_PDUSession_Update 服务操作请求 V-SMF 将 DN 请求容器信息传递给 UE。

第 3c 步：AMF 将 N1 NAS 消息发送给 UE。

第 3d 步和第 3e 步：当 UE 响应包含 DN 请求容器信息的 N1 NAS 消息时，AMF 通过调用 Nsmf_PDUSession_UpdateSMContext 服务操作通知 SMF。

第 3f 步：SMF（在漫游情况下为 H-SMF）通过 UPF 将 DN 请求容器信息（认证消息）发送给 DN-AAA 服务器。

步骤 3 可能会重复执行，直到 DN-AAA 服务器确认 PDU 会话的认证/授权成功。

第 4 步：DN-AAA 服务器确认 PDU 会话的认证/授权成功，并提供以下信息：

- SM PDU DN 响应容器，指示认证/授权成功；
- DN 授权数据；
- 请求通知分配的 IP 地址、N6 流量路由信息或 MAC 地址；
- PDU 会话的 IP 地址（或 IPv6 前缀）。

第 5 步：PDU 会话建立完成。在 PDU 会话建立完成后，SMF 根据 DN 授权数据应用策略和计费控制。如果 SMF 收到 DN 授权会话 AMBR，它将 DN 授权会话 AMBR 发送给 PCF 以获取授权的会话 AMBR。

第 6 步：如果步骤 4 中请求或本地策略配置要求，SMF 通知 DN-AAA 服务器分配的 IP/MAC 地址和 N6 流量路由信息。SMF 还会在 PDU 会话释放时通知 DN-AAA 服务器。

该流程可以通过用户平面功能（UPF）透明地执行。如果 DN-AAA 服务器位于 5G 核心网（5GC）且可直接访问，也可以直接与 DN-AAA 服务器通信。当 SMF 直接与 DN-AAA 服务器通信而不通过 UPF 时，跳过步骤 1，步骤 2、3a、3f、4 和 6 将不涉及 UPF。

在 PDU 会话建立后的任何时间，DN-AAA 服务器或 SMF 可以启动二次重新认证流程。如果重新认证失败，SMF 可能释放 PDU 会话并通知 DN-AAA 服务器。DN-AAA 还可以在不进行重新认证的情况下启动重新授权。

5.2.4 会话建立

PDU 会话建立部分对应图 5-3 中第 12～14 步 PDU Session Setup 过程，主要包括：AMF 向 gNB 发送 PDU 建立请求，gNB 向 UE 发送 RRC 重配置信令，其中信令携带 DRB 建立配置等信息，UE 建立 DRB，向 gNB 回复 RRC 重配置完成，gNB 向 AMF 回复 PDU 建立回复，最终实现数据交互。PDU 会话建立信令流程如图 5-6 所示，主要步骤如下。

第 1 步：AMF 向 gNB 发送 PDU SESSION RESOURCE SETUP REQUEST 消息，携带需要建立的 PDU 会话列表、每个 PDU 会话的 Qos Flow 列表，以及每个 Qos Flow 的质量属性等。

第 2 步：gNB 根据 Qos Flow 的质量属性和 MML 界面配置的策略，将 Qos Flow 映射到 DRB，向 UE 发送 RRCReconfiguration 消息，发起建立 DRB 承载。

第 3 步：UE 完成 DRB 承载建立后，向 gNB 回复 RRCReconfigurationComplete 消息。

第 4 步：gNB 向 AMF 发送 PDU SESSION RESOURCE SETUP RESPONSE 消息，将成功建立的 PDU Session 信息写入 PDU Session Resource Setup Response List 信元中。

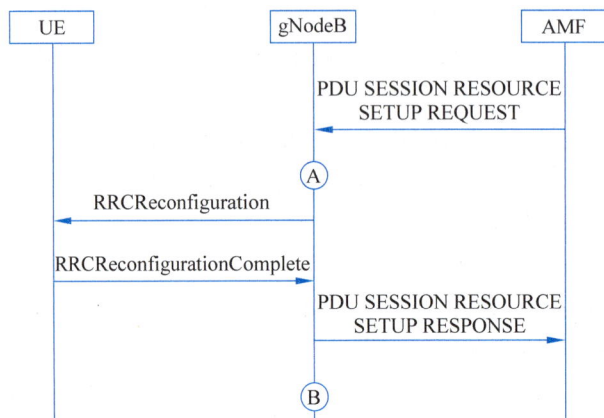

图 5-6 PDU Session 建立过程

5.2.5 上网业务

在完成图 5-3 中的 PDU 会话建立流程后，可以进行上网等 5G 相关业务。首先，回顾上网业务涉及的网元和关键接口。UPF 是 3GPP 核心网系统架构的重要组成部分，主要负责 5G 核心网用户面数据包的路由和转发、数据和业务识别、动作和策略执行。如图 5-7(a)所示，DN 是指数据网络，UE 想访问目标网络，属于 5GS 以外。与 UPF 相关的接口主要有以下四个。

(1) N3：RAN 和中间用户面功能(Intermediate User Plane Function，I-UPF)/UPF 之间的接口，主要用于传递 5G (R)AN 与 UPF 间的上下行用户面数据。

(2) N4：SMF 和 UPF 之间的接口，用于传输 SMF 和 UPF 间的控制面信息。

(3) N6：DN 和 UPF 之间的接口，用于传递 UPF 与 DN 之间的上下行用户数据流，基于 IP 和路由协议与 DN 网络通信。

(4) N9：UPF 之间的接口，用于传递 UPF 之间的上下行用户数据流。用于单会话，多锚点。漫游的时候也通过 N9 连接。

5G 上网业务中，终端通过 UPF 向 Internet 服务器获取数据。在终端上网的流程中，UPF 的主要功能是分组路由及转发。5G 手机上网业务数据流程如图 5-7(b)所示，主要是 GPRS 隧道协议(GPRS Tunneling Protocol，GTP)的获取与转发过程。通过用户面实体进行数据传输，5G 的用户面中，一个 Session 可以建立多个 QoS Flow，每个 Session 都需要一个 UE，gNB、UPF 针对 Session 而建立的用户面隧道。

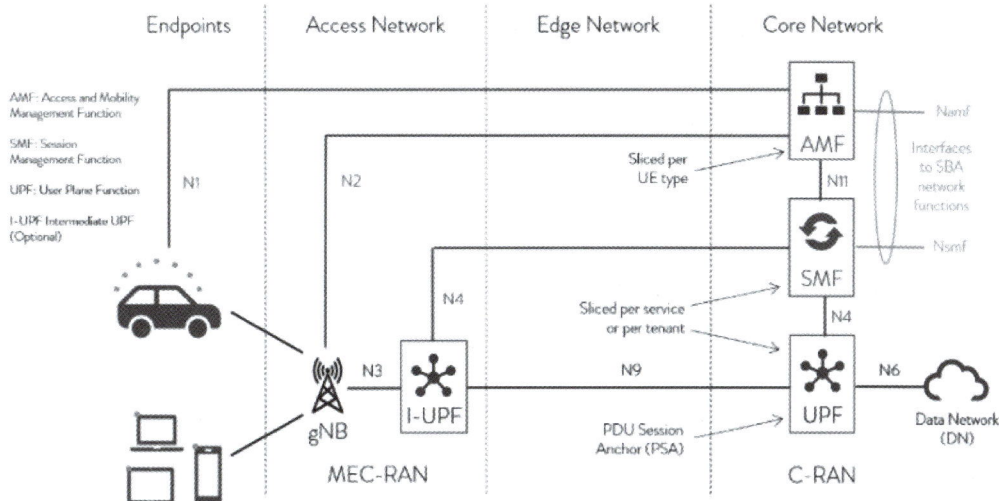

(a) 5G核心网参考点架构

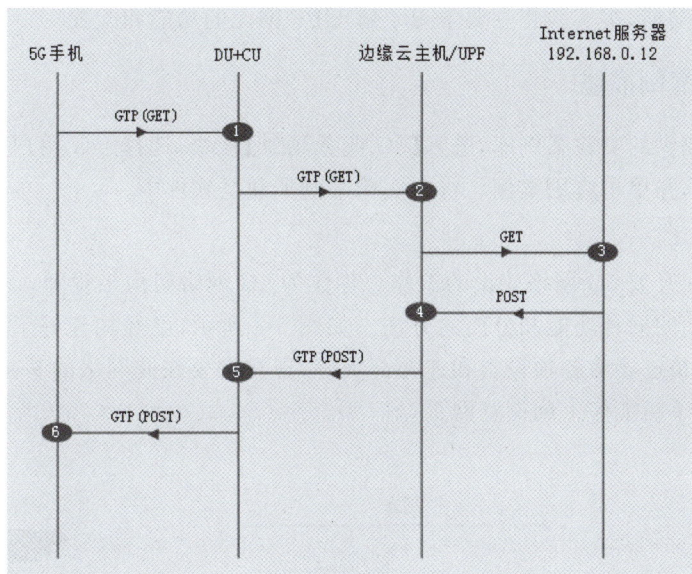

(b) 5G手机上网业务数据流程

图 5-7　5G 核心网参考点架构和 5G 手机上网业务数据流程

5.3　业务体验案例1：5G用户面功能与上网业务实验

视频

5.3.1　实验介绍

1．实验目的

本次实验在前面的基础上，进一步了解5G的网络架构和网元功能，尤其是 UPF 用户面的功能和配置，以及与基站和核心网的配合，实现整个 5G 网络的用户面上网功能，并进行上网功能仿真体验,加强对 5G 的基础配置能力的掌控。

2. 实验内容

使用实验案例库中的"5G 用户面功能和上网业务体验"案例,加载应用至软件中,然后在此案例的基础上,完成用户面功能的设计和配置,使得手机最终可以上网。

5.3.2 实验原理

如图 3-10 所示的 5G 系统架构,可以看出手机 UE 到数据网 DN 之间,必须经过 UPF 网元。UPF 是专用于处理 TCP/IP 上网数据的用户面核心功能,与 4G 中的 PGW 网元类似,承担着手机对外上网的出口。现在大部分的网络都分为 2 层:走控制信令的控制面(同传输网络中的"开销"概念)和走用户数据的用户面(同传输网络中的"载荷"的概念)。

用户面的功能简单理解,可以把整个 5G 网络当成管道,将终端用户和互联网世界连接起来,终端用户的上网、音乐、短视频等内容与 5G 核心网基本没有关系,需要在 5G 网络中打开一个通道,用来将用户的外部数据请求完整地收发,这个管道的建立和管理就是 UPF 网元的功能,本实验将主要学习了解 UPF 网元的功能和配置。

5.3.3 实验案例描述

使用平台提供的实验案例库,进入【5G 业务场景】板块,选择"5G 用户面功能和上网业务体验"案例,并单击应用案例。将本实验案例加载至软件中。

1. 案例描述

某地市正在开展 5G 网络建设的工作。你作为 5G 网络架构工程师,正在测试 5G 的控制面和用户面的两种功能和分离的方法。如图 5-8 所示,已经构建好了控制面的网络和配置,工程人员已经将各项设备和连接部署好,现在需要在此网络的基础上,增加用户面的功能,使得手机能够上网浏览网页。

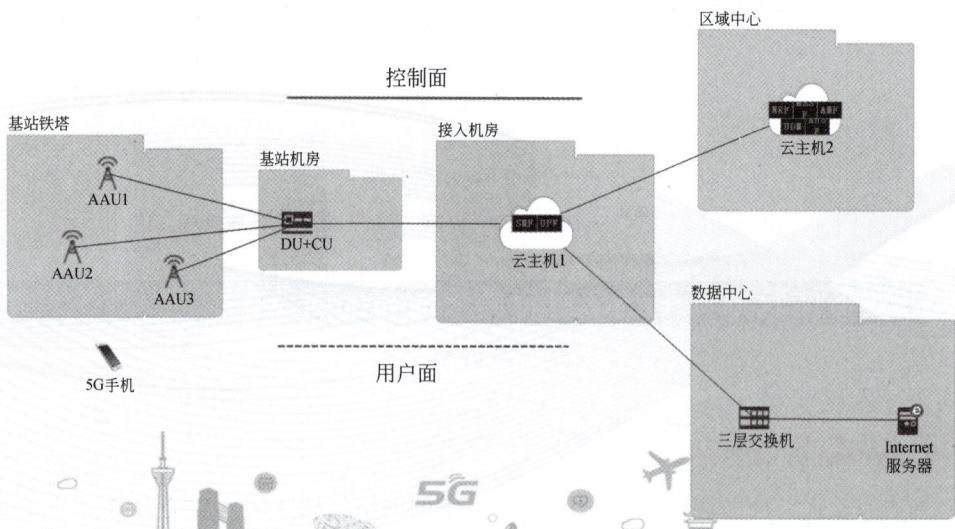

图 5-8　5G 用户面功能和上网业务体验案例网络拓扑

2. 案例任务

（1）自行设计用户面的整个子网范围和 VLAN，用于区分控制面。

（2）在接入机房云主机上添加 UPF 用户面功能网元，并连接到数据机房实现打通外网。

（3）检查现在网络中的配置，判断手机能否入网；如果不能请在后续的网络配置中完成并分析产生之前状况的因素。

5.3.4　实验步骤

（1）打开"实验案例库"板块，选择"5G 用户面功能和上网体验"案例，应用至软件中。

（2）IP 网络规划。观察拓扑图，还需要在云主机上面添加一个 UPF，需要对 UPF 的 IP 地址进行规划，并对 Internet 服务器 IP、手机上网分配的 IP 地址做规划。将设备的 IP 子网 VLAN 信息做如表 5-1 所示设计。

表 5-1　网元 IP 地址和 VLAN 规划

设　　备	IP 地 址	子 网 掩 码	默 认 网 关
DUCU 用户面上行口	192.168.16.220	255.255.255.0	192.168.16.1
Internet 服务器	192.168.1.100	255.255.255.0	192.168.1.1
UPF 控制面网口	172.20.20.40	255.255.255.0	—
UPF 用户面网口	192.168.16.100	255.255.255.0	192.168.16.1
手机上网 IP 地址分配	60.60.x.x	255.255.0.0	
用户面 VLAN ID	100		
VLANIF100 接口 IP(PDN 网关 IP)	192.168.16.1	—	—

（3）根据上述的 IP 信息，首先将 DUCU 的 Uplink-GE2 光口上面的 IP 地址、Internet 服务器 IP 信息配置上去。然后将设备全部开机，会看到如图 5-9 所示的提示。

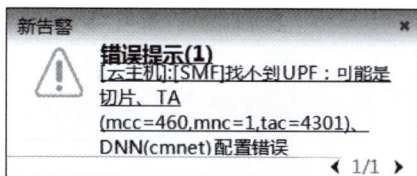

图 5-9　错误提示 SMF 找不到 UPF

然后开始在网络中添加 UPF 网元并进行配置。

（4）双击接入机房的云主机，如图 5-10 所示，在右侧栏中选择 UPF 网元单击放置到右边，放置之后，先选中 UPF，然后单击上方菜单的"UPF 虚拟机资源"，打开 UPF 虚拟机资源配置窗口，在下方的网卡中"添加网卡 IP"，输入控制面的 IP 地址，如图 5-11 所示。

然后再添加一张网卡，如图 5-12 所示，设置为 UPF_VCard_2，并按照上面规划的 IP 地址进行设置。

（5）完成 UPF 和用户面的网络连线和 VLAN 划分，实现基础的网络打通。

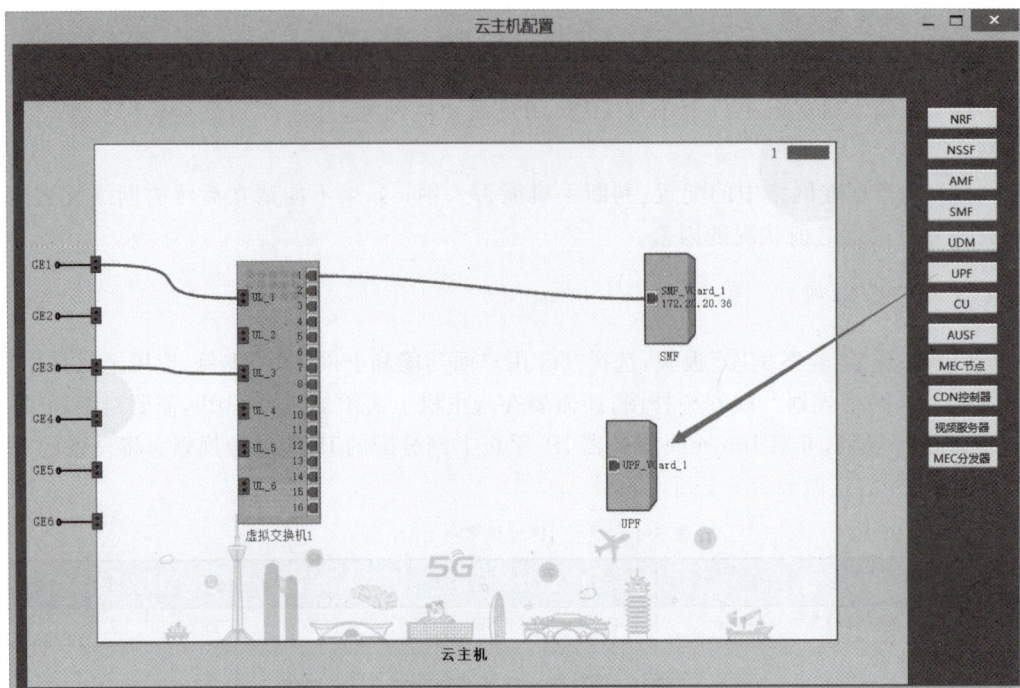

图 5-10　在云主机中放置 UPF

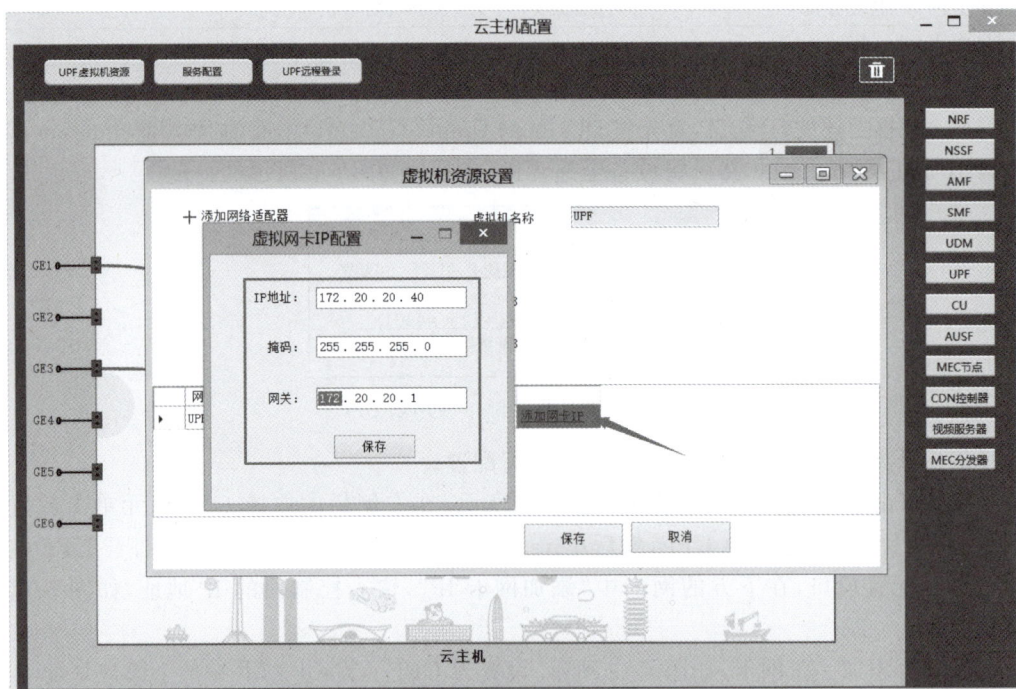

图 5-11　在云主机中配置 UPF 的控制面 IP 地址

图 5-12　在云主机 UPF 中添加网络网卡

第 1 步,首先将 UPF 网元的 2 个网口连接到虚拟交换机上,如图 5-13 所示。

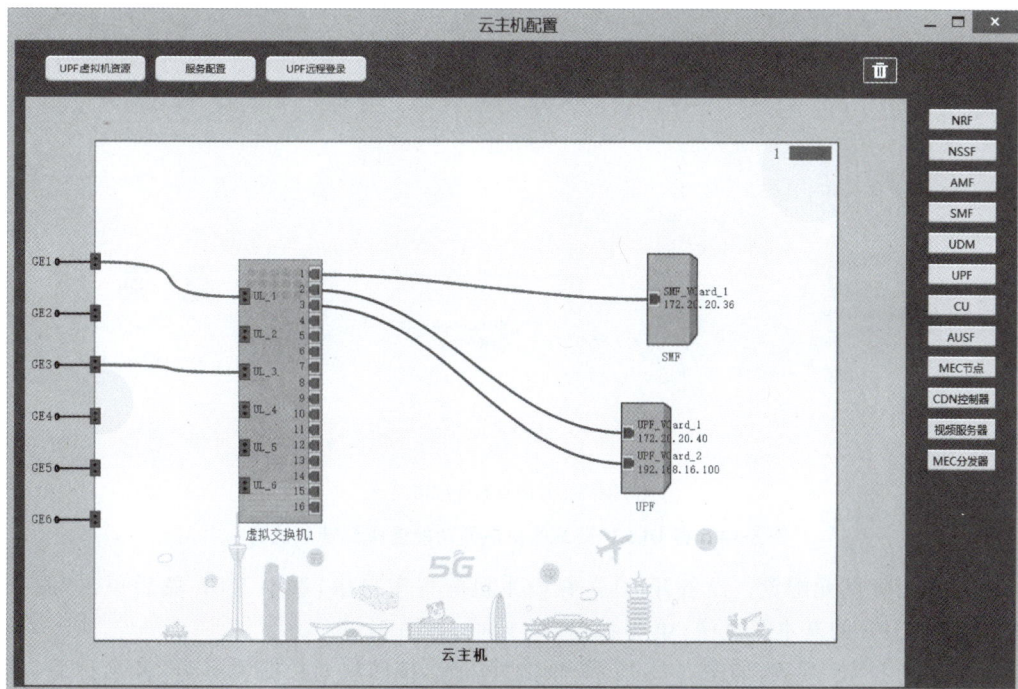

图 5-13　将 UPF 网元的 2 个网口连接到虚拟交换机

第 2 步,将 DUCU 基站的用户面功能连接到接入机房,如图 5-14 所示。

第 3 步,在云主机内进行连线和用户面 VLAN 划分,如图 5-15 所示,将 GE2 口和 GE6 口连接到虚拟交换机上,并将三个端口(GE2 基站上网数据过来的、GE6 去往 Internet 服务器的、UPF 的网卡 2)都划分到 VLAN100 中,最终效果如图 5-16 所示。

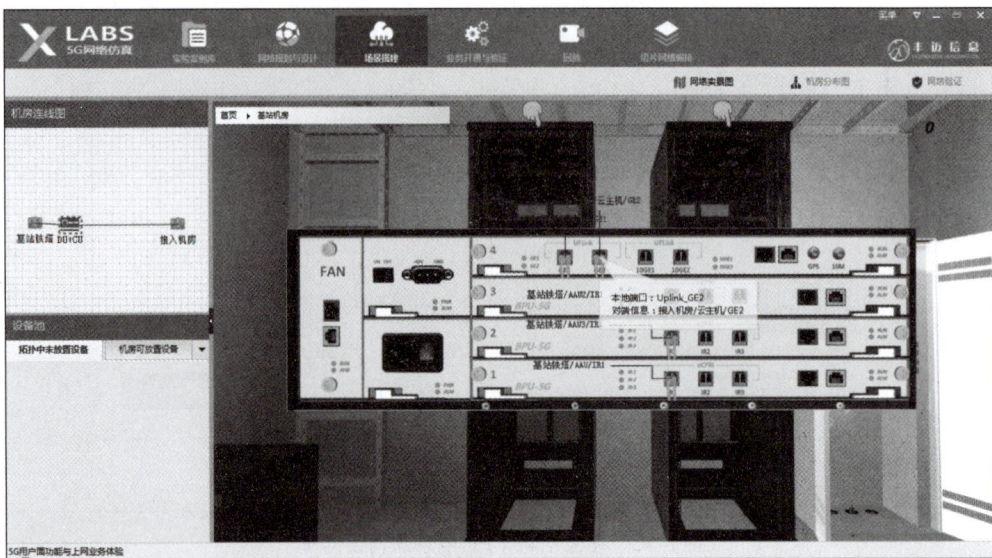

(a) 在实景图中进行连线

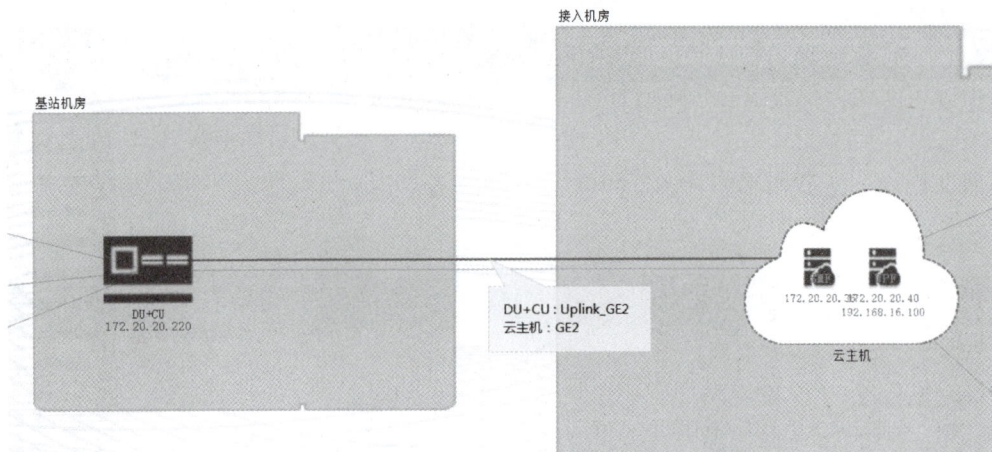

(b) 网络拓扑图查看连线情况

图 5-14　将 DUCU 基站的用户面功能连接到接入机房

（6）UPF 网元配置。设备开机后，在云主机配置窗口中，选中 UPF 然后单击"服务配置"，在 UPF 的基本配置中，填写 NRF IP 地址，如图 5-17 所示。

切换到 DNN 列表，如图 5-18 所示，单击"添加"，按照规划数据填写 DNN 名称后，单击"保存"此配置。

切换到 TAI 选项卡，添加 TAI 信息并绑定切片，如图 5-19 所示。

（7）配置三层交换机的 VLAN 及路由表项目。

第 1 步，在交换机内新建两个 VLAN100 和 VLAN192，如图 5-20 所示。

并将端口划分到 VLAN 中，如图 5-21 所示。

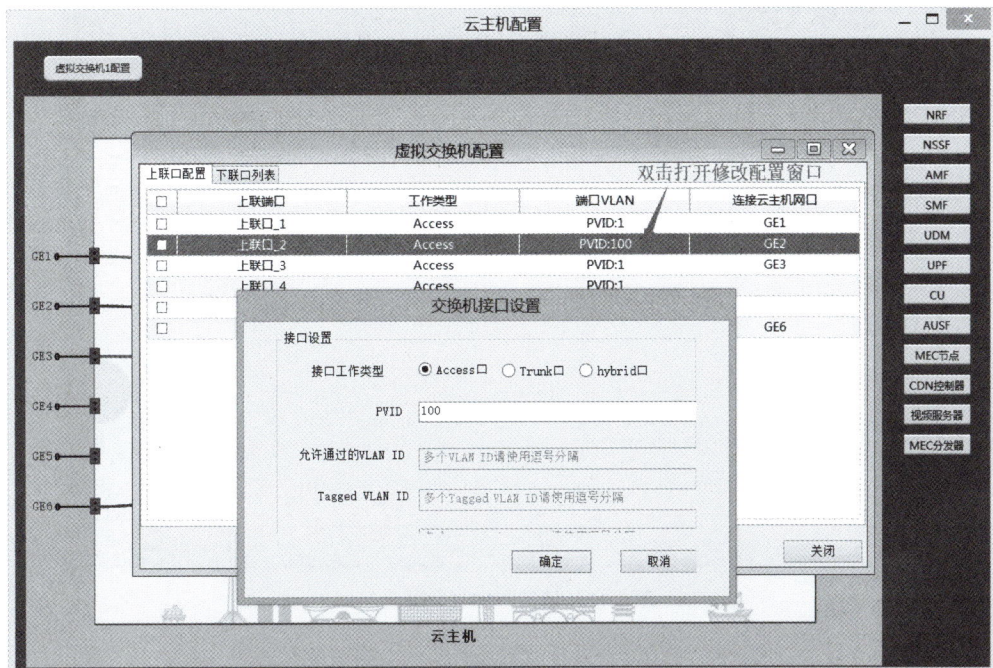

图 5-15 云主机的 VLAN 划分

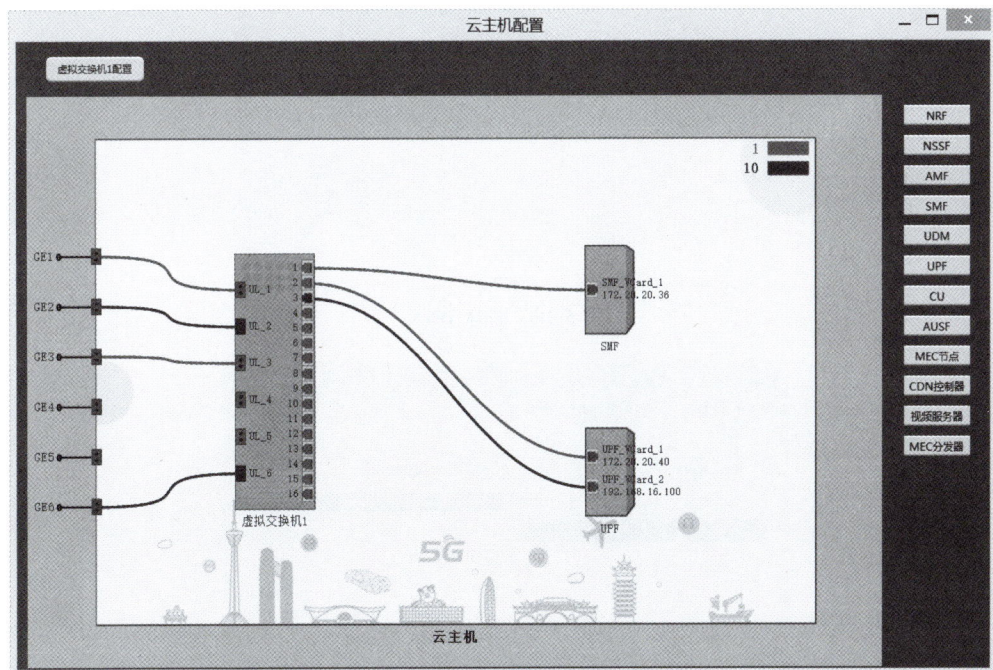

图 5-16 云主机内的连线

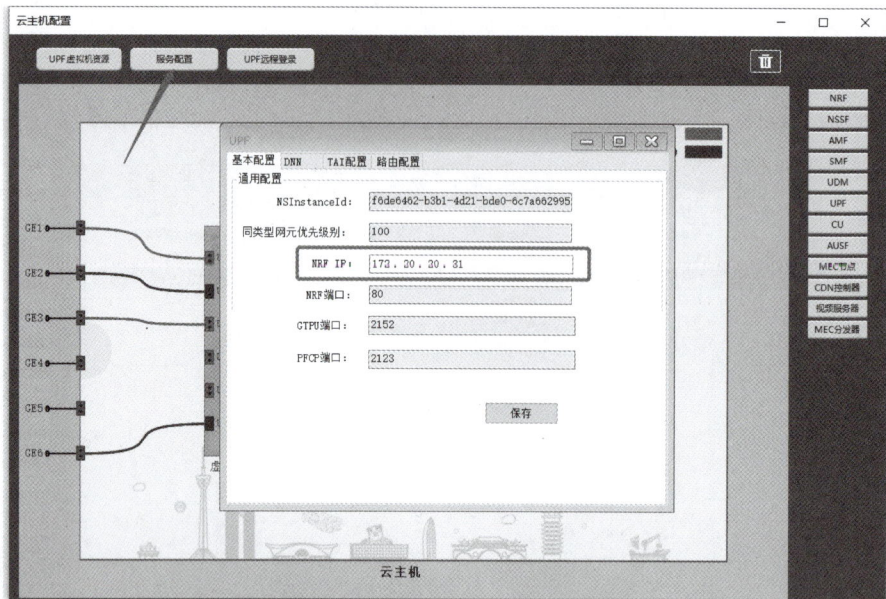

图 5-17　填写 NRF 的 IP 地址

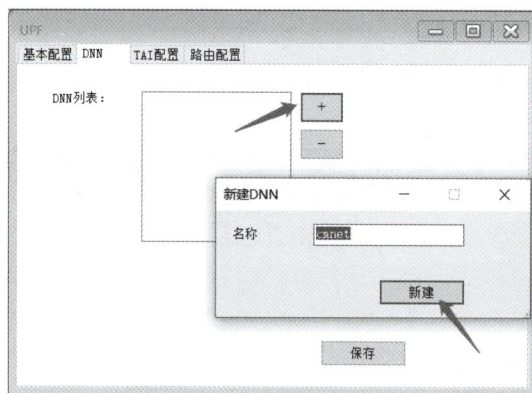

图 5-18　新建 DNN

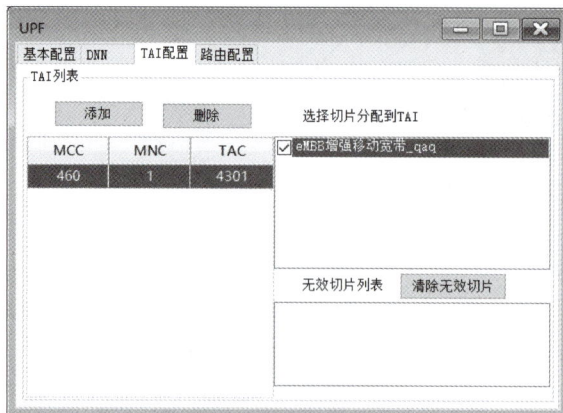

图 5-19　填写 TAI 配置

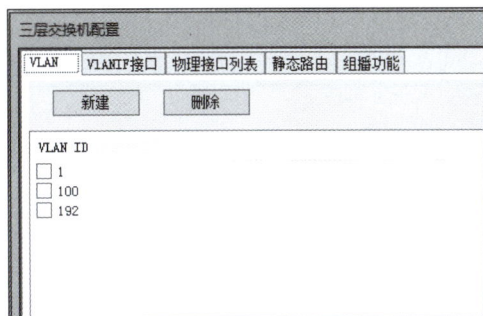

图 5-20　新建 VLAN

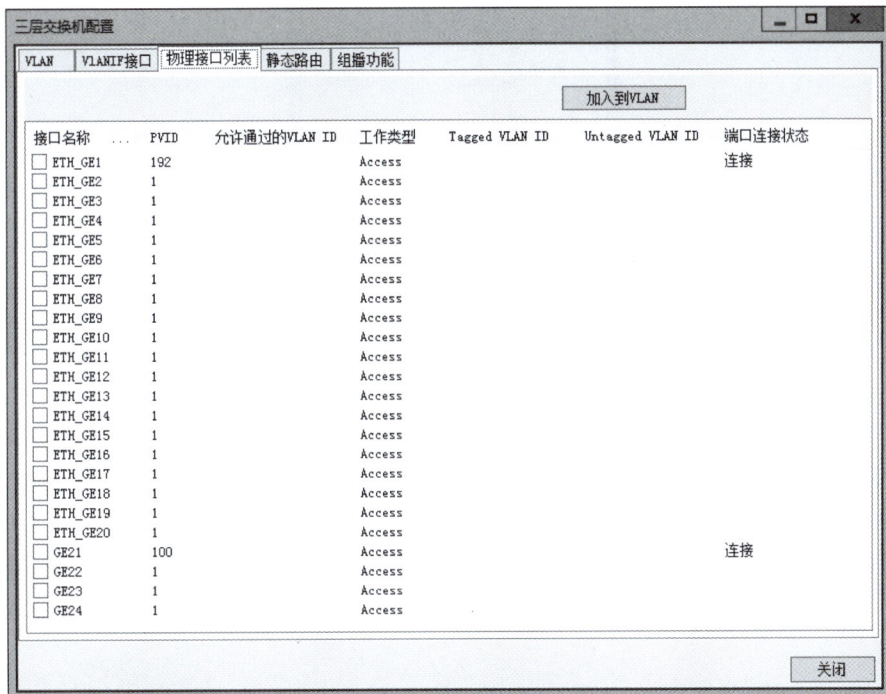

图 5-21　将端口划分到 VLAN 中

第 2 步，添加这两个 VLAN 的 VLANIF 接口，结果如图 5-22 所示。

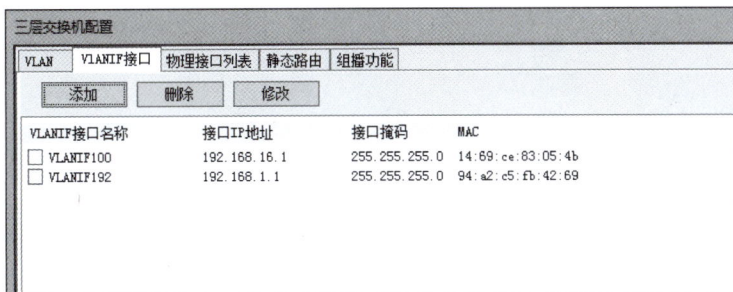

图 5-22　添加 VLANIF

第3步,添加手机上网的静态路由表项目,如图5-23所示。

图 5-23　添加静态路由

第一条静态路由的含义是手机上网的请求经过三层交换机一律发送给 Internet 服务器,然后第二条是网页返回给手机的,目的 IP 是手机下一跳发给 UPF 的用户面网卡 2 的。

(8) 开机业务测试。在拓扑图空白处右击全部开机,然后等一会可以看到手机正常入网的流程动画,如图 5-24 所示(手机入网的最后一条信令是基站发给 AMF 的 UpLinkNASTransport(PDUSessionRequestAck),可用来判断手机是否完整地入网)。

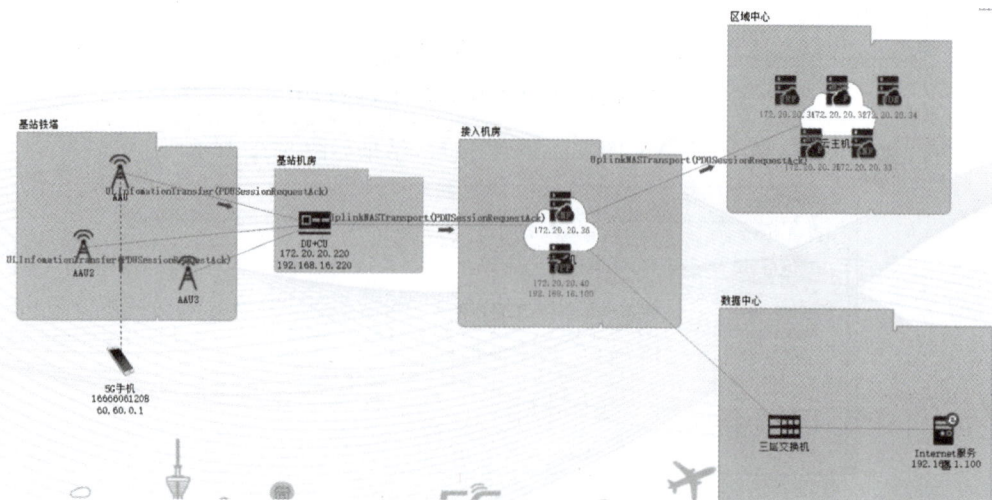

图 5-24　手机正常入网的信令流程动画

手机入网之后,可以进行手机上网功能体验。右击手机选择"切换到屏幕",打开手机屏幕后单击桌面的 Safari 浏览器图标。

使用默认的百度网页,直接单击"搜索",如图 5-25 所示,将可以看到后面的手机上网的数据动画,手机等待一会也会打开百度的网页,表示手机上网功能正常,完成了此次实验的最终任务。

图 5-25　手机打开网页

5.3.5　实验总结

本次实验主要学习了 5G 的上网业务配置,了解 5G 的用户面在整个网络中的架构和体现。读者也可以参照 4G 网络进行对比,来体验 5G 和 4G 的网络配置的变化。在此实验之后,读者可以综合前几次的实验,自己独立地进行一次 5G 网络配置开通。本次实验需要注意的是,DNN(也就是 4G 中的 APN 配置)除了在 UPF 网元中,其他 SMF 和手机终端上都有出现过,需要注意保持一致性。

完成实验之后,请思考或完成以下问题:

(1) 从现有的 5G 网络架构上看,如果要提高手机从网络云端下载文件的速率,可以有哪些措施?

(2) 截图展示手机打开网页的截图。

(3) 简述手机上网的数据处理过程。

5.4　业务体验案例 2：5G 语音业务配置与体验(VOIP 方式)实验

视频

5.4.1　实验介绍

1. 实验目的

本次实验主要学习 5G 网络与传统的软交换设备的互联组网,以此实现基于网络协议通信(Voice over Internet Protocol,VoIP)的语音通话业务。传统的 IP 电话、手机和个人计算机(PC)上的第三方会话发起协议(Session Initiation Protocol,SIP)软电话 App,均是采用 IP 数据网络实现语音的呼叫通话。本实验将 5G 手机和 IP 电话、PC 三者实现互相拨号和通话的功能开通与体验,了解软交换网络的基本配置和作用;此外,体验 5G 的用户面功能的另一实际价值作用,进一步理解 5G 网络的架构层次作用。

注:5G 新空口语音通话(Voice over New Radio,VoNR)方式有待扩展。

2. 实验内容

使用实验案例库中的练习案例应用到软件中,根据案例的任务描述,完成 IP 电话、PC 和 5G 手机的 SIP 电话功能配置,并最终进行业务测试,体验 5G 网络与固定电话的互通。

5.4.2　实验原理

VoIP 是指以 IP 分组交换网络为传输平台,对模拟的语音信号进行压缩、打包等一系列的特殊处理,使之可以采用无连接的用户数据报协议(User Datagram Protocol,UDP)进行传输。通过互联网进行语音通信是一个非常复杂的系统工程,其应用面很广,互联网语音通信是 VoIP 技术的一个最典型的,也是最有前景的应用领域,如图 5-26 所示。

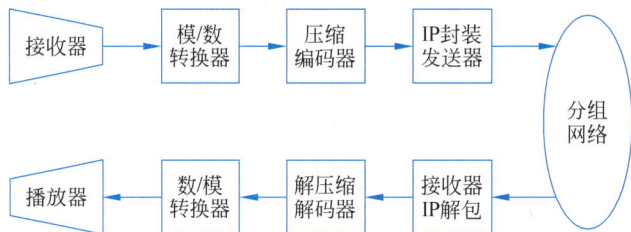

图 5-26　互联网语音通信流程

现在 VoIP 技术主要采用的是会话发起协议(SIP),使用软交换设备承担用户注册、会话管理等功能,是软交换网络的核心设备。标准 SIP 会话使用多达四个主要组件,分别为 SIP 用户代理、SIP 注册服务器、SIP 代理服务器和 SIP 重定向服务器。这些系统通过传输包括了会话描述协议(Session Description Protocol,SDP)的消息来完成 SIP 会话。下面概括介绍各个 SIP 组件及其在此过程中的作用。

SIP 用户代理(SIP User Agent,SIP UA)是终端用户设备,如用于创建和管理 SIP 会话的移动电话、多媒体手持设备、PC、个人数字助理(Personal Digital Assistant,PDA,又称掌上电脑)等。用户代理客户机发出消息,用户代理服务器对消息进行响应。

SIP 注册服务器(SIP register Server)是包含域中所有用户代理的位置的数据库。在 SIP 通信中,这些服务器会检索出对方的 IP 地址和其他相关信息,并将其发送到 SIP 代理服务器。

SIP 代理服务器(SIP Proxy Server)接受 SIP UA 的会话请求并查询 SIP 注册服务器,获取收件方 UA 的地址信息;然后,它将会话邀请信息直接转发给收件方 UA(如果它位于同一域中)或代理服务器(如果 UA 位于另一域中)。

SIP 重定向服务器(SIP Redirect Server)允许 SIP 代理服务器将 SIP 会话邀请信息定向

到外部域。SIP 重定向服务器可以与 SIP 注册服务器和 SIP 代理服务器同在一个硬件上。

SIP 通过以下逻辑功能来完成通信：

（1）用户定位功能：确定参与通信的终端用户位置。

（2）用户通信能力协商功能：确定参与通信的媒体终端类型和具体参数。

（3）用户是否参与交互功能：确定某个终端是否加入某个特定会话中。

（4）建立呼叫和控制呼叫功能：包括向被叫"振铃"、确定主叫和被叫的呼叫参数、呼叫重定向、呼叫转移、终止呼叫等。

5.4.3　实验案例描述

使用平台提供的案例库，进入【5G 业务场景】板块，选择"5G 语音业务配置与体验"案例，并单击【应用案例】，将本实验案例加载至软件中。

1. 案例描述

某城市正在组织 5G 试验网，工程一期已经完成了 5G 网络的设备部署和手机入网功能调试。现在进入二期阶段，计划打通手机和座机之间的 VoIP 通话功能。此项目的网络结构如图 5-27 所示，要实现图中的手机、IP 电话、PC 的两两互通，结合你所学的知识帮助完成本次项目任务。

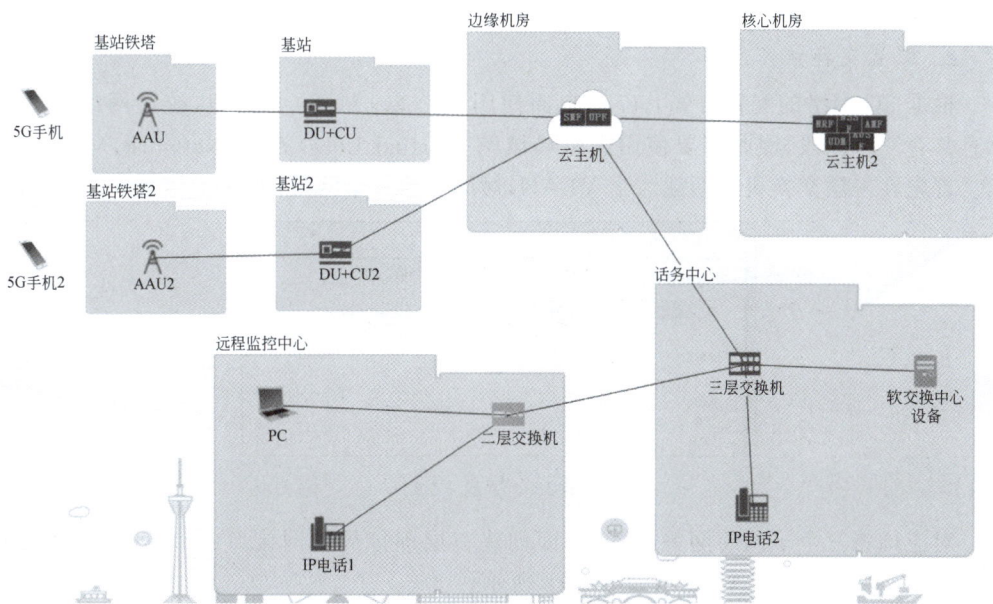

图 5-27　5G 语音业务配置与体验案例网络拓扑图

2. 案例任务

（1）两部手机已经能顺利完成整个入网，此时需要进一步打通用户面功能，使得手机 VoIP 通话数据经过 UPF 到达软交换中心设备。

（2）IP 电话和手机之间需要共同注册到软交换中心设备上面，才能完成互相通话。

（3）PC 中同样配置有 SIP 电话软件，也需要在上面注册一个号码，实现 IP 电话与电脑软电话的互通。

5.4.4 实验步骤

1. IP 地址和用户号码规划

本案例的网络搭建和5G手机入网已经全部配置完成，只需要配置软交换电话相关的业务。

进入【业务开通与验证】板块，首先需要规划各个终端、服务器的 IP 信息，以及各电话终端的号码，也就是用户身份注册信息。根据之前实验原理的介绍结合配置页面的参数，各个 IP 地址和用户号码信息规划如表 5-2 所示。

表 5-2　IP 地址和用户号码信息规划

设　　备	IP 地 址	子 网 掩 码	默 认 网 关	用 户 号 码
软交换中心设备	60.60.60.60	255.255.255.0	60.60.60.1	—
IP 电话 2	60.60.60.65	255.255.255.0	60.60.60.1	87651230
IP 电话 1	192.168.10.60	255.255.255.0	192.168.10.1	87652340
PC	192.168.10.30	255.255.255.0	192.168.10.1	87653450

SIP 注册的密码统一为1234，不在表中表述。5G手机的号码已经分配，首先独自完成 PC 和软交换中心设备的 IP 地址信息配置。

2. 配置交换机

根据5G网络的配置可知，5G用户面使用的是 20.20.20.0 网段，统计网络中的 IP 信息共有三个网段，因此需要使用虚拟局域网（Virtual Local Area Network，VLAN）通信。首先在三层交换机上新建 3 个 VLAN，对应分给三个网段，如图 5-28 所示。

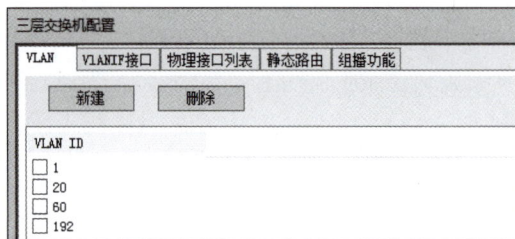

图 5-28　新建 VLAN

对应地将三个子网的网关设置好，即创建三层虚拟局域网接口（Virtual Local Area Network Interface，VLANIF），如图 5-29 所示。

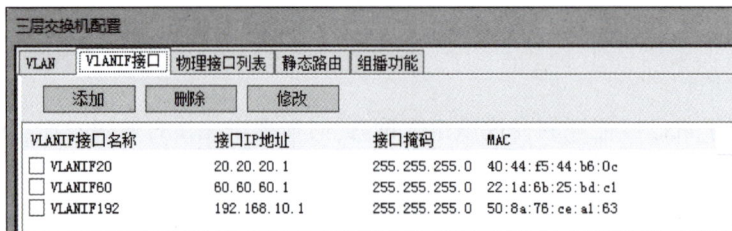

图 5-29　新建 VLANIF 接口

然后根据组网连线情况将交换机的各个端口分别划到对应 VLAN 中，如图 5-30 所示。

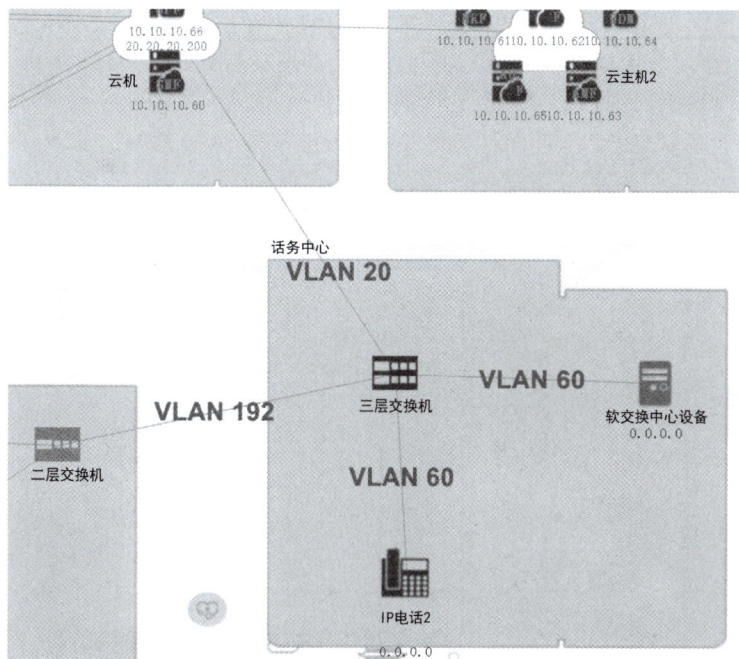

图 5-30　划分端口到 VLAN

查看物理接口，如图 5-31 所示。

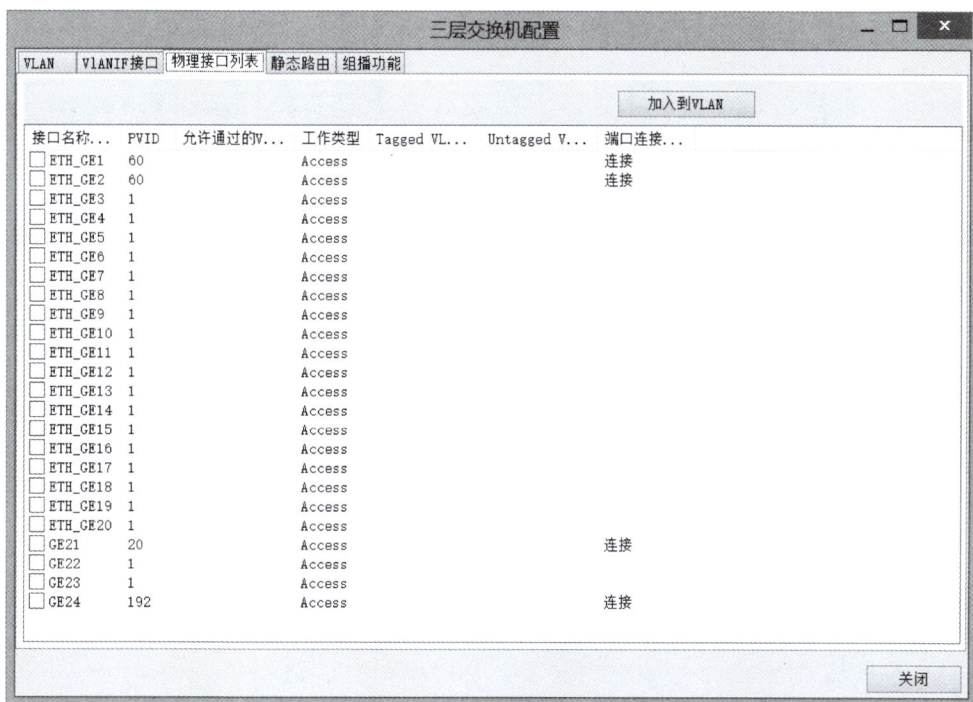

图 5-31　查看物理接口

然后,检查并对远程监控中心的二层交换机进行配置。

3. 软交换中心设备添加用户号码信息

双击打开软交换中心设备配置,切换到用户管理,单击左下角的"新增"按钮,然后输入注册用户号码、密码等信息,如图 5-32 所示。

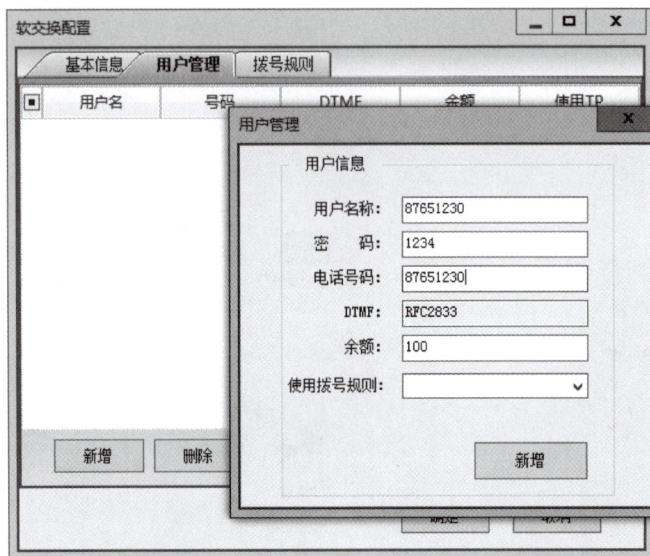

图 5-32　用户管理配置

依次将两个手机、两个 IP 电话、一个 PC 的号码添加到用户列表,如图 5-33 所示。

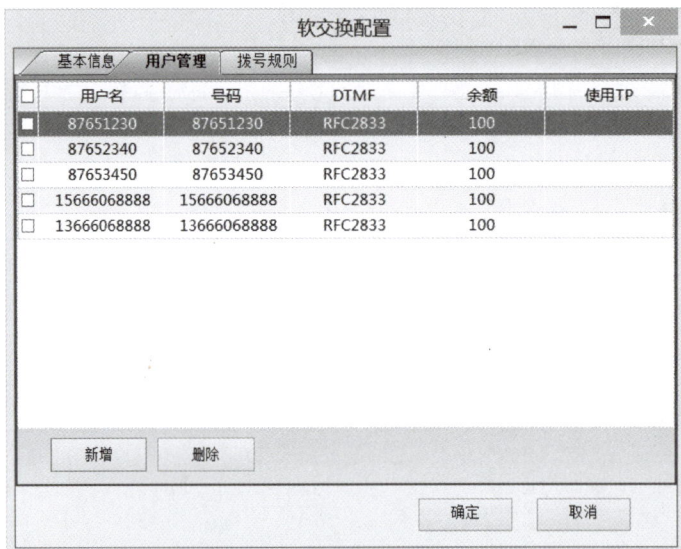

图 5-33　添加电话用户到用户列表

4. 配置 IP 电话

双击打开 IP 电话 1,按照规划数据填写网络参数和用户注册信息,如图 5-34 所示。

(a)   (b)

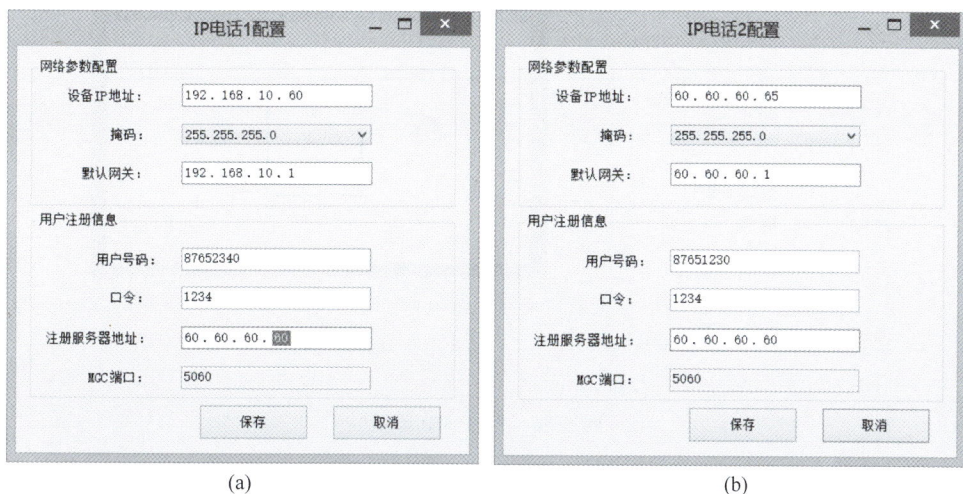

图 5-34 配置 IP 电话

IP 电话配置完成后,将设备全部开机,可以看到两部电话已经可以自动注册到软交换中心设备里面,然后两部 5G 手机也完成了入网,如图 5-35 所示。

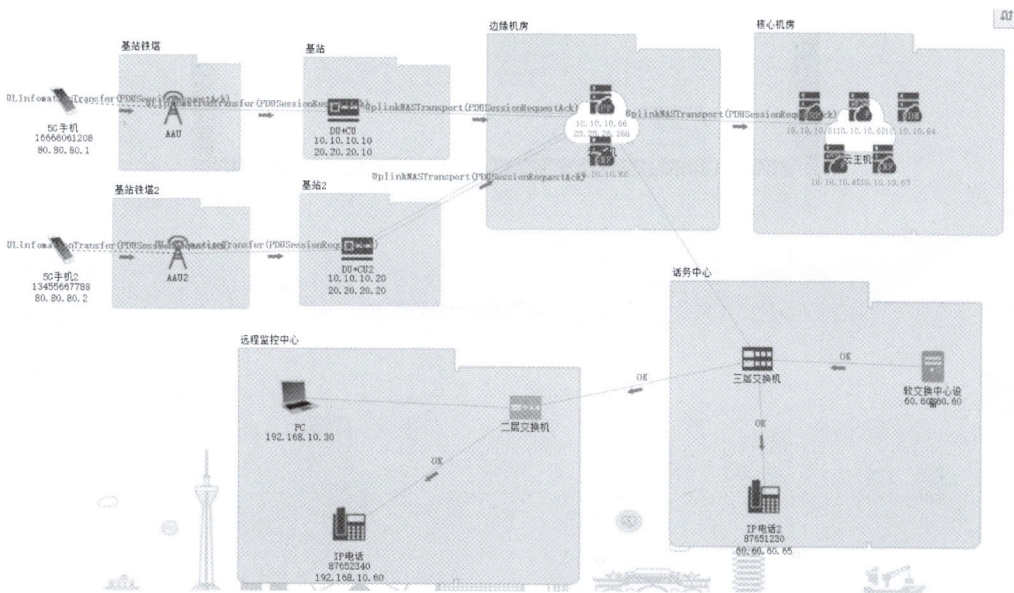

图 5-35 5G 手机入网整体效果

5. 配置 PC 的 SIP 电话

右击 PC,选择菜单"切换到屏幕",然后选择桌面的"SIP 电话"图标打开,如图 5-36 所示。

填写正确的注册信息之后,单击"注册"按钮,如图 5-37 所示。

注册成功后能看到图中完成注册的流程动画,如图 5-38 所示。

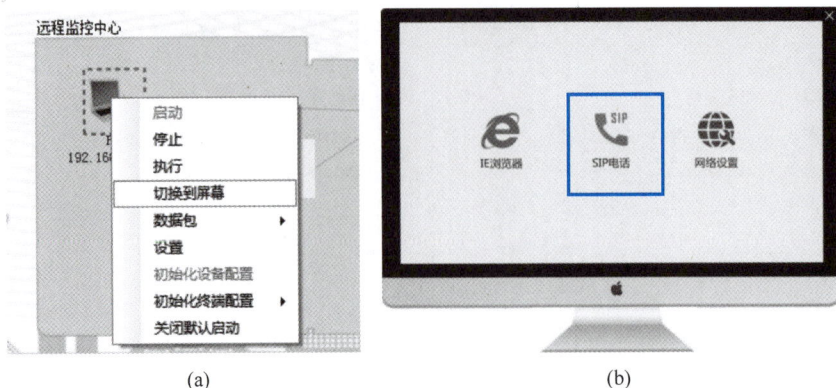

(a)　　　　　　　　　　　(b)

图 5-36　打开 SIP 电话

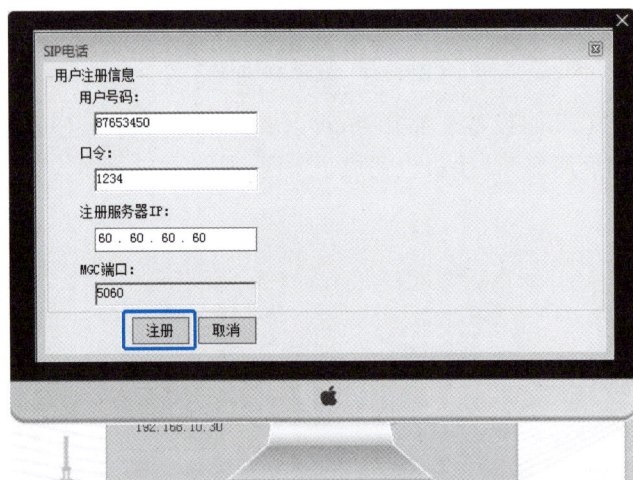

图 5-37　填写用户注册信息

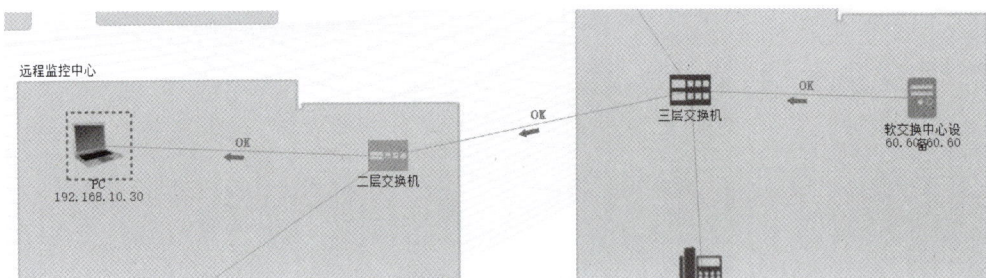

图 5-38　注册信令动画

6. 5G 手机的 SIP 电话注册

5G 手机需要注册到软交换中心设备上面,数据请求通过 UPF 到达三层交换机,手机注册使用的 IP 地址是 80.80.80.0 网段,这个网段和三层交换机内没有任何关联,因此需要在三层交换机内添加静态路由,指引发送给手机 80 网段的数据先发给 UPF 的 20 网段上面。因此打开三层交换机配置,在静态路由中新建一个静态路由参数,如图 5-39 所示。

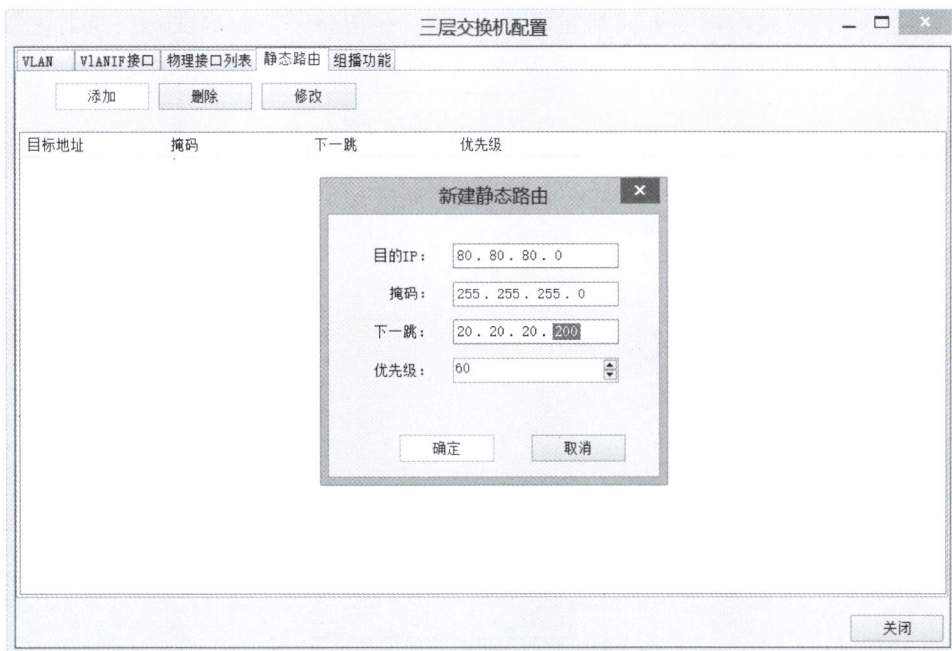

图 5-39　新建静态路由

静态路由添加完成之后,右击 5G 手机,同样的选择菜单"切换到屏幕",选择桌面的 SIP 电话图标,填写号码、注册口令和服务器 IP 等信息,单击"注册"按钮,实现 SIP 软电话的注册,如图 5-40 所示。

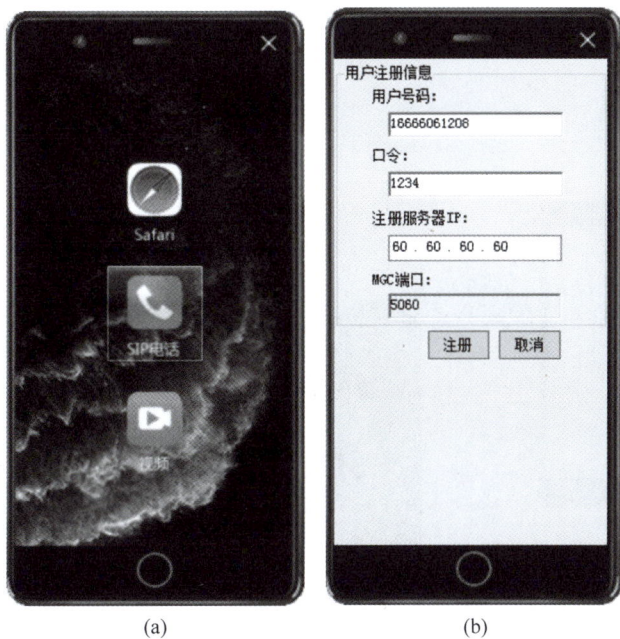

(a)   (b)

图 5-40　实现 SIP 软电话注册

将两部手机按照同样的方式都完成注册，可以在拓扑图上看到成功注册的流程动画，如图 5-41 所示。

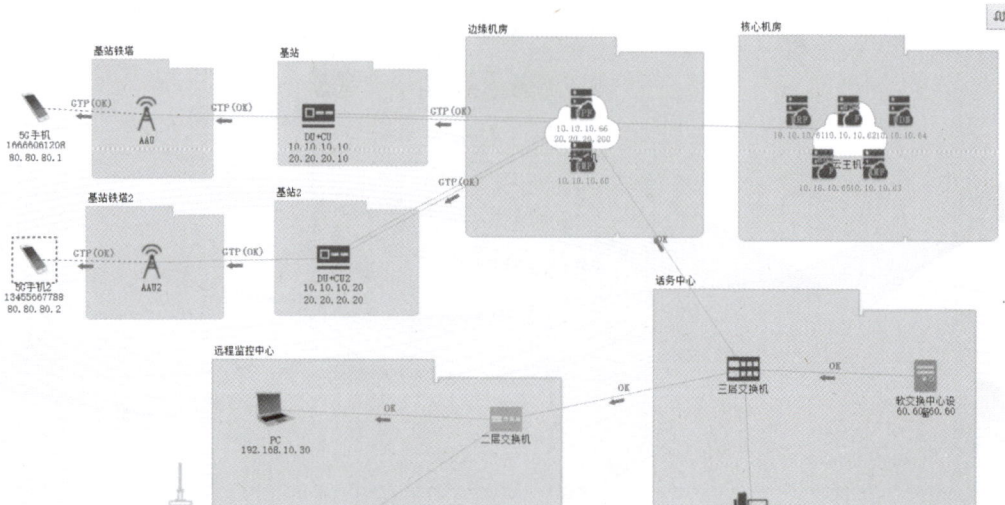

图 5-41　两部手机的注册信令动画

注：SIP 电话注册的前提是手机成功完成了入网过程。

7．业务体验测试

5 个终端全部完成注册后，就可以互相进行拨打。右击 IP 电话或者手机，选择菜单"拨打"，弹出的窗口输入对方的电话号码，绿色键为拨打/接听，红色键为挂断，可以模拟拨号和通话的过程，在拓扑图上也可以看到所有动作产生的信令流程动画，如图 5-42 所示。

(a) 手机呼叫电话的信令动画

图 5-42　手机呼叫电话和两部手机通话的信令动画

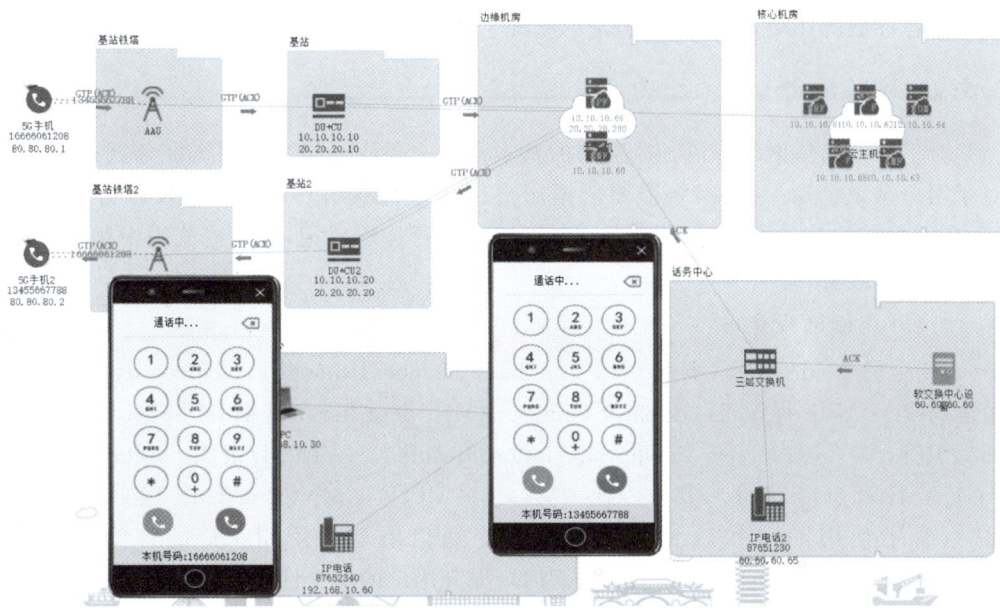

(b) 两部手机通话的信令动画

图 5-42 （续）

5.4.5　实验总结

本实验主要学习了 VoIP 的基本知识和应用,语音信令和业务数据通过 5G 用户面实现与传统 IP 电话的互通,进一步了解 5G 用户面的特性和应用场景;同时也学习了解 VoIP 的基本知识,为将来的融合共建组网做铺垫。

完成实验后,思考或完成以下问题:

(1) 终端向服务器注册时会发生两次交互,这两次交互过程的内容分别是什么?

(2) 如果服务器上没有用户信息,用户终端注册时服务器会返回什么消息?可自行尝试验证。

(3) 截图展示出你的手机与 IP 电话通话的界面。

5.5　信令分析案例 1:5G 用户标识配置与接入鉴权实验

视频

5.5.1　实验介绍

1. 实验目的

通过本实验,了解 5G 用户标识及接入鉴权的过程,理解 5G 鉴权标识及 5G 核心网与鉴权相关的网络功能,即鉴权服务器功能(AUSF)和统一数据管理(UDM)功能,并了解两者的交互过程。

2. 实验内容

在本实验中,可以按照文档描述在对应的案例下进行参数的配置及更改,并通过现象理解各参数的作用,理解鉴权的基本流程。

5.5.2 实验原理

对于移动通信网络来说,5G网络的基本标识主要作为终端或系统区分网络的作用。对于用户来说也是一样,网络需要依据用户标识来判断用户是否合法及区分不同用户等,在用户初始接入网络时,需要在5G网络中进行注册登记,在这些流程中用户标识将会参与整个过程。

1. 用户标识及作用

5G全局唯一的临时UE标识(5G Globally Unique Temporary UE Identity,5G-GUTI)由全局唯一AMF标识符(Globally Unique AMF Identifier,GUAMI)和5G临时移动订阅标识符(5G Temporary Mobile Subcription Identifier,5G-TMSI)组成:< 5G-GUTI > = < GUAMI >< 5G-TMSI >,其中< GUAMI >=< MCC >< MNC >< AMF Identifier >。在5G系统下使用5G-GUTI的目的是减少在通信中显示使用UE的订阅永久标识(Subscription Permanent Identifier,SUPI),提升用户的安全性。该标识是由AMF对用户进行分配的,是终端在网络中的临时标识。其中< GUAMI >是用于标识由哪个AMF分配的5G-GUTI,< 5G-TMSI >表示UE在AMF内唯一的标识。

订阅永久标识是5G网络中用户的唯一永久身份标志,类似LTE网络中的国际移动用户标识(IMSI),相当于终端在网络中的真实身份。但是和IMSI不同的是,该用户永久身份信息永远不会出现的空口上。以往使用IMSI的场合(如初次registration,Identify procedure等),5G网络将会使用订阅隐藏标识(Subscription Concealed Identifier,SUCI)。

SUCI是SUPI经过公钥加密后的密文,SUCI就是SUPI的加密版本,具体的加密方式参见3GPP TS 33.501附录C.3。该加密过程可以简单概括为,使用椭圆曲线的PKI加密机制,利用两对公私钥的特殊性质公钥1 * 私钥2＝公钥2 * 私钥1,实现SUPI加密为SUCI,这样既能保证空口SUPI不被泄露,还保证了UE和网络鉴权的正常进行。

简单理解5G-GUTI、SUPI和SUCI:以情报谍战片类比,SUPI相当于情报特工的真实身份,为保证特工的人身安全,真实身份仅限情报网高层知悉,在谍报网中,特工的真实身份是不会出现的(SUPI不在空口出现),出现的仅是特工的代号或者是特工伪装的一个角色。这个特工的代号或者伪装的角色就相当于真实身份的加密SUCI。还有一种情况是特工通过暗号与接头人建立联系,这个暗号就相当于一个临时的身份标识(5G-GUTI)。

2. 终端接入时的注册过程

在5GC中注册流程是相当基础的一个流程,因为终端不在网络中注册是无法使用网络提供的服务的,此外由于终端的移动性,如果有终端终结的业务,如做被叫,网络必须能够找到终端,网络在注册流程中获得终端的位置信息,建立终端的移动性上下文。

与4G EPC网络有很大不同,5G将移动性更新和周期性也归入注册流程,这样注册流程包含初始注册、移动性更新注册、周期性注册和紧急注册四大类。

终端 UE 是必须参与鉴权,然后网络侧的 RAN 无线接入网,NF 方面有 AMF、AUSF 和 UDM,如果配置了 PCF 进行策略控制,那么也会有 PCF 的参与。

如本章前文所述,3GPP 规范给出了注册流程如图 5-1 所示,该流程图以全局视角呈现了完整的注册信令交互。然而,为适配实际应用场景中的需求并方便分析,这里给出了图 5-43 所示的精简初始注册流程,虚线部分为可选流程,由于鉴权是必需的步骤,下文也将涉及鉴权的交互列出。以携带 SUCI 的初始注册为例,对注册流程进行说明,可为其他场景如携带 5G-GUTI 的情况作参考。

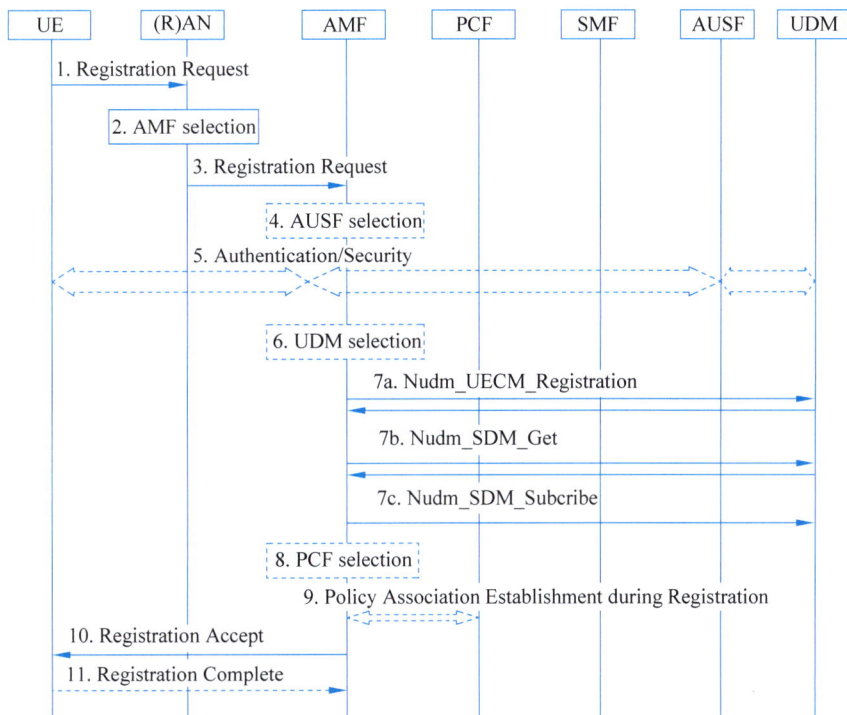

图 5-43　初始注册流程

在注册流程中:

(1)终端发起注册请求,RAN 将注册请求转发至 AMF,其中涉及 AMF 的选择,由于 RAN 侧不是 SBI 架构的,因此 AMF 的选择策略可以基于本地配置,或者基于网络切片进行,当初始的 AMF 判断不能为终端提供服务时,会发起 AMF 的重定位,这里暂不涉及。

(2)AMF 收到注册请求,根据 SUCI 的路由选择码/号码所属的 AUSF 组 ID 找到对应的 AUSF 提起鉴权请求,这里涉及 AUSF 的选择。

(3)AUSF 接收到 AMF 对鉴权上下文的请求,AUSF 根据对应的 SUCI 值向 UDM 发起"Nudm_Authenticate_Get"的请求,由 UDM 生成鉴权向量返回给 AUSF。AUSF 收到 UDM 返回的鉴权向量,通过计算后向 AMF 返回鉴权参数以及期望的响应(具体可参考鉴权采用的算法"5G-AKA")。

(4)AMF 将鉴权参数发送给终端 UE,终端使用该参数对网络进行鉴权,然后向

AMF 返回响应参数,AMF 对比响应,符合则鉴权成功,再将响应发送给 AUSF,AUSF 对比响应成功返回给 AMF 对应 SUCI 解码的 SUPI,鉴权过程完成。

注:鉴权完成后,终端还要进行加密和完整性保护的过程,主要为了保障码流信息的完整及安全的传输(本实验不做介绍)。

(5) 当鉴权完成后,AMF 需要向 UDM 进行终端连接管理的注册,从 UDM 取终端的签约信息,以及在 UDM 进行签约信息改变的订阅。AMF 到 UDM 进行注册登记(通过 UDM 提供的 Nudm_CM 服务来处理),这样 UDM 就知道这个 UE 当前是由哪个 AMF 提供服务的,并且 UDM 会记录 UE 和提供服务的 AMF 的关联关系及 AMF 的 ID。

(6) AMF 向终端返回接受注册的消息,终端回应完成注册。

3. AUSF 和 UDM 的作用及选择

AUSF 和 UDM 的作用:由上述流程可知,在进行鉴权的过程时,由 AMF 向 AUSF 发起请求,AUSF 就是作为鉴权服务器的功能,但是 AUSF 中是不存储用户信息的,需要向 UDM 来请求鉴权向量,即在 UDM 中存储用户的签约数据,并在需要时向网络提供终端的鉴权向量参数。

AUSF 和 UDM 的发现与选择:在 5G 核心网中,各网元的功能都是以服务的方式对外提供接口,因此,核心网进行网元间的交互时,一个网络功能(NF)要么通过本地配置信息找到对应的 NF,要么通过 NRF 服务发现的方式进行。比如,进行初始注册时,AMF 首先要找到对应的 AUSF 进行鉴权,AUSF 要找到对应的 UDM 进行鉴权向量的获取等。

下面以初始注册为例介绍 AUSF 和 UDM 服务的消费者通过哪些方式来进行服务的选择(参考协议 TS 23.501)。

(1) 在进行注册流程时,AMF 通过以下参数(可选)在 NRF 中查询并选择 AUSF 服务:

① 归属网络标识(如 MCC 和 MNC,该参数是 SUCI/SUPI 的一部分)或者独立的非公共网络的网络标识符(如 Wi-Fi 网络等,本实验不做考虑)。

② UE 的 SUPI 所属的 AUSF 组 ID。

③ UE 的 SUPI 标识。例如,AMF 基于 UE 的 SUPI 所属的 SUPI 范围或使用 UE 的 SUPI 作为 NRF 的发现 AUSF 过程的输入参数,并基于 NRF 返回的结果来选择 AUSF 实例。本软件中采用此方式。

(2) 在进行 UDM 的选择时,需要提供如下参数(可选):

① 归属网络标识(如 MCC 和 MNC,该参数是 SUCI/SUPI 的一部分)或者独立的非公共网络的网络标识符(如 Wi-Fi 网络等,本实验不做考虑)。

② UE 的 SUPI 所属的 UDM 组 ID。

③ UE 的 SUPI 标识或内部组 ID。

④ 通用公共订阅标识符(Generic Public Subscription Identifier,GPSI)或外部组 ID (主要用于外部网络,本实验不做考虑)。

5.5.3 实验案例描述

使用平台提供的案例库,进入【5G 业务场景】板块,选择"5G 用户标识配置与接入鉴权"案例,并单击【应用案例】,将本实验案例加载至软件中。

1. 案例描述

某地运营商为了保障后期 5G 独立组网方案实施时的用户数据的迁移,开展了基于 5G 独立组网方案的终端用户注册过程的验证工作。在方案验证工作中,该运营商考虑到针对后期不同 5G 用户类型或不同地区下的用户鉴权处理的灵活管理,规划了两组鉴权服务和统一数据管理服务,用于不同用户组的鉴权处理。针对该需求完成 5G 终端和 AUSF/UDM 的相关配置,以及 5G 终端的注册方案的分析。

2. 案例任务

根据上述描述,在【业务开通与验证】板块进行 5G 手机和 AUSF/UDM 的相关配置操作,完成 5G 手机的注册。在注册完成后,通过更改相关参数,并通过现象分析注册过程,如图 5-44 所示。

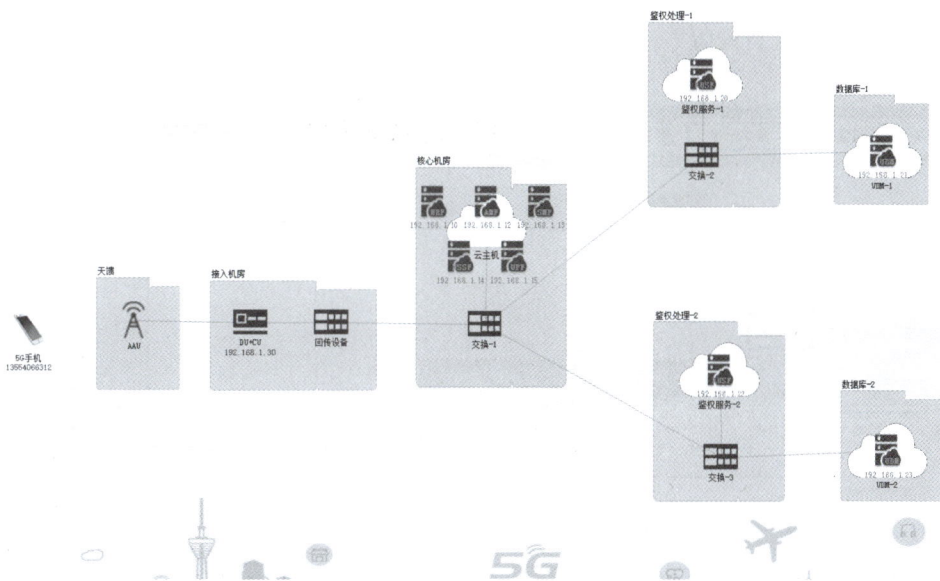

图 5-44　5G 用户标识配置与接入鉴权案例网络拓扑

5.5.4 实验步骤

在该案例下,单击【业务开通与验证】板块,在该板块完成下述步骤:

1. 配置 5G 手机、鉴权服务-1 和 UDM-1,完成 5G 终端的注册

依据实验原理,用户在注册时,是通过用户标识来进行注册鉴权的过程的,因此,在该步骤中,需完成用户标识的相关配置。

(1)配置 5G 终端的永久身份标识 SUPI。双击"5G 手机",配置终端的永久身份标识 SUPI,并单击"保存"按钮。以 460011234567891 为例,如图 5-45 所示,其他参数默认。

图 5-45　5G 手机配置

（2）在"UDM-1"中添加用户对应的签约信息。双击"UDM-1",进入 UDM 服务配置界面。按图 5-46 进行配置。

图 5-46　UDM 服务配置

（3）配置 UDM 组。选择"UDM 组配置",添加一个 UDM 组,并设置该 UDM 组下的 SUPI 范围。注意,这个范围需要包含已经设置的 5G 用户标识,即 460011234567891,如图 5-47 所示。

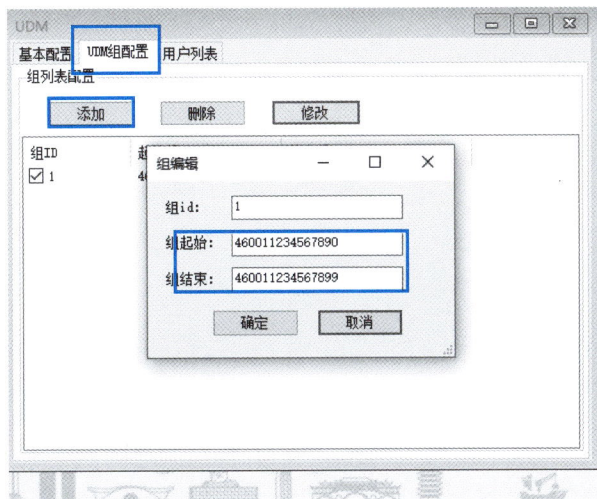

图 5-47　添加 UDM 组

注:在本软件中,参照协议设计了 UDM 组的设置。如何理解 UDM 组,可以看作用于模拟对不同类型的 5G 用户(可将不同类型用户划分为不同的 SUPI 范围)的不同鉴权服务选择或差异化的用户数据的存储与管理。

(4) 同样的方式,选择"鉴权服务-1",配置 AUSF 组,可将该 AUSF 组的 SUPI 范围设置与 UDM 一致,如图 5-48 所示。

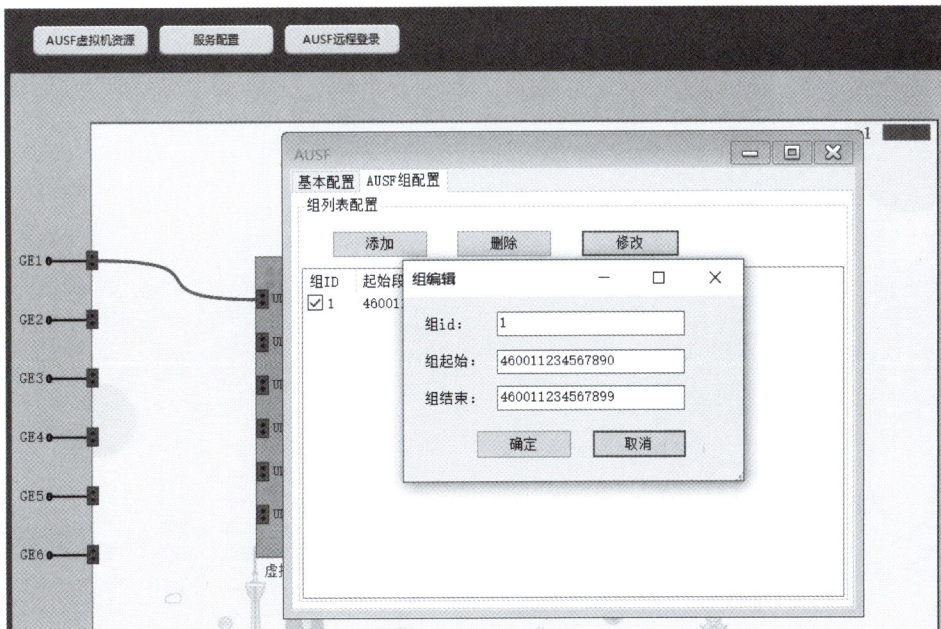

图 5-48　配置 AUSF 组

（5）将设备全部开机（右击空白处，选择"全部开机"），观察 5G 终端的注册过程，如图 5-49 所示。

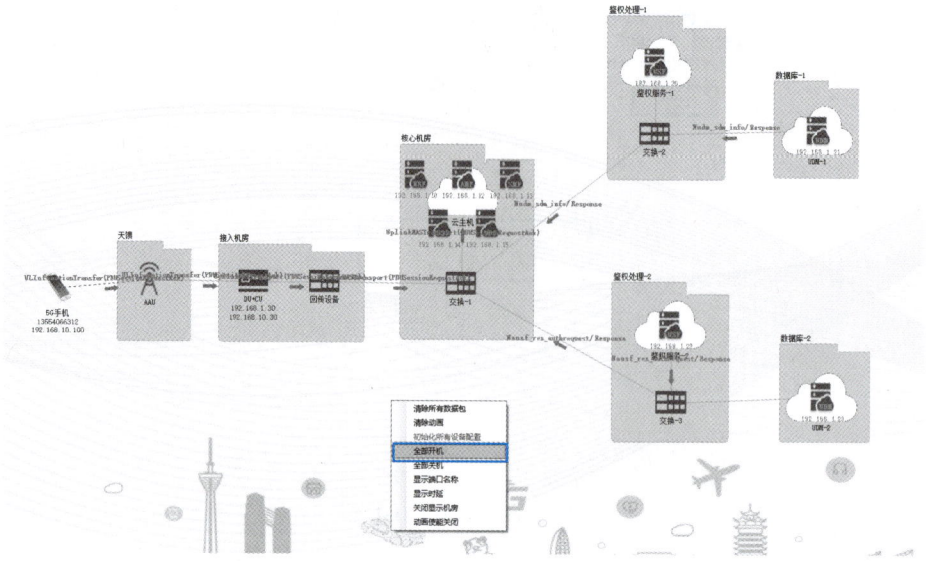

图 5-49　网络设备全部开机

2. 终端注册的过程查看分析

（1）单击软件右上角的查看流程的图标，查看刚刚注册过程的流程，如图 5-50 所示。

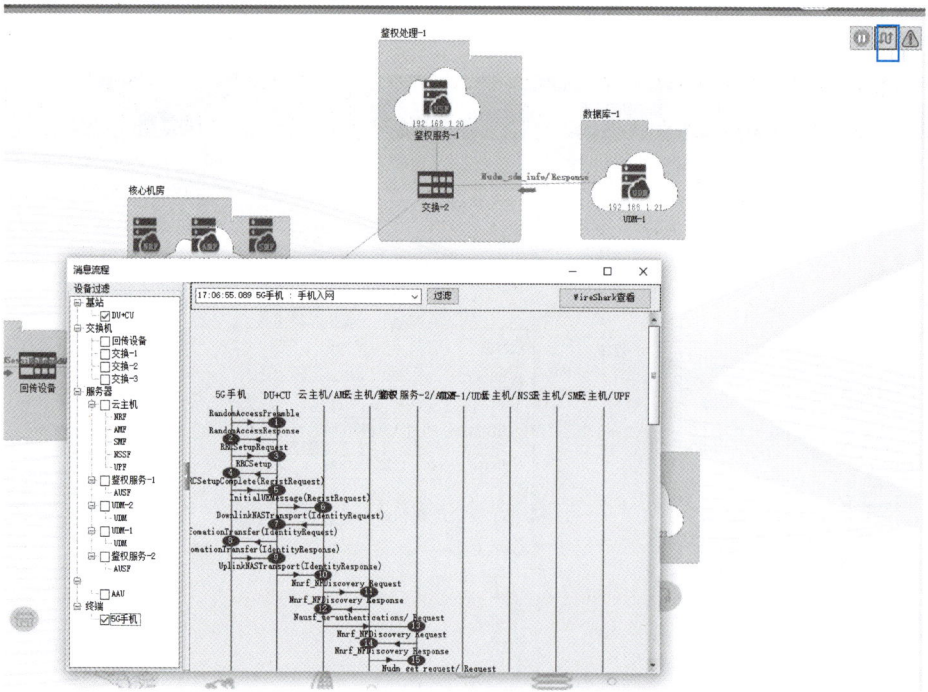

图 5-50　查看手机注册信令流程

（2）在注册鉴权过程时，因为基站仅作为 UE 和核心网 AMF 之间透传的通道，所以在进行鉴权流程分析时可将基站部分的协议过程忽略，去掉"DU＋CU"的勾选，如图 5-51 所示。

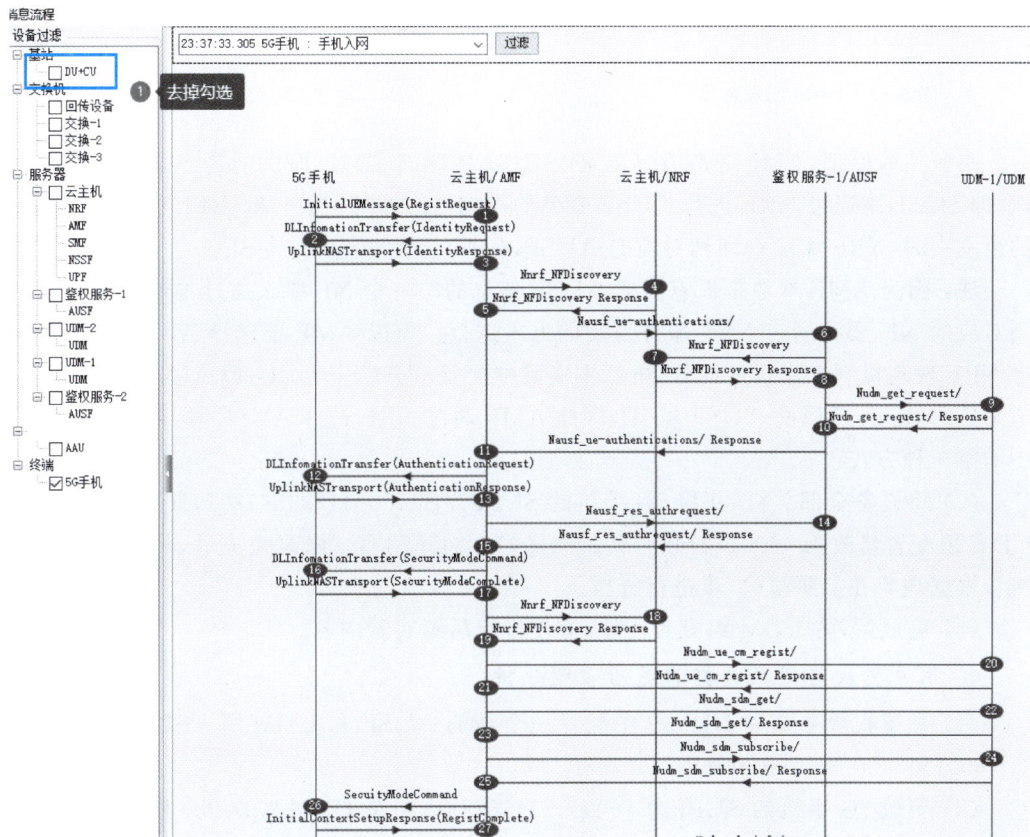

图 5-51　查看忽略基站部分协议过程的手机入网信令

（3）注册鉴权过程分析。

图 5-50 为本软件模拟的 5G 用户的注册过程，当然，在注册完成后还有其他过程，本实验中不做分析，仅了解图 5-50 流程即可。根据实验原理的描述，并结合软件中的协议流程图，对 5G 终端的注册过程进行分析（在实验报告中的流程图上进行各过程标注）。

（4）分析完成后将 UE 的 SUPI 改为 460011234567892，弹出如图 5-52 所示告警。结合实验原理进行分析。

3．AUSF 及 UDM 的发现与选择分析

根据实验原理，在终端进行初始注册时，AMF 首先要找到对应的 AUSF 进行鉴权，AUSF 要找到对应的 UDM 进行鉴权向量的获取等。这就涉及 AUSF 和 UDM 的发现与选择。可以通过以下步骤进行分析。

（1）将 5G 手机的 SUPI 改为不在 AUSF 或 UDM 组的范围内，如改为 460019876543210，并保存数据。此时终端重新发起注册过程，可以看到会弹出如图 5-53 所示的告警提示。

图 5-52　UDM 错误告警

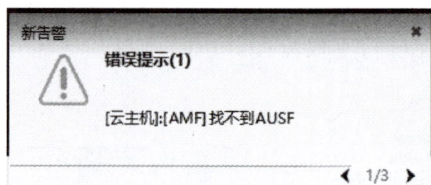

图 5-53　云主机错误告警

参照实验原理,AMF 是使用 UE 的 SUPI(终端向 AMF 提供的是 SUPI 加密后标识,即 SUCI)来通过 NRF 进行 AUSF 服务的查询与选择的,当终端 SUPI 不在 AUSF 组的范围内时,NRF 无法查询到对应的 AUSF,AMF 也无法选择 AUSF。

注:因为 AMF 本地是没有配置 AUSF 信息的。一个 NF 要么通过本地配置信息找到对应的 NF,要么通过 NRF 服务发现的方式进行。所以 AMF 要选择 AUSF 则需要通过 NRF 发现机制来进行。此外,虽然本实验中配置了 AUSF 组 ID,但 AMF 初始并不知道 UE 的 SUPI 所属的 AUSF 组 ID,因此 AMF 通过 NRF 选择 AUSF 时,采用实验原理中的第三种方式。

(2) 将设备全部关机,并将 5G 手机的 SUPI 改回 460011234567891,并将 UDM-1 的 UDM 组配置修改为 460011234567892~460011234567899。修改完成后,将设备全部开机。根据现象并参照第(1)步进行分析。

(3) 完成后,将 UDM 组配置还原,方便进行后续实验内容。

4. 用户鉴权与用户数据的灵活管理分析

(1) 在鉴权服务-2 和 UDM-2 中配置一个新的 AUSF 和 UDM 组。SUPI 范围设置为 460011234567880~460011234567889。

(2) 更改 5G 手机的 SUPI 为 460011234567881,并在 UDM-2 的用户列表中添加该 SUPI,将设备全部重新开机,观察现象。

(3) 删除"鉴权服务-2"的 AUSF 组配置,并在"鉴权服务-1"的 AUSF 组配置中增加一个与原本鉴权服务-2 的一样的组配置。并将设备重新开机,观察现象。

(4) 删除"鉴权服务-1"中新增的 AUSF 组配置,并将"鉴权服务-2"中的 AUSF 组配置还原。同时删除"UDM-2"中的 UDM 组配置及用户签约数据,将这些数据增加至 UDM-1 中。依次设置 5G 手机的 SUPI 为 460011234567881 和 460011234567891,观察现象。

(5) 分析并描述以上过程中的实验现象,并思考其应用场景。

5.5.5　实验总结

在本次实验中对 5G 的注册过程进行了较为详细的分析,并且理解了 5G 鉴权的标识及相关应用。在此过程中也对 5G 核心网与鉴权相关的网络功能,即 AUSF 和 UDM 功能进行了认知;同时,也对网元之间相互发现与交互过程有了一定的了解。

完成本实验后,根据实验步骤中的描述进行实验报告的作答,并可查阅相关资料思

考以下问题：

(1) 在 5G 终端进行初始注册时，何时使用 5G-GUTI，何时使用 SUCI？

(2) 5G 的鉴权方式有哪些，有何区别？

5.6 信令分析案例 2：5G 终端入网流程分析实验

5.6.1 实验介绍

1. 实验目的

参考 5.1 节、5.2 节和 5.5.2 节，通过本实验了解注册和 PDU 会话建立两个 5G 终端的入网主要流程，理解 5G 基站、核心网各网络功能承担的主要作用，并了解它们之间的交互过程。

2. 实验内容

在实验中已经搭建和配置好了一个完整的 5G 网络，需要按照实验中案例任务说明对相关网元的配置进行检查核对，确认正确无误后开机进行信令消息流程的分析查看。

5.6.2 实验案例描述

使用平台提供的案例库，进入【5G 业务场景】板块，选择"5G 终端入网流程分析"案例，并单击应用案例。将本实验案例加载至软件中。

1. 案例描述

某地需新建一个 5G 网络。计划按照图 5-54 中 1、2、3 三部分，即基站部分、传输网络、交换和业务网络来搭建测试网。

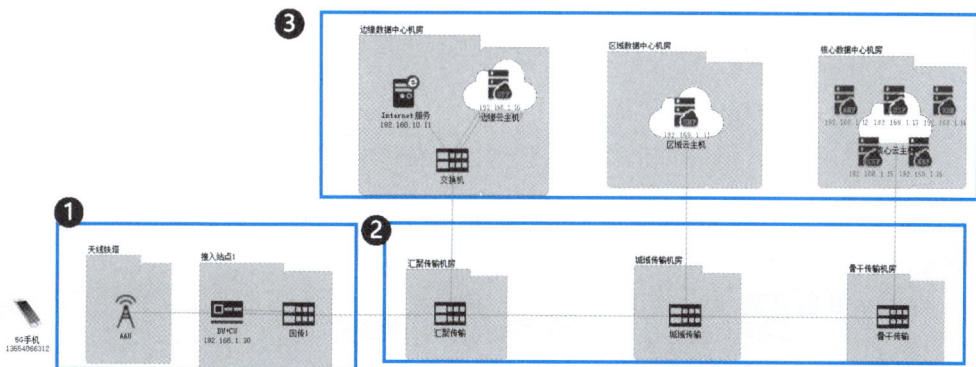

图 5-54 5G 终端入网流程分析案例网络拓扑

本实验的目的只关注相关 5G 流程，故将传输网络各节点用交换机代替，并最小化或尽量不涉及数通相关知识的运用。

本测试网络考虑到 5G 的特点之一，采用用户面处理功能下沉到边缘数据机房的方式，与业务服务器同站点部署，减少业务时延；对于控制面处理功能，时延相对不敏感，采用集中部署或分级相对集中部署的方式,利于统一管理。

2. 案例任务

本测试网络相关规划数据如下:

(1)基站:采用 DU+CU 一体化模式。其中,控制面地址 192.168.1.30,用户面地址 192.168.10.30。

NR CGI(全球小区识别码):460-10-1001-1。

PCI(物理小区标识):408。

TAC:4301。

(2)传输网络:已完成配置,测试互通正常。

(3)交换网络:核心云主机、区域云主机以及边缘云主机各功能,控制面地址 192.168.1.0/24;用户面地址 192.168.10.0/24。

(4)业务网络:Internet 服务器,用户面地址 192.168.10.0/24。

(5)终端:5G 手机,用户面地址 192.168.10.0/24。

按照以上参数规划完成全网设备的数据配置完整性和正确性检查,并全部上电开机,分析终端的入网流程。

说明:本实验不涉及小区具体无线参数的设置,这项工作在后续实验课程中进行。

5.6.3　实验步骤

1. 全部设备上电开机

选择"5G 终端入网流程分析"案例加载应用至软件中。

(1)在【业务开通与验证】界面,右击空白处,将设备全部开机。

(2)手机自动发起入网注册流程,可以清晰地看到信令消息流向过程动画。

2. 注册过程查看

(1)手机注册过程完成,界面如图 5-55 所示。

(2)单击右上角" "按钮,查看消息流程。在弹出窗口可以看到整个注册过程的所有消息流向信息,如图 5-56 和图 5-57 所示。

3. 消息流程分析

图 5-56 和图 5-57 共包含 13 个子过程,其中第 1 步~第 7 步在图 5-56 中,第 8 步~第 13 步在图 5-57 中,依次说明如下:

第 1 步,无线侧:随机接入和 RRC 建立过程。

第 2 步,基站向 AMF 发送初始化 UE 消息,附带注册请求信息;AMF 通过基站向 UE 发送身份识别请求消息并得到回应。

第 3 步,AMF 通过 NRF 查询 AUSF 路由信息,并向其请求 UE 的鉴权信息。

第 4 步,AUSF 通过 NRF 查询 UDM 路由信息,查询 UE 的鉴权信息,并发送给 AMF。

第 5 步,AMF 通过基站向 UE 发送鉴权请求(包含随机数和鉴权算法等信息),得到

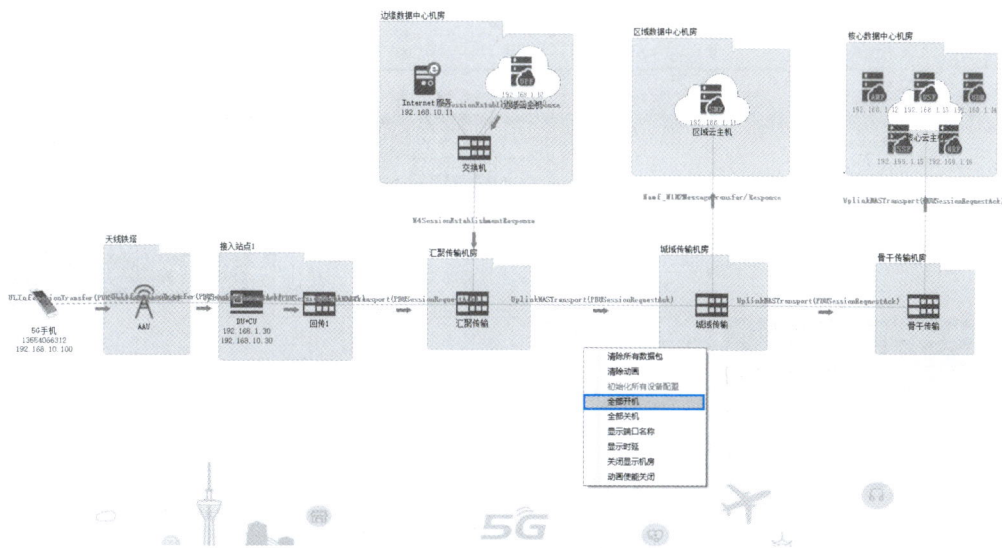

图 5-55　手机注册信令动画

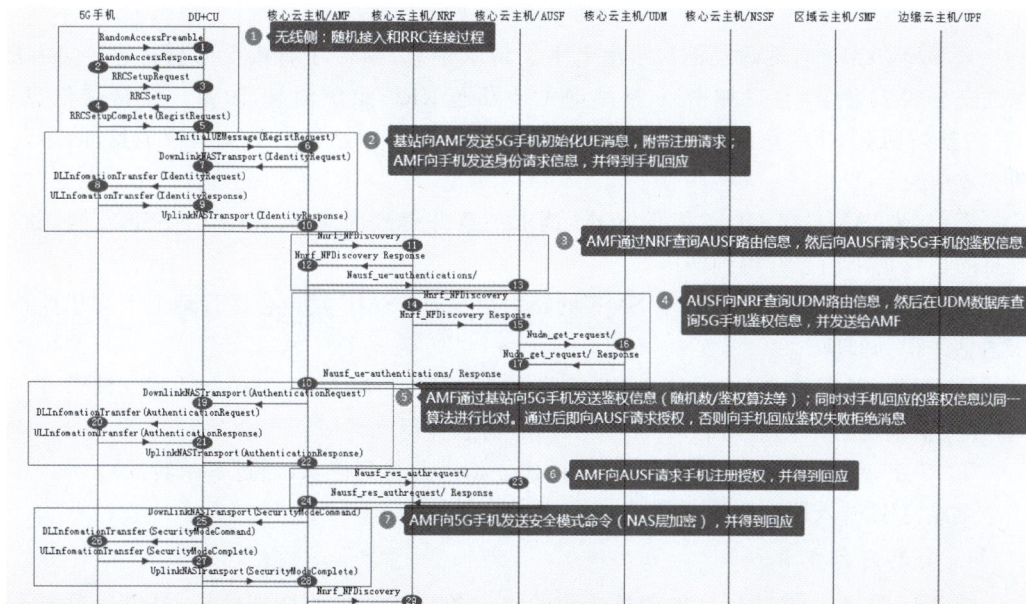

图 5-56　查看信令消息流程

UE 回应的信息并用同一算法比对：若比对通过，则向 AUSF 发送鉴权申请；否则，给 UE 发送注册拒绝消息，附带鉴权失败信息。

第 6 步，AMF 向 AUSF 发送鉴权请求消息并得到回应。

第 7 步，AMF 向 UE 发送安全模式命令（NAS 加密）并得到回应。

第 8 步，AMF 向 UDM 发送 UE 注册信息并得到回应，然后向 UDM 请求获取订阅数据管理（Subscription Data Management，SDM）权限、请求写入/更新用户信息。

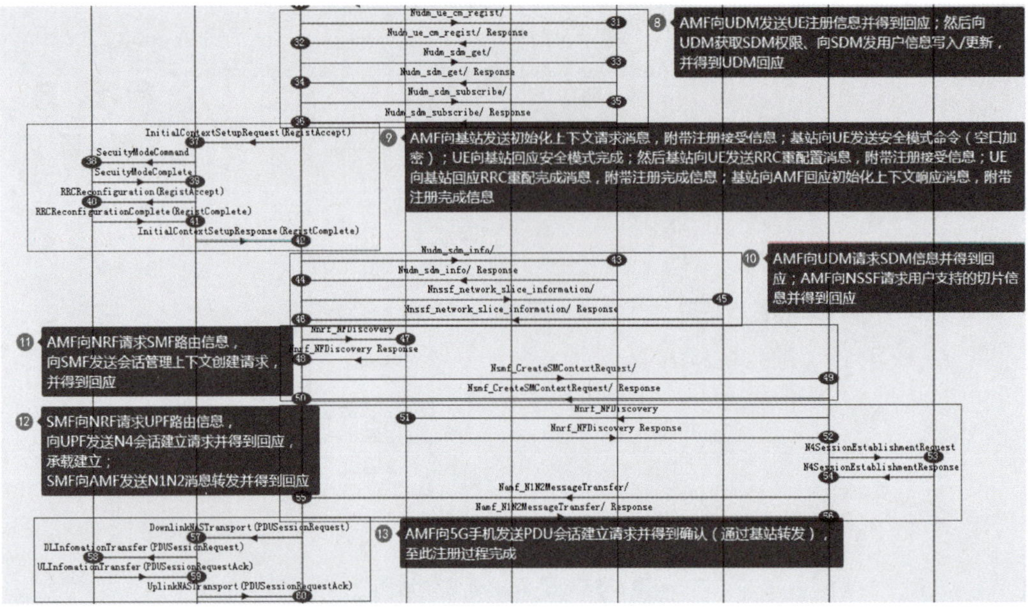

图 5-57　查看信令消息流程

第 9 步，AMF 向基站发送初始化上下文请求消息，附带注册接受信息；基站向 UE 发送安全模式命令（空口加密）；基站向 UE 发送 RRC 重配消息，附带注册接受信息；UE 向基站回应 RRC 重配完成消息；基站向 AMF 回应初始化上下文响应消息，附带注册完成信息。

第 10 步，AMF 向 UDM 发送 SDM 请求消息并得到回应，AMF 向 NSSF 发送用户支持的切片请求消息并得到回应。

第 11 步，AMF 向 NRF 请求 SMF 的路由信息，向 SMF 发送会话管理上下文建立请求消息并得到回应。

第 12 步，SMF 向 NRF 请求 UPF 的路由信息，SMF 向 UPF 发送会话建立请求并得到回应，承载建立；SMF 向 AMF 转发 N1N2 消息并得到回应。

第 13 步，AMF 向 UE 发送 PDU 会话建立请求并得到确认（通过基站转发）。

至此，UE 的入网注册流程完成。

4．消息内容查看

图 5-56 和图 5-57 中展示的消息流程的每一条具体消息的详细分析，可以通过单击消息流程界面右上方的 WireShark 查看按钮“ WireShark查看 ”进行，打开后如图 5-58 所示。

单击每一条消息，依次展开就可看到具体的消息内容，可以对照第 3 步的消息交互过程分析。

5.6.4　实验思考

（1）本实验将 UPF 部署于边缘数据中心机房，这样做有什么好处？

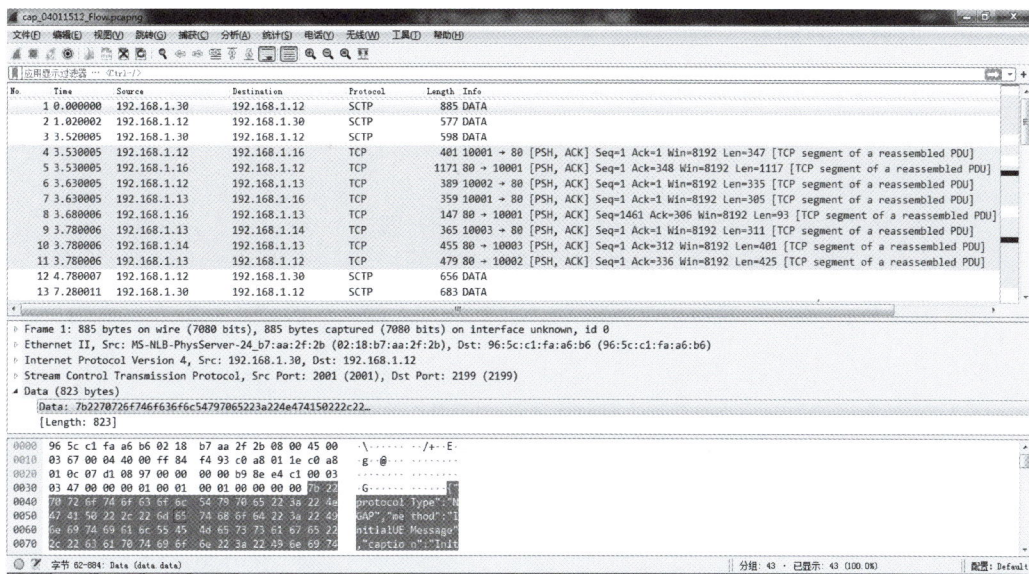

图 5-58　WireShark 软件抓包分析

（2）本实验中 SMF 功能能否部署在边缘数据中心机房或核心数据中心机房？说明理由。

（3）本实验中 AMF 从 NSSF 处是通过什么消息获取的网络切片实例标识（Network Slice Instance Identifier，NSI ID）？且 NSI ID 值是什么？（通过 WireShark 界面截图展示）

5.7　信令分析案例 3：5G 用户面业务流程分析实验

视频

5.7.1　实验介绍

1．实验目的

在前面实验已经理解了 5G 入网注册流程（控制面流程）的基础上，通过本实验继续了解 5G 用户面业务流程。

2．实验内容

在实验中已经搭建和配置好了一个完整的 5G 网络，需要做的是按照实验中案例任务说明对相关网元的配置进行检查核对，确认正确无误后开机进行信令消息流程的分析查看。

5.7.2　实验原理

在 5.3 节已经通过一个半成品案例的完善和配置，体验了 5G 的用户面业务功能。本实验将不再重复描述实验案例中相关的配置和体验过程，仅就用户面业务流程进行描述。用户面在网络中所处的位置和相关接口可以参考 5.3 节的实验原理部分。

5.7.3 实验案例描述

使用平台提供的案例库,进入【5G业务场景】板块,选择"5G用户面业务流程分析"案例,并单击【应用案例】,将本实验案例加载至软件中。

1. 案例描述

某学生为学习5G基本知识,在仿真平台新建了如图5-59所示的5G网络。

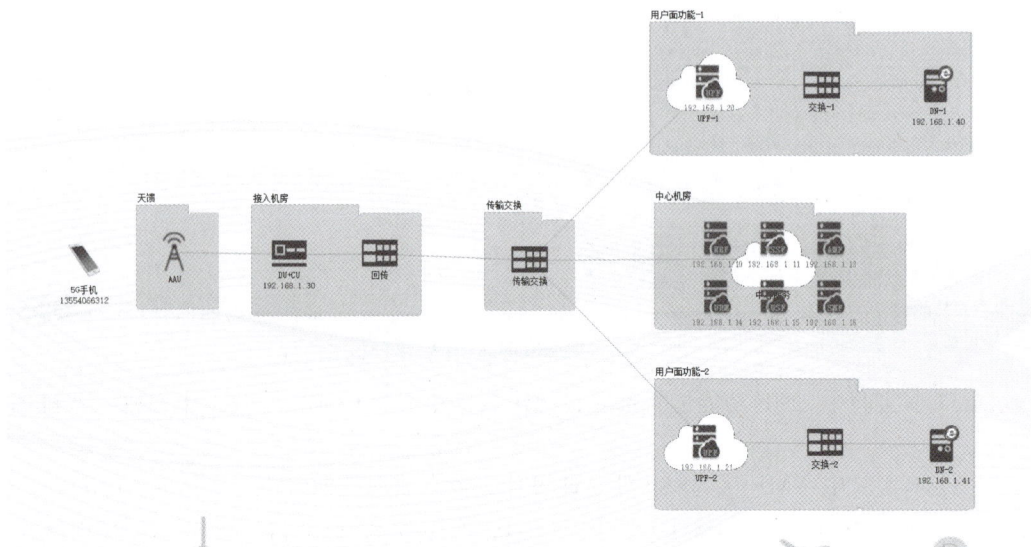

图5-59 5G用户面业务流程分析案例网络拓扑

本实验只关注相关5G流程,故将传输网络各节点用交换机代替,并最小化或尽量不涉及数通知识的运用。

同样地,本测试网络已经搭建和配置完成,需要测试通过并做后续的用户面业务分析。

2. 案例任务

本测试网络相关规划数据如下:

(1)基站:采用DU+CU一体化模式。其中,控制面地址192.168.1.30,用户面地址192.168.1.31,即为了简化,两个平面使用同一网段的IP。

NR CGI(全球小区识别码):460-10-1001-1。

PCI(物理小区标识):408。

TAC:4301。

(2)传输网络:已完成配置,测试互通正常。

(3)交换网络:核心云主机及边缘云主机(用户面功能云主机)各功能,控制面地址192.168.1.0/24,用户面地址192.168.1.0/24,两个平面使用同一网段的IP。

(4)业务网络:Internet服务器,用户面地址192.168.1.0/24。

(5)终端:5G手机,用户面地址192.168.1.0/24。

简而言之,全网设备都在一个 C 类地址段内,无须配置网关和复杂路由。

按照以上参数规划,完成全网设备的数据配置完整性和正确性检查,并全部上电开机,分析终端的用户面业务流程。

说明:本实验不涉及小区具体无线参数的设置,这项工作在后续实验课程中进行。

5.7.4 实验步骤

1. 案例导入

在"实验案例库",选择"5G 用户面业务流程分析"案例加载应用至软件中。

2. 全部设备上电开机

(1) 在【业务开通与验证】界面,右击空白处,将设备全部开机。

(2) 手机自动发起入网注册流程,可以清晰地看到信令消息流向过程动画。

3. 注册过程问题处理

(1) 注册过程结束后,界面如图 5-60 所示。

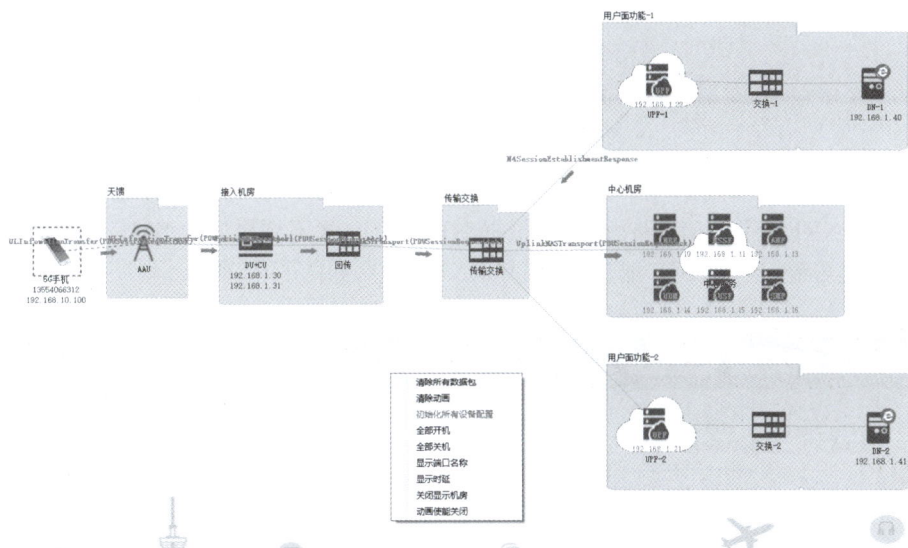

图 5-60 手机注册信令动画

同时,可以看到告警提示,如图 5-61 所示。

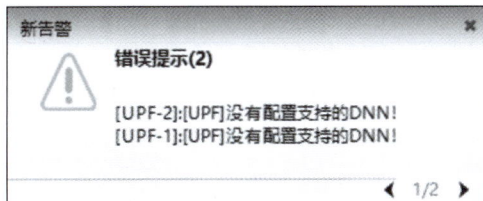

图 5-61 UPF 告警提示

（2）单击右上角"⚌"按钮，查看消息流程。在弹出窗口可以看到整个注册过程的所有消息流向信息，拉到最后，如图 5-62 所示。

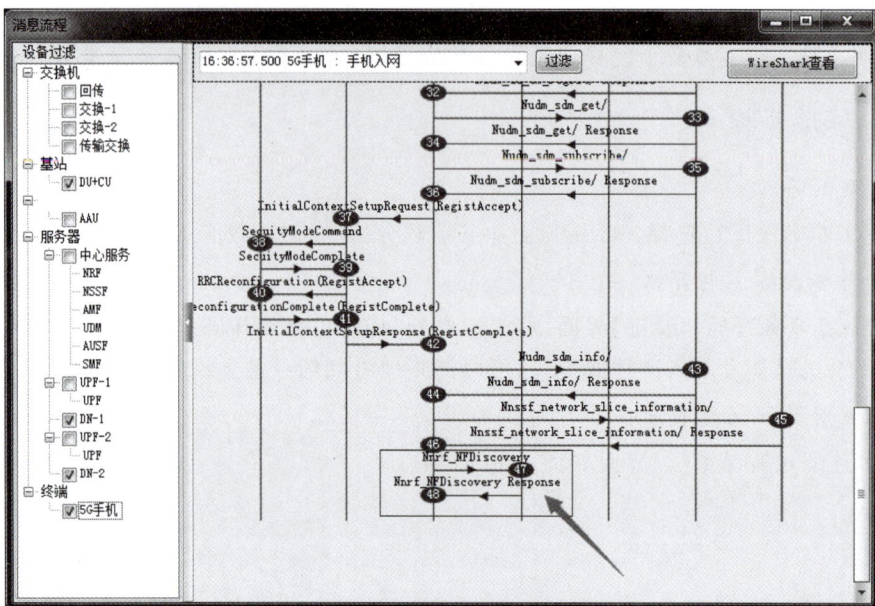

图 5-62　查看信令消息流程

可以看到，AMF 在收到 UE 初始化上下文建立响应消息后，向 UDM 查询 UE 支持的切片后，向 NRF 查询 SMF 路由信息，根据 NRF 回应，找不到对应的 SMF。

结合上述告警，检查 SMF 配置，发现其 DNN 为空，如图 5-63 所示。

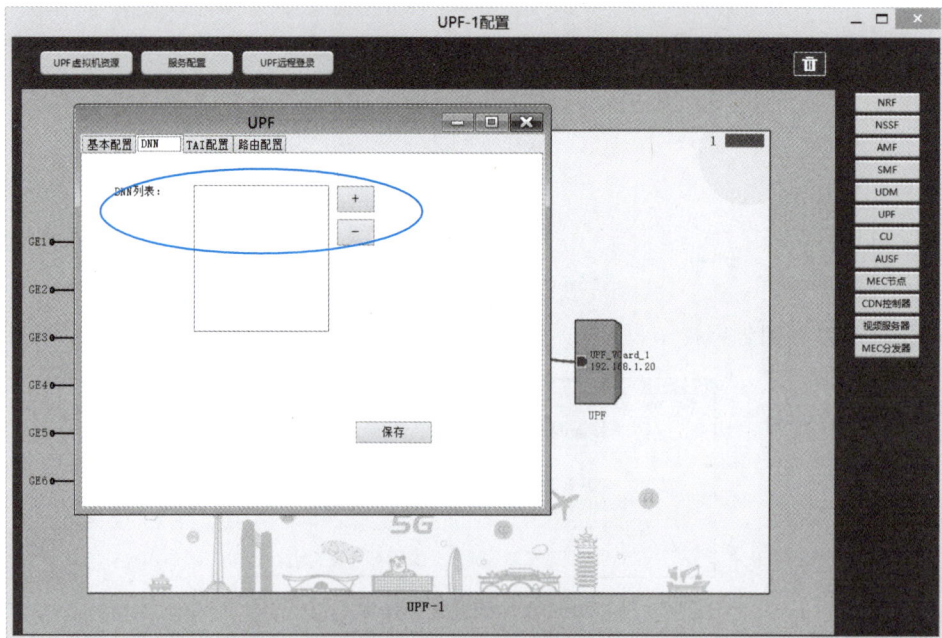

图 5-63　检查 SMF 配置

根据 UDM 数据库中该用户的签约信息，DNN 应该为 cmnet，添加到 SMF 的 DNN 配置中，保存并将全部设备重启开机，再次测试。

（3）仍然得到第二条一样的告警。再次检查 DNN 相关配置，发现 UE 侧 DNN 配置错误，如图 5-64 所示。修改为 cmnet，与签约数据一致。

再次测试，注册正常完成。

4．用户面消息流程分析

（1）为清晰起见，在上一步完成后，右击界面空白处，清除所有数据包，如图 5-65 所示。

（2）单击 5G 手机，右击选择切换到屏幕，单击 Safari，单击"搜索"按钮，可以看到手机正常上网，如图 5-66 所示。

图 5-64　发现 DNN 配置错误，修改为 cmnet

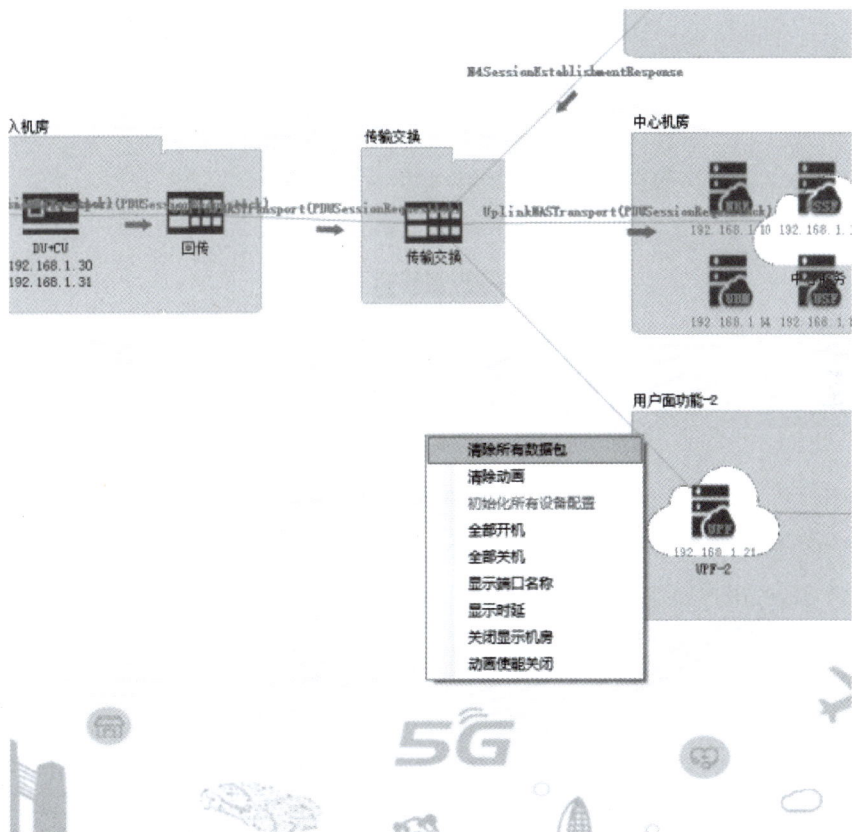

图 5-65　清除数据包

同时还可以看到手机上网过程中的业务数据包在各网元用户面传递的流向过程，如图 5-67 所示的动画展示。

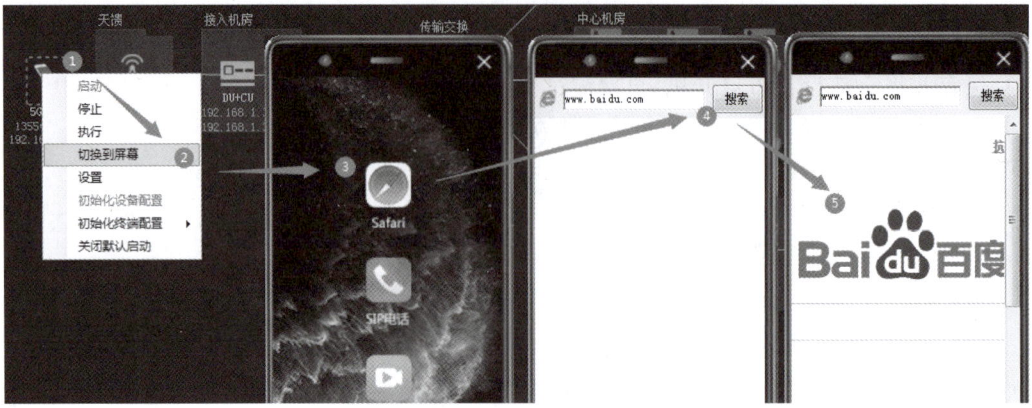

图 5-66　手机浏览网页业务测试

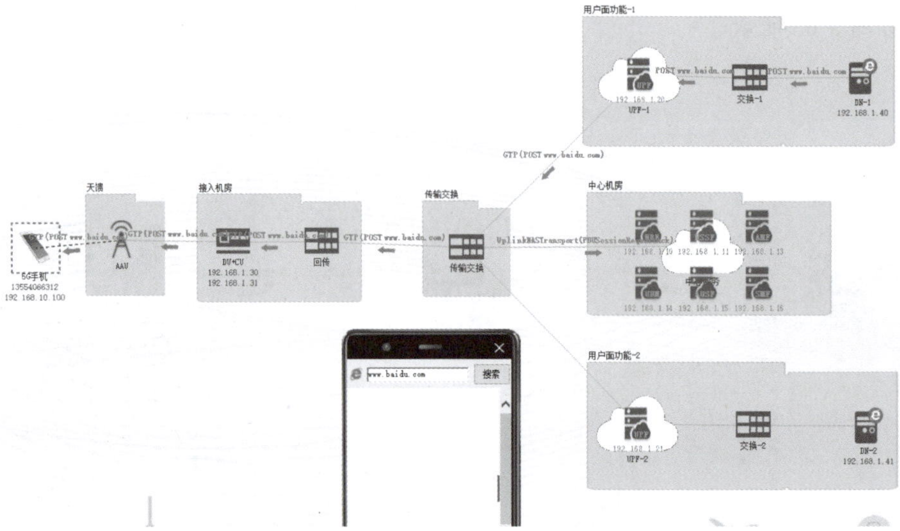

图 5-67　手机浏览网页的信令动画

（3）单击界面右上方" "按钮，出现消息流程界面，如图 5-68 所示。

至此，UE 的用户面业务流程分析完成。

补充分析说明：

根据前面的分析可知，UE 入网注册过程中，给网络回应初始化上下文建立响应（附带 RegistComplete 信息）后，网络根据 UE 的签约信息（如 DNN 参数）进行切片选择，若核心网元或用户写卡参数（如 DNN）等未配置或两端配置不一致，则网络将找不到正确的用户面资源去分配给 UE，从而导致后续会话创建不能继续，最终承载无法建立。

基于上述分析，也可以修改 UE 的网络侧签约数据，将 DNN 修改为与写卡数据的 DNN 一致，即 cmnet1，然后在 SMF 中将用户对应的 DNN 修改为 cmnet1，这样将用户面资源转换到另一个 UPF2，完成同一切片内不同的用户面资源的选择体验，如图 5-69 所示。

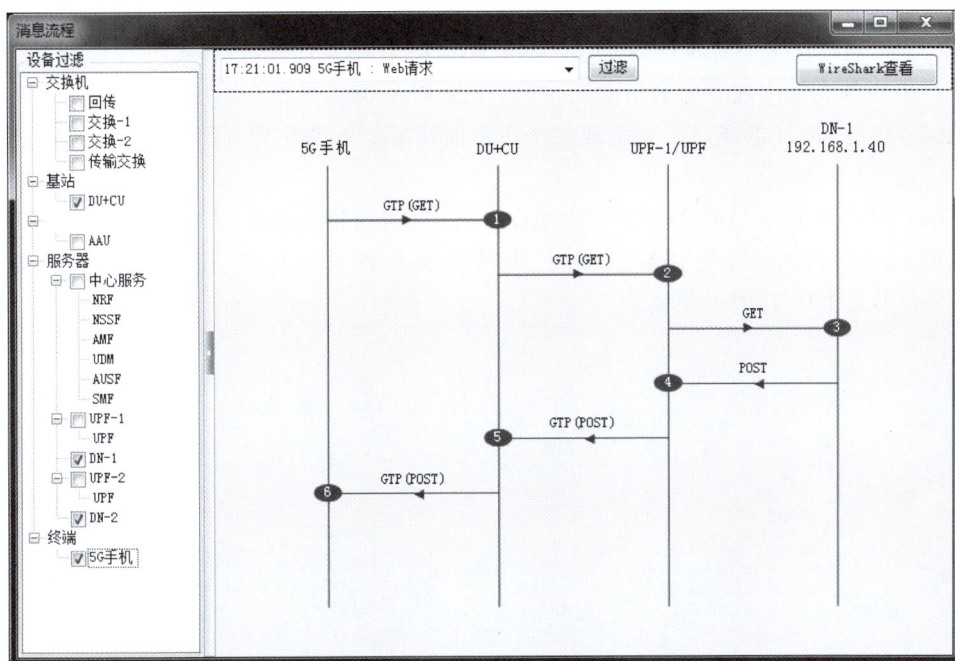

图 5-68　查看手机浏览网页的信令消息流程

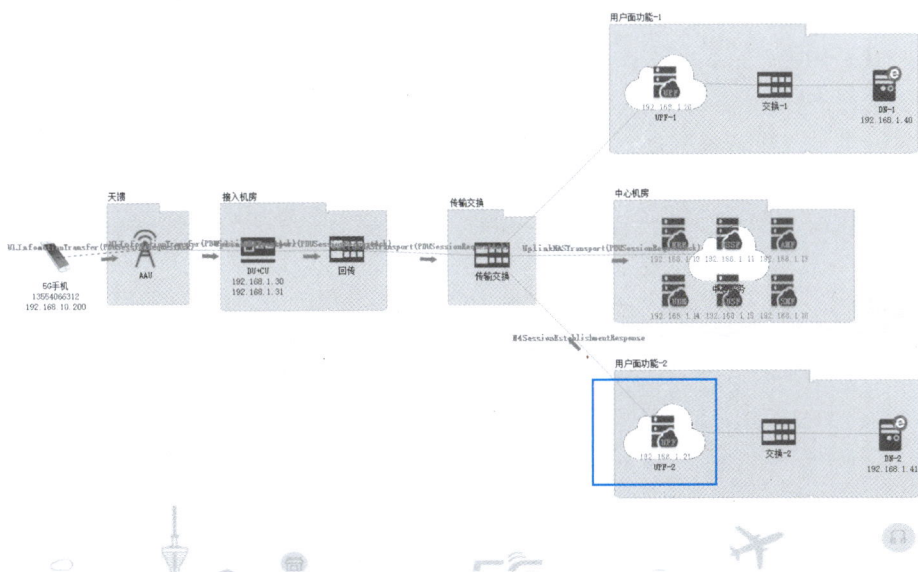

图 5-69　手机用户面资源与 UPF2 相通

这样,用户面业务完全修改为由 UPF2 来完成。

5.7.5　实验思考

（1）一个用户面功能 UPF 实体是否可以配置多个不同的 DNN 用于不同的应用

场景？

（2）某用户正常注册入网后，正在使用 Web 浏览业务查看新闻，突然传输交换机房和中心机房的光缆出现故障通信中断，该用户的 Web 浏览是否有影响？

（3）理解 DNN 的概念。要实现一个用户面业务的正常完成，需要在哪些网元/功能实体配置 DNN 数据？

（4）SMF 根据 AMF 提供的 UE 的 DNN 信息在创建会话管理上下文时向 NRF 进行 NFDiscovery，如何能找到哪个 UPF 为其提供业务承载服务（比如本例，为什么是 UPF2 而不是 UPF1，或者相反）？

下笔如有神

禁书少年

如果知识是通向未来的大门，
我们愿意为你打造一把打开这扇门的钥匙！

https://www.shuimushuhui.com/

图书详情 | 配套资源 | 课程视频 | 会议资讯 | 图书出版

清华大学出版社
TSINGHUA UNIVERSITY PRESS

May all your wishes
come true

读书破万卷

水木书签

May all your wishes
come true

第6章

5G空口资源配置与业务性能分析

第五代移动通信系统的无线侧资源主要分为时域资源和频域资源两大类。这些空口资源非常宝贵,因而在进行 5G 系统的空口资源配置设计过程中,一方面充分考虑 LTE 到 5G NR 的沿袭性,另一方面兼顾设备实现的更便利、更灵活的配置。

6.1 空口资源维度

在 5G NR 中,正交频分多址(Orthogonal Frequency Division Multiple Access, OFDMA)的无线资源可以看成由时域和频域资源组成的二维栅格,如图 6-1 所示。从时域上说,空口资源是包括多个 OFDM 符号周期的一段时间;从频域的角度说,无线资源是由多个子载波(SubCarrier,SC)组成的频率资源。

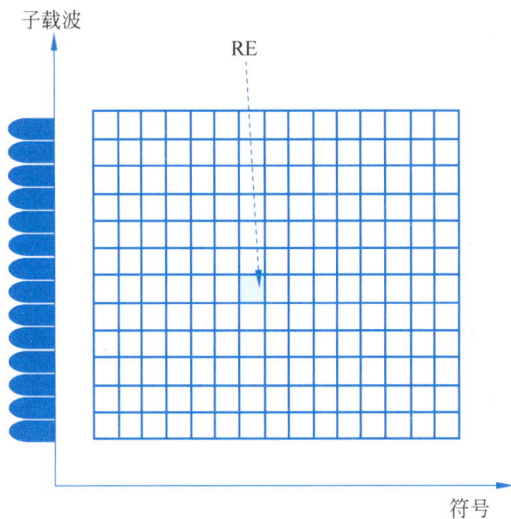

图 6-1　OFDMA 的时域频域资源二维栅格

将时域一个常规 OFDM 符号和频域一个子载波组成的资源,称为一个资源单位(Resource Element,RE)。RE 是物理层最小粒度的资源,每个用户占用其中的一个或者多个 RE 资源单位。

6.2 时域资源

实际网络中帧结构的配置需要考虑业务分布、网络干扰、时延和覆盖等多种情况。

6.2.1 帧结构

为了满足 eMBB、URLLC、mMTC 等应用场景的需求,5G 采用了类型更加多样的帧结构。从总体来说,5G 帧结构由固定结构和灵活结构两部分组成,如图 6-2 所示。

1. 固定的帧长度

5G NR 一个无线帧的长度固定为 10ms,由 10 个长度为 1ms 的子帧构成,如图 6-2 所示,子帧是频域上最小的调度单位。5 个子帧组成一个半帧,编号 0～4 的子帧和编号

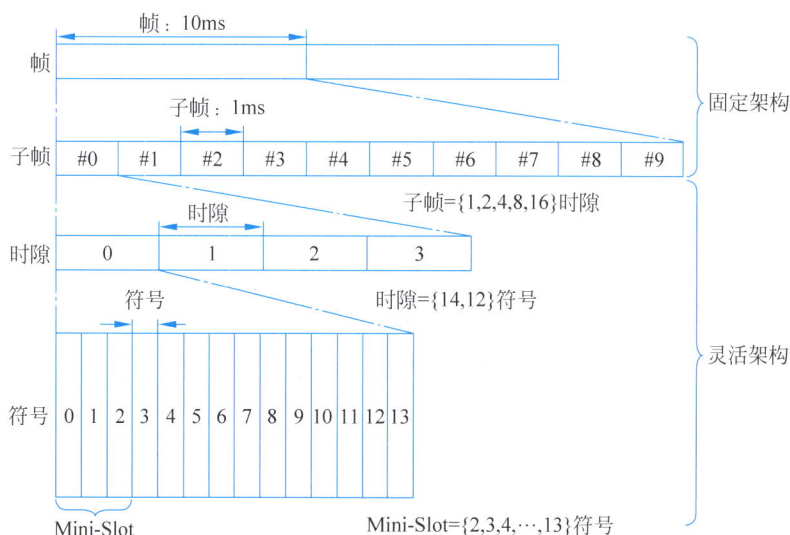

图 6-2　5G 帧结构

5~9 的子帧分别处于不同的半帧。5G 无线帧和子帧的定义、分布、长度与 LTE 系统一样,从而更好地保持 4G/5G 系统间的共存,利用 4G 和 5G 共同部署模式下时隙和帧结构同步,可以达到简化小区搜索和频率测量的目的。

2. 灵活的子载波间隔

相比于 LTE,5G 物理层帧结构最大的改变在于支持不同子载波间隔的 OFDM 系统。如表 6-1 所示,不同于 LTE 的固定 15kHz 子载波间隔和符号时间长度,根据 3GPP 中 TS 38.211,5G 支持多达五种不同的子载波间隔。所谓的灵活扩展,即 5G 子载波可为 $\Delta f = 2^{\mu} \times 15\text{kHz}$,$\mu$ 为整数。当 $\mu = 0$ 时,5G 向下兼容 LTE 的 15kHz 子载波间隔。

表 6-1　5G 支持的子载波间隔和循环前缀类型

μ	子载波间隔	循环前缀
0	15kHz	常规
1	30kHz	常规
2	60kHz	常规,扩展
3	120kHz	常规
4	240kHz	常规

但是并非所有的子载波间隔都支持扩展的循环前缀(Cyclic Prefix,CP),仅当子载波间隔为 60kHz 时,OFDM 系统支持扩展的 CP。NR 的基本帧结构以时隙(Slot)为基本颗粒度。每个子帧包含若干时隙。正常情况下,每个时隙包含 14 个 OFDM 符号,扩展 CP 情况下每个时隙包含 12 个 OFDM 符号。

随着子载波间隔变大,时隙长度也会变化,如图 6-3 所示。表 6-2 给出不同子载波间隔时,时隙长度以及每帧和每子帧包含时隙个数的关系。可以看出,每帧所包含的时隙是 10 的整数倍,随着子载波间隔加大,每帧、每子帧内的时隙数也增加。5G 定义灵活的子载波间隔、时隙和字符长度可以根据子载波灵活定义。

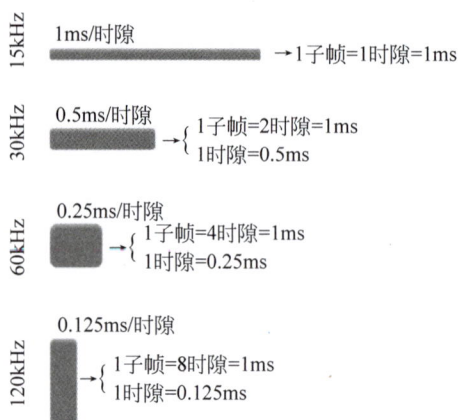

图 6-3　每个时隙的时长和子载波关系

表 6-2　5G 不同子载波间隔对应的帧结构参数

μ	Δf/kHz	符号数/时隙	时隙/帧	时隙/子帧	每个时隙的时长/ms
0	15	14	10	1	1
1	30	14	20	2	0.5
2	60	14	40	4	0.25
3	120	14	80	8	0.125
4	240	14	160	16	0.0625

可以看到,NR 帧结构既继承了 LTE 帧和子帧配置的固定架构,又采用了能够根据子载波间隔进行灵活配置的时隙及符号的架构。前者的设定,允许 NR 更好地保持与 LTE 之间的共存;后者的设定,使得 NR 具备适配不同场景需求的能力。

6.2.2　时间单位

T_s 是 LTE 中最基本的时间单位,它的值由下面定义给出:

$$T_s = \frac{1}{\Delta f_{\text{ref}} \cdot N_{\text{f,ref}}} \tag{6-1}$$

计算过程中,FFT 采样点数为

$$N_{\text{f,ref}} = 2048 \tag{6-2}$$

子载波间隔为

$$\Delta f_{\text{ref}} = 15 \times 10^3 \, \text{Hz} \tag{6-3}$$

为提供精确、一致的时间度量,5G NR 在兼容 T_s 下,定义了 5G 最小时间单位 T_c,它是 NR 系统中的最小采样时间周期。通常,NR 时域中各个域的大小均表示为若干 T_c,它的值由定义给出:

$$T_c = \frac{1}{\Delta f_{\text{max}} \cdot N_f} \tag{6-4}$$

其中,子载波间隔用最大的 $\Delta f_{\text{max}} = 480 \times 10^3 \, \text{Hz}$,意味着 NR 最大可支持 480kHz 的子载

波间隔。FFT 采样点数 $N_f = 4096$。表明 NR 最大 FFT 为 4096,同时也意味着在给定工作带宽下 NR 的最大子载波数目将不超过 4096。

参数 κ 是为了表征 T_s 和 T_c 之间的关系,κ 取值为

$$\kappa = \frac{T_s}{T_c} = 64 \tag{6-5}$$

6.2.3 灵活时隙配置

与 4G 相比,5G NR 中没有专门针对帧结构按照频分双工(Frequency Division Duplexing,FDD)或者时分双工(Time Division Duplexing,TDD)进行划分,而是按照更小的颗粒度 OFDM 符号级别进行上下行传输的划分,可以更为灵活地调度一个时隙内的 OFDM 符号类型。

1. 时隙结构

5G NR 每个时隙中的 OFDM 符号可分为下行符号(标记为 D)、上行符号(标记为 U)和灵活符号(标记为 X)三类。其中,灵活符号可以通过物理层信令配置为下行或上行符号,以灵活支持突发业务。也就是说,下行数据发送可以在下行符号和灵活符号进行,上行数据发送可以在上行符号和灵活符号进行。如图 6-4 所示,灵活符号包含上下行转换点,NR 支持每个时隙包含最多两个转换点。一个时隙可以是全上行、全下行、上下行混合、静态/半静态或动态调度。

Format	Symbol number in a slot													
---	0	1	2	3	4	5	6	7	8	9	10	11	12	13
0	D	D	D	D	D	D	D	D	D	D	D	D	D	D
1	U	U	U	U	U	U	U	U	U	U	U	U	U	U
2	X	X	X	X	X	X	X	X	X	X	X	X	X	X
3	D	D	D	D	D	D	D	D	D	D	D	D	D	X
4	D	D	D	D	D	D	D	D	D	D	D	D	X	X
5	D	D	D	D	D	D	D	D	D	D	D	X	X	X
6	D	D	D	D	D	D	D	D	D	D	X	X	X	X
7	D	D	D	D	D	D	D	D	D	X	X	X	X	X
8	X	X	X	X	X	X	X	X	X	X	X	X	X	U
9	X	X	X	X	X	X	X	X	X	X	X	X	U	U
10	X	U	U	U	U	U	U	U	U	U	U	U	U	U
11	X	X	U	U	U	U	U	U	U	U	U	U	U	U
...	...													
58	D	D	X	X	U	U	U	D	D	X	X	U	U	U
59	D	X	X	U	U	U	U	D	X	X	U	U	U	U
60	D	X	X	U	U	U	U	D	X	X	X	U	U	U
61	D	D	X	X	U	U	U	D	D	X	X	X	U	U
62-255	Reserved													

图 6-4　5G 灵活时隙配置

2. 时隙分类

根据一个时隙中用于上行符号、下行符号及灵活符号的 OFDM 符号数的不同,NR 中的时隙可配置为三种类型,图 6-5 展示了 NR 符号中的时隙结构,其中 Type 1 为下行时隙,Type 2 为上行时隙,Type 3 为灵活时隙。Type 3 又称为自包含时隙(Self-Contained Slot),其特点是同一时隙内包含 UL、DL 和 GP,分为以下两种自包含时隙:

(1)下行自包含时隙:由下行主导(DL-Dominant),包含 DL 数据、相应的混合自动

重传请求(Hybrid Automatic Repeat Request,HARQ)反馈及探测参考信号(Sounding Reference Signal,SRS)等上行控制信息。

(2) 上行自包含时隙:由上行主导(UL-Dominant),包含 UL 数据及对 UL 的调度信息,还有下行传输符号可用于下行控制信息的传输。

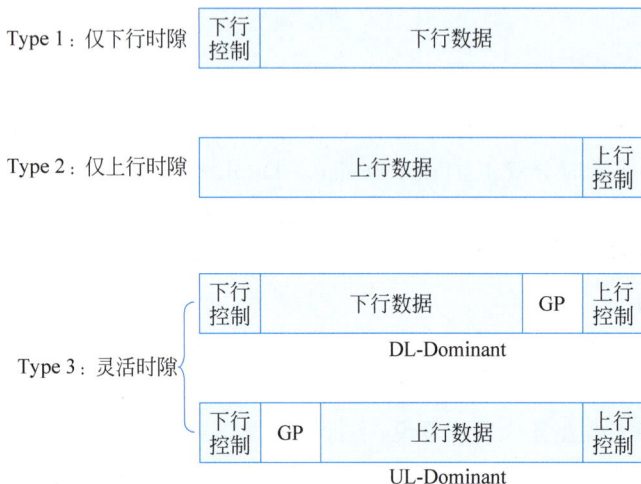

图 6-5　NR 符号中的时隙结构

引入自包含子帧是为了更快地下行反馈和上行调度,这样就降低了往返时延(Round-Trip Time,RTT)时延,并且可以迅速跟踪信道变化。同时,自包含子帧也有自身的一些问题,如保护间隔(Guard Period,GP)较小限制了小区的覆盖,对终端的硬件处理时延要求变高。

3. 上下行时隙配比

5G NR 提供更灵活的时隙配比。根据规范 TS 38.213,5G NR 支持多种时隙配比方案,主要包括以下两类配置。

(1) 动态的多层嵌套配置:包含四级时隙配比设置,如通过系统消息进行小区级半静态配置、RRC 消息进行特定用户类级配置、通过下行控制信息中的时隙格式指示进行用户组级配置和通过下行控制信息进行单用户级配置。

(2) 半静态的独立配置:采用命令方式进行小区级半静态配置,并通过系统消息通知 UE。小区级半静态配置支持单周期和双周期配置,以如图 6-6 所示的双周期配置为例说明。

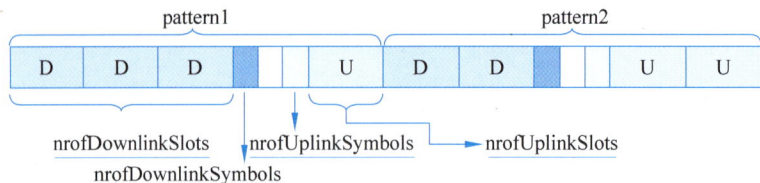

图 6-6　双周期上下行时隙配置示意图

如图 6-6 所示,pattern1 为配置的第一个周期,pattern2 为配置的第二个周期,5G 支持单周期和双周期配置。其中,nrofDownlinkSlots 表示全下行 slot 的数目,nrofUplinkSlots

表示全上行 slot 的数目,nrofDownlinkSymbols 表示全下行 slot 后面的下行符号数,nrofUplinkSymbols 表示全上行 slot 前面的上行符号数。

NR 帧结构配置不再沿用 LTE 阶段采用的固定帧结构方式,而是采用半静态无线资源控制(Radio Resource Control,RRC)配置和动态下行控制信息(Downlink Control Information,DCI)配置结合的方式进行灵活配置。这样设计的核心思想还是兼顾可靠性和灵活性。RRC 可以支持大规模组网的需要,易于网络规划和协调,并利于终端省电;DCI 考虑可以支持更动态的业务需求来提高网络利用率。但是,完全动态的配置容易引入上下行的交叉时隙干扰而导致网络性能的不稳定,也不利于终端省电,在实际网络使用中要比较谨慎。

4. 无线帧的调度周期

在通信系统中,自包含特性是指接收机解码一个基本数据单元时,无须借助其他基本数据单元自身就能够完成解码。对应在 5G 中,其自包含特性使解码一个时隙或一个波束内的数据时,所有的辅助解码信息,例如参考信号 SRS 和 HARQ ACK 消息均能够在本时隙或本波束内找到,而不需要依赖其他时隙或波束。

简单而言,通过自包含特性时隙来确定 5G 的调度周期,如图 6-7 所示。

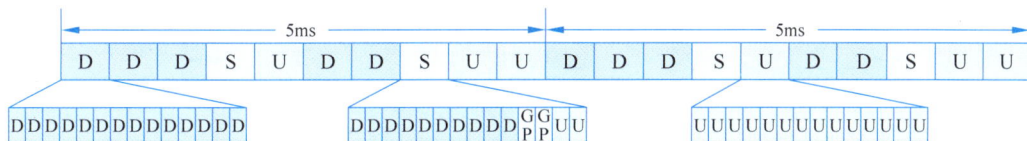

图 6-7 双周期的无线帧

这是一个双周期的无线帧,可以看到每 5ms 半帧包含两个特殊时隙,因此这个无线帧的调度周期为 2.5ms。

综上所述,在 5G 时域资源规划中,对于 6GHz 以下频段,采用 15kHz、30kHz、60kHz 三种子载波间隔配置。对于 6GHz 以上频段,主要采用 120kHz 和 240kHz 子载波间隔配置。采用更大的子载波间隔,符号长度也会缩短。根据目前标准规定,子载波间隔扩大 1 倍,符号长度基本缩短 1/2。在数据传输时延方面,大的载波间隔有更大的优势,对于 TDD 配置,这一优势更加突出。子载波间隔和 CP 长度及保护间隔也存在相互制约关系,子载波间隔越大,相应的这些开销也会增加。

6.3 频域资源

在频域,为满足多样带宽需求,NR 支持灵活可扩展的。这相应也决定了 NR 在频域资源上的物理量度是可变的。

6.3.1 信道带宽和保护带宽

为了满足从 LTE 频谱演进的需求,5G 仍然保留了 20MHz 以下的信道带宽,但是取消了 5MHz 以下的信道带宽。大带宽是 5G 的典型特征,同时,一个载波带宽可以支持多个信道带宽(Channel Bandwidth)。频率范围1(Frequency Range 1,FR1)、FR2 分别支持的信道带宽如表 6-3 所示。FR1 为中低频段,重点解决覆盖问题;FR2 为高频段,即毫米波,覆盖范围小,主要满足增强移动宽带等大容量业务需求。在不久的将来,5G 在高频段最大带宽有可能从 400MHz 升级到 800MHz。

表 6-3　5G 系统支持的信道带宽

所 在 频 段	支持的信道带宽
FR1(450~6000MHz)	5MHz、10MHz、15MHz、20MHz、25MHz、30MHz、40MHz、50MHz、60MHz、80MHz 和 100MHz
FR2(24.25~52.6GHz)	50MHz、100MHz、200MHz 和 400MHz 等

信道带宽由传输带宽和保护带宽组成(图 6-8),传输带宽用来传送业务数据和信令数据,保护带宽为了避免信道之间的互相干扰。

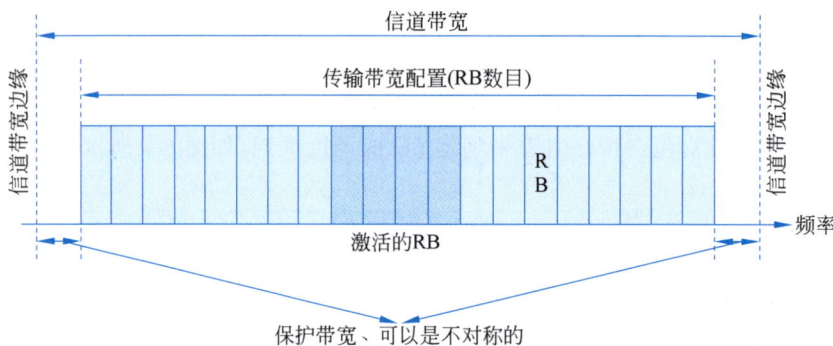

图 6-8　信道带宽组成

传输带宽两侧都需要有保护带宽,但两侧的保护带宽可以不一样。

传输带宽的大小是用资源块(Resource Block,RB)数目来配置的。由于 3GPP 对于最大 RB 数的约束,在 FR1 频段子载波带宽必须要在 30kHz 以上才能实现 100MHz 以上的带宽,FR2 频段子载波带宽必须要在 120kHz 才能实现 400MHz 的带宽。不同信道带宽所配置的 RB 数目不同。

相对于 LTE 的 10%保护带宽,5G NR 引入了 F-OFDM(Filtered-OFDM)技术,使保护带宽降低到 2%左右,所以信道频谱利用率有所提高。5G NR 的最大信道频谱利用率可达 98.28%。

6.3.2　频域资源单位

表 6-4 展示了 5G NR 和 LTE 频域资源基本单位对比。

表 6-4　5G NR 和 LTE 频域资源基本单位对比

	共 同 点	5G NR	LTE
RE	一个子载波和一个符号形成的资源单位。物理层资源的最小粒度	时频资源的大小是随着参数的不同而变化的	时频资源的大小是固定的
RE 调制方式	QPSK、16QAM、64QAM	256QAM	LTE 的 R13 版本以后支持 256QAM

	共 同 点	5G NR	LTE
RG	物理层资源组(Resource Grid),频率资源都是全部传输带宽内的子载波	时域为一个子帧,1ms	一个时隙,0.5ms
RB	数据信道资源分配频域基本调度单位频域上12个连续的子载波	无定义	7个符号
RBG	数据信道资源分配的基本调度单位	{2,4,8,16}个RB	1～4
PRB	物理资源块,频域上12个连续的子载波	时域上的1个OFDM符号	时域为2个时隙,1ms
REG	资源单元组,控制信道的基本组成单位频域上12个连续的子载波	时域上的1个OFDM符号	频域上连续的4个RE
CCE	控制信道资源分配的基本调度单位	1CCE=6REG=6PRB	1CCE=9REG=36个RE
CCE聚合等级	多个CCE可以聚合起来使用,形成更大的控制信道资源分配级别聚合等级:1,2,4,8	新增聚合等级16聚合等级5个	聚合等级只有4个

其中主要资源单位包括:

(1) 子载波(SC):频域上最小资源,SC资源可灵活配置。子载波间隔(Subcarrier Spacing,SCS)是OFDMA系统最基本的频率资源单位。FR1频段支持15kHz、30kHz及60kHz三种子载波间隔,FR2频段支持60kHz和120kHz两种子载波间隔。

(2) 资源块(RB):数据信道资源分配的频域基本调度单位。在5G NR中,一个RB为一个符号上的12个子载波带宽大小,是一个频域概念,没有定义时域。但与4G中一个RB的带宽固定为180kHz(15kHz×12)不同,5G NR中对于不同的子载波间隔,RB带宽资源的大小是不一样的,如图6-9所示。

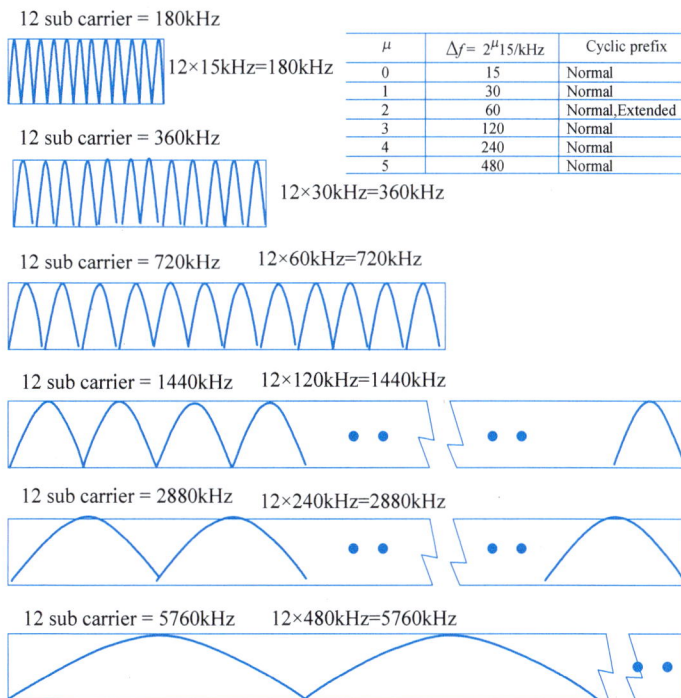

μ	$\Delta f = 2^{\mu}15/\text{kHz}$	Cyclic prefix
0	15	Normal
1	30	Normal
2	60	Normal,Extended
3	120	Normal
4	240	Normal
5	480	Normal

图6-9 不同子载波间隔下的RB资源带宽大小关系

例如,在 100MHz 带宽、30kHz 子载波间隔下,在一个载波中最大支持 275 个 RB,即 275×12＝3300 个子载波。具体计算如下(考量最小保护间隔后,最大可用 RB 数为 273):

$$最大 RB 数 = \frac{100\text{MHz}}{30\text{kHz} \times 12} = 275(最大支持数) \tag{6-6}$$

在频域,为满足多样带宽需求,NR 支持灵活可扩展的参数配置集(Numerology)。这相应也决定了 NR 在频域资源上的物理量度是可变的,如表 6-5 所示。

表 6-5　5G 物理资源块的最小数和最大数

μ	$N_{RB, DL}^{min, \mu}$	$N_{RB, DL}^{max, \mu}$	$N_{RB, UL}^{min, \mu}$	$N_{RB, UL}^{max, \mu}$
0	24	275	24	275
1	24	275	24	275
2	24	275	24	275
3	24	275	24	275
4	24	138	24	138
5	24	69	24	69

(3) 物理资源块(Physical RB,PRB):指部分带宽(Bandwidth Part,BWP)内的物理资源块。频域上 12 个子载波。

(4) 资源组(Resource Grid,RG):上下行分别定义(每个 Numerology 都有对应的 RG 定义)。一个 RG 在频域上为传输带宽内可用的 RB 资源个数 N_{RB},包含(RB 数×每 RB 的子载波数)个子载波,在时域上为 1 个子帧。

(5) 物理资源块集合(Resource Block Group,RBG):数据信道资源分配的基本调度单位,用于资源分配和降低控制信道开销,频域上其大小与 BWP 内 RB 数有关。根据 BWP 的大小可分为 2 个、4 个、8 个、16 个 RB。

(6) 资源单位组(Resource Element Group,REG):控制信道资源分配的基本组成单位,在时域上是 1 个 OFDM 符号,在频域上是 12 个子载波。1REG＝1PRB。

(7) 控制信道元素(Control Channel Element,CCE):控制信道资源分配基本调度单位。在频域上,1CCE＝6REG＝6PRB。5G CCE 聚合等级为{1,2,4,8,16},其中 16 相对于 4G 为新增聚合等级。也就是说用于 PDCCH 的资源数是可选的,对于远点的用户来说,CCE 个数多对应资源就多,数据传输的速率就低,解调性能会更好。

6.3.3　部分带宽技术

5G 基站支持多样化的信道带宽,最小 5MHz 带宽,最大 400MHz 带宽。然而,受用户终端(User Equipment,UE)的实际性能和成本所限,并非所有 UE 都有必要支持最大带宽 400MHz,主要原因包括:并不是所有业务都有必要占满整个 400MHz 带宽;大带宽需要高采样率,高采样率意味着高功耗,这无疑是对 UE 功率的浪费。

5G 系统提出了部分带宽技术,在整个大的载波内划出部分带宽给 UE 进行接入和数据传输,可以理解为 UE 的工作带宽。UE 只需在系统配置这部分带宽进行相应的操作,从而达到节能的效果。

从微观资源配置角度来看,将 BWP 定义为一个载波内一段连续的多个物理资源块的组合。PRB 为一种局部编号的资源块,它仅对 BWP 内的资源块进行编号。因此,一个 BWP 可以用这个带宽的起始位置和大小来描述,如图 6-10 所示。

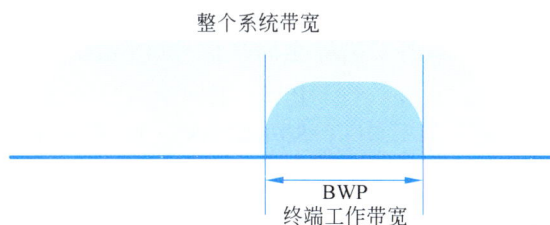

图 6-10　部分带宽

BWP 的带宽起始位置可以用相对于 Point A 的 RB 数目 N_{BWP}^{start} 来表示,BWP 的带宽大小用其所包含的 RB 数目 N_{BWP}^{size} 来表示。图 6-11 展示了 BWP 的带宽起始位置和大小。

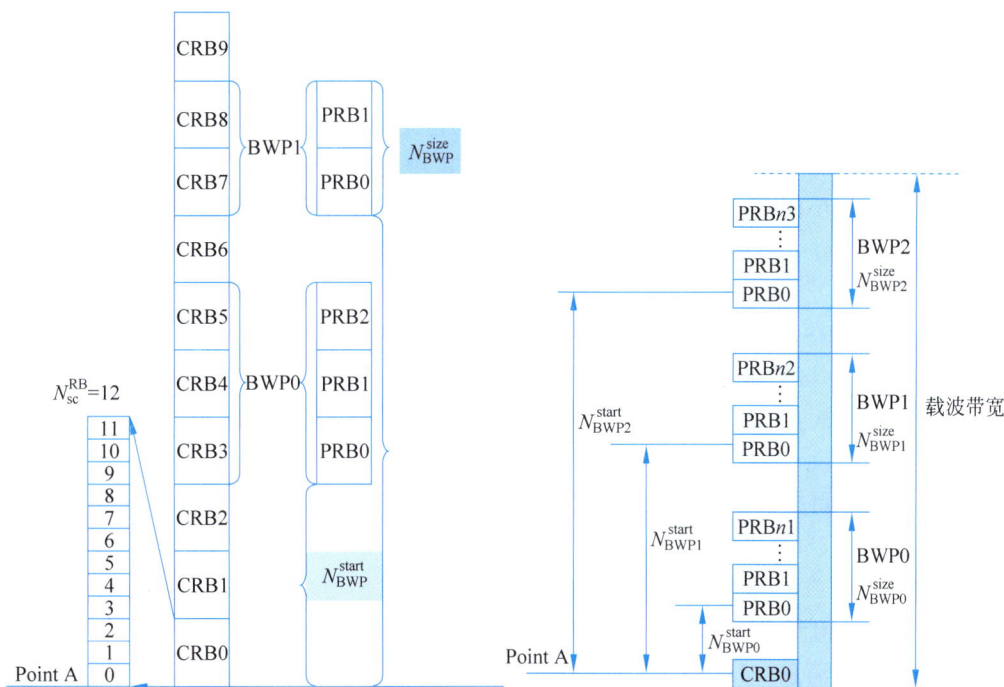

图 6-11　BWP 的带宽起始位置和大小

在 LTE 中 UE 的带宽跟系统带宽是一致的,在 5G NR 中 UE 的带宽可以动态变化。BWP 技术优势主要有以下方面:

(1) 不同 UE 可配置不同的 BWP。

(2) UE 的所有信道资源配置均在 BWP 内进行分配和调度。

(3) 利用带宽适应,UE 发送和接收带宽可以不和小区带宽一样大,并且可以调整。

(4) 带宽可以通过命令进行改变,如在 UE 待机状态时可以分配小的带宽以降低功耗。

(5) BWP 在频域的位置可以调整,如可以增加调度的灵活性。

(6) 子载波间隔可以通过命令改变,如可以允许不同的服务。

6.3.4　同步广播块与下行同步

5G 中的同步信号和广播信道块（Synchronization Signal and PBCH Block，SSB）由主同步信号（Primary Synchronization Signal，PSS）、辅同步信号（Secondary Synchronization Signal，SSS）以及物理广播信道（Physical Broadcast Channel，PBCH）组成，如图 6-12 所示。

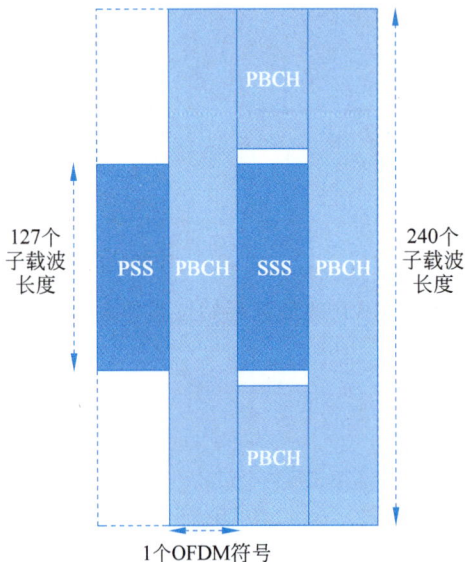

图 6-12　同步信号和广播信道块组成

一个 SSB 在时域上占 4 个 OFDM 符号长度，在频率上占 20 个 RB，即 240 个子载波。其中，PSS 和 SSS 分别使用同步广播块内的第 1 个和第 3 个 OFDM 符号。在频域上，PSS 和 SSS 占用同步广播块的中间 144 个 RE。PBCH 和其解调参考信号（Demodulation Reference Signal，DMRS）占用同步广播块的第 2、3、4 个 OFDM 符号，其中，第 2、4 个 OFDM 符号全部被 PBCH 占用。在 3 个 OFDM 符号上，PBCH 与 SSS 频分复用，占用同步广播块两边各 4 个 RB。注意，同步广播块内没有被 PSS、SSS、PBCH 及其 DMRS 使用的 RE 也不能用于传输其他信号或信道。

在 NR 中，小区搜索主要基于对下行同步信道及信号的检测来完成，具体过程如下：

（1）终端搜索主同步信号，完成 OFDM 符号边界同步、粗频率同步并获得小区标识 2（$N_{\mathrm{ID}}^{(2)}$）。

（2）在搜索到主同步信号之后，终端进一步检测辅同步信号，获得小区标识 1，即 $N_{\mathrm{ID}}^{(1)} \in \{0,1,\cdots,335\}$，并基于小区标识 1 和小区标识 2 计算得到物理小区标识，即 $N_{\mathrm{ID}}^{\mathrm{cell}} = 3N_{\mathrm{ID}}^{(1)} + N_{\mathrm{ID}}^{(2)}$。

（3）在成功检测主同步及辅同步信号之后，终端开始接收物理广播信道。物理广播信道承载主系统消息（Master Information Block，MIB），共 56bit。通过接收 MIB 消息，终端获得系统帧号以及半帧指示，从而完成无线帧定时以及半帧定时。同时，终端通过 MIB 消息中的同步广播块索引（SSB Index）以及当前频带所使用的同步广播块集合的图样确定当前同步信号所在的时隙以及符号，从而完成时隙定时。

（4）接收 PBCH 之后，终端即完成了小区搜索及下行同步过程。

6.4　无线传输新技术

近年来随着智能终端的迅速普及，新应用不断涌现，无线数据业务需求爆炸式增长，频谱资源短缺和频谱效率提升成为亟待解决的严重问题。为了满足移动通信对高数据速率的需求，5G 系统一方面将拓展高频段频谱资源，另一方面通过引入新技术进一步提高频谱效率和能量效率。

6.4.1 大规模多天线

多输入多输出技术(Multiple Input Multiple Output,MIMO)是指在发送端和接收端分别使用多个发射天线和接收天线,使信号通过发射端和接收端的多个天线进行发射和接收,进而改善通信质量,能够充分利用空间资源,在不增加频谱资源和天线发射功率的情况下,成倍提高系统通信容量。MIMO 技术能够显著提升数据传输速率和传输可靠性,在 4G 系统中得到了广泛应用,也成为 5G 系统不可或缺的关键技术之一。不同的是,4G 中的 MIMO 最多有 8 副天线,而 5G 中实现 16/32/64/128 副甚至更大规模天线,5G 基站端使用的天线可以达到几十副,甚至数百副,超过了小区内激活终端数目,因此称为"大规模 MIMO"(Massive MIMO),也称为 Large-scale MIMO,如图 6-13 所示。

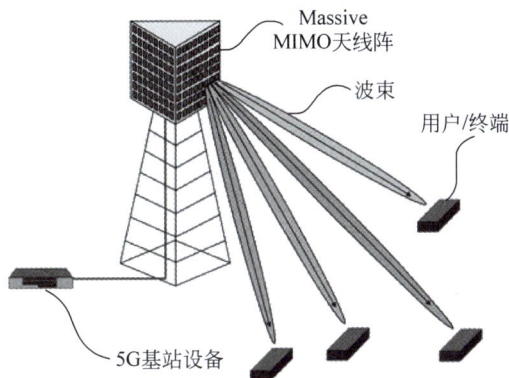

图 6-13　典型的 Massive MIMO 系统

Massive MIMO 作为 5G 的关键技术之一,可在有限的时间和频率资源上进一步提升 MIMO 技术的性能,主要包括:

(1)高增益。高复用增益和分集增益使系统提供更高的数据速率和链路可靠性。

(2)高空间分辨率。基站天线阵列形成的波束可以变得非常窄,具有极高的方向选择性和波束赋形增益。采用适当的天线阵列结构,可实现 3D 波束赋形,大幅提高频谱利用率、网络容量和覆盖范围。

(3)信道渐进正交性。由窄波束提供的高空间分辨率,可以有效地消除邻近用户间干扰,使不同用户之间的信道向量呈现渐进正交特性。

(4)信道硬化(Channel Hardening)。由于基站天线非常多,信道小尺度衰落效果被平均化,MIMO 信道矩阵呈现硬化特性,显著降低了信号处理复杂度。

(5)高能量效率。基站将能量聚焦到用户所在的方向上,实现非常高的天线阵列增益,辐射功率可以降低一个数量级,甚至更多。

Massive MIMO 的信号处理相当复杂。例如,对于如图 6-14 所示的混合预编码多用户毫米波 Massive MIMO 系统,除了基带的傅里叶快速变换(FFT)、串/并变换、添加循环前缀、增加保护子载波、添加导频、资源块映射、数字预编码(Digital Precoding)外,其射频链(RF Chains)还包括大规模的数/模变换、滤波、模拟预编码(Analog Precoding)等步骤。

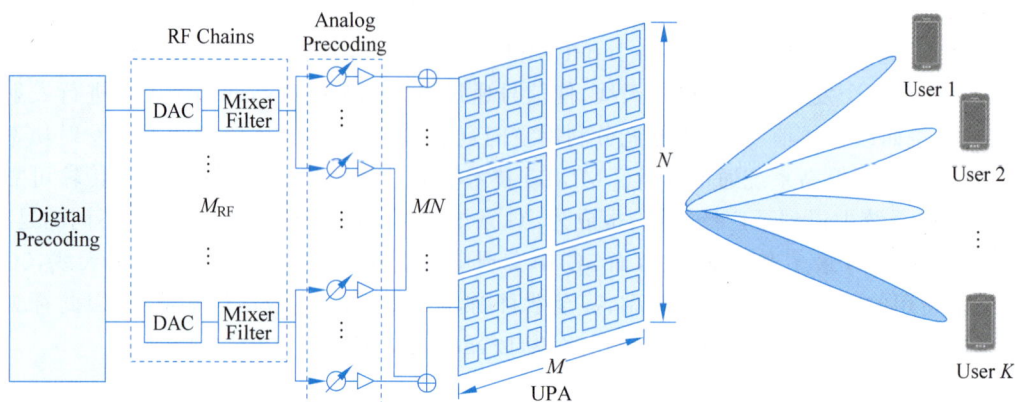

图 6-14　Massive MIMO 简化系统模型

6.4.2　波束赋形

波束赋形(Beam forming)又称为波束成型或空域滤波,它是一种使用传感器阵列定向发送和接收信号的信号处理技术。波束赋形技术通过调整相位阵列的基本单元的参数,使得某些角度的信号获得相长干涉,而另一些角度的信号获得相消干涉,从而产生波束。为了获得更加集中的信号,两副天线对往往是不够的,如图 6-15 所示,天线数量越多,电磁波传播方向越集中,实现电磁波单方向传播,在 5G 中通常会使用多天线矩阵。

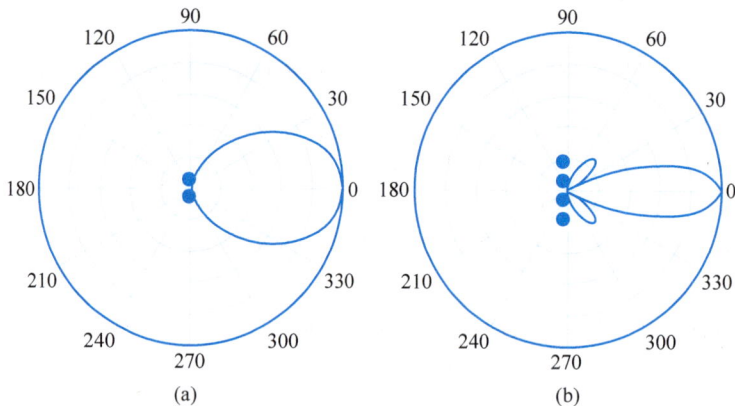

图 6-15　波束赋形

对于基站来说,如果天线的信号全向发射,基站周围的手机就只能收到有限的信号,大部分能量都会浪费掉。如果能通过波束赋形把信号聚焦成几个波束,专门指向各个手机发射,承载信号的电磁能量就能传播得更远,而且手机收到的信号也就会更强。5G 频段更高,尤其是毫米波频段,覆盖范围更小,为了增强 5G 覆盖,波束赋形得到广泛应用。

6.5 业务分析案例1：5G网络逻辑架构对时延的影响测试分析 ◆➤

6.5.1 实验介绍

1. 实验目的

本实验属于探究性实验,了解不同的网络架构对传输时延的影响,了解手机入网的流程,掌握用户面功能UPF网元在整个5G网络中的功能作用。

2. 实验内容

通过案例库中的案例来对比了解不同网络架构对手机网络时延的影响。通过两个手机接入不同的网络中进行上网测试,统计仿真软件中时延参数指标,来体验感受时延的变化和影响因素。

6.5.2 实验原理

5G网络的三大场景中,eMBB是日常使用感知最明显的,从技术角度上看也是比较容易实现的,有很多方法和思路去执行。但是,对于如何有效地实现低时延,目前还没有比较高效的方法。ITU的IMT-2020推进组等国内外5G研究组织机构均对5G提出了毫秒级的端到端时延要求,理想情况下端到端时延为1ms,典型端到端时延为5～10ms。目前使用的4G网络,端到端理想时延约为10ms,LTE的端到端典型时延为50～100ms,这意味着5G将端到端时延缩短为4G的1/10。为什么需要低时延呢? 低时延的主要服务对象是垂直行业,而不是普通民众。典型的例子,如车联网行业中,自动行驶的汽车以100km/h匀速行驶,前方突然窜出来一个小孩需要紧急刹车,在4G网络的平均50ms的时延下,汽车从发现行人上报后台、汽车收到后台监控管理系统发出指令要汽车开始制动这整个来回交互过程中,用时100ms,汽车前进2.78m;如果在5G网络下,按照单程平均5ms时延计算,汽车只会前进0.278m。

5G中端到端的时延是指数据包从离开源节点的应用层时起直到抵达并被目的节点的应用层成功接收经历的时间。根据业务模型不同,端到端时延还可分为单程时延和回程时延,其中回程时延还需加上发射端正确接收到应答数据包所需的时延。根据5G网络组网结构,时延的产生和累加主要由空口时延、传输时延、核心网处理时延和PDN外部时延组成。仅靠单独优化某一局部的时延都无法满足1ms的极致时延要求,因此5G超低时延的实现需要一系列有机结合的技术。

5G网络中现有的降低时延的方法有新型帧结构、终端直接通信、核心网功能下沉、移动边缘计算(MEC)等。在本实验中,将通过设计不同的网络架构来探究时延的变化,主要体现在DU、CU分离与合设的对比、UPF用户名功能下沉的影响。

6.5.3 实验案例描述

使用平台提供的案例库,进入【5G业务场景】板块,选择"5G网络架构对时延的影响"案例,并单击【应用案例】,将本实验案例加载至软件中。

1. 案例说明

假如你是一名5G通信工程设计单位人员,现在正在做5G时延的影响因素分析项目。第一个课题为5G网络架构对时延的影响。你的同事设计了如图6-16所示的网络拓扑,两部5G手机分别接入不同的5G网络中,来分析5G的时延。这个课题移交给你,在仿真软件中,对该案例进行分析,了解时延的影响因素和网络架构的关系。

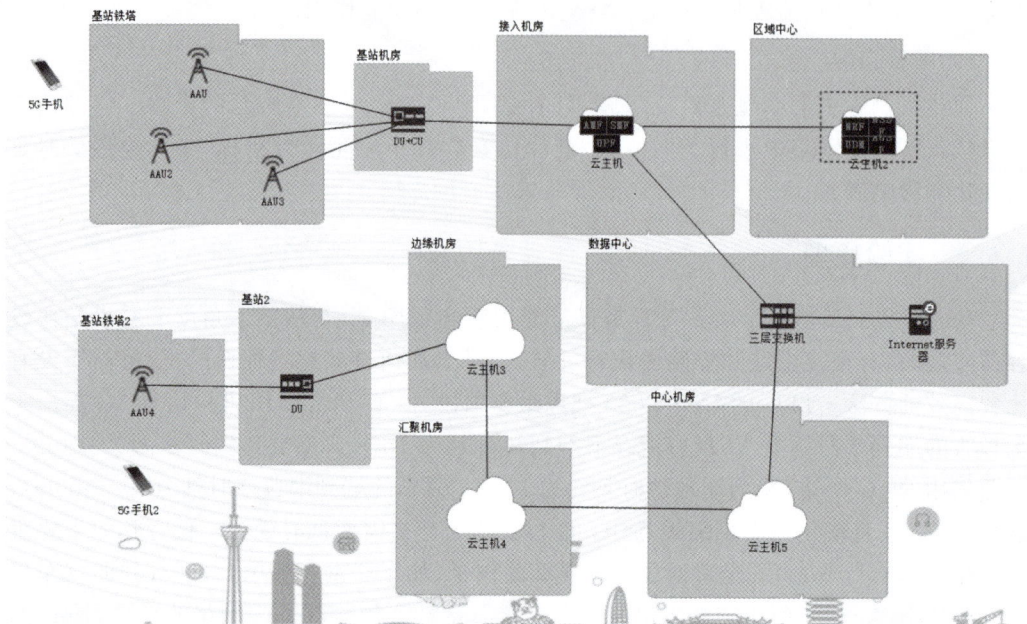

图6-16 5G网络逻辑架构对时延影响测试实验的网络拓扑图

2. 案例任务

(1) 分别使用两部手机对Internet服务器发起ping测试,将5次的时延数据记录在表格中。

(2) 分析5G网络架构对时延的影响因素。

6.5.4 实验步骤

(1) 打开"实验案例库",选择"5G网络架构对时延的影响"案例加载应用至软件中。

(2) 进入【网络开通与验证】板块。此案例已经完成手机入网和用户面上网的配置,直接进入【网络开通与验证】板块。仔细观察此拓扑图,了解组网结构。可以观察到两部手机接入两套不同的5G网络中,然后又共用了一个数据中心上网。其中,第一套网络组网较为紧密,第二套采用DU、CU分离架构,且UPF网元部署在离基站最远的云主机上。

(3) 右击空白处,将设备全部开机,等待手机完成入网之后,手机会获取到分配的地址,表面手机准备好了可以上网,如图6-17所示。

(4) 右击空白处选择菜单"显示时延",打开时延显示开关,如图6-18所示。

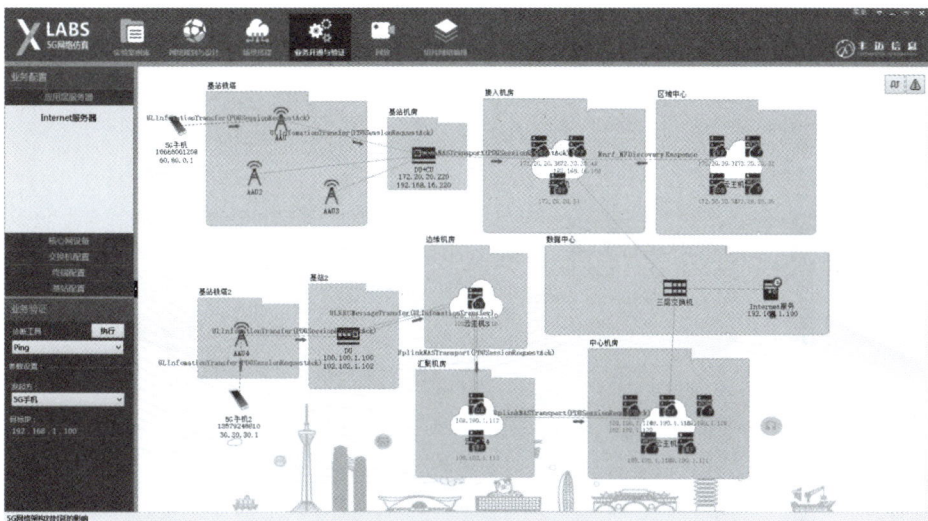

图 6-17　设备全部开机

　　然后使用界面左下角的诊断工具,分别进行两部手机到 Internet 服务器的 ping 测试,可以看到 ping 的时延如图 6-19 所示,可以进行多次 ping 测试,统计对比两部手机的时延可以看出手机 1 的平均时延均低于手机 2。

　　除了在【业务开通与验证】板块看到时延之外,更多的参数可以在【场景搭建】板块中查看到,在发起 ping 测试之后,如图 6-20 所示,切换进入场景搭建中的机房分布图,可以看到手机的各项指标参数。在这里也能看到手机 2 的时延会比手机 1 长。

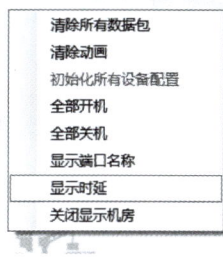

图 6-18　显示时延

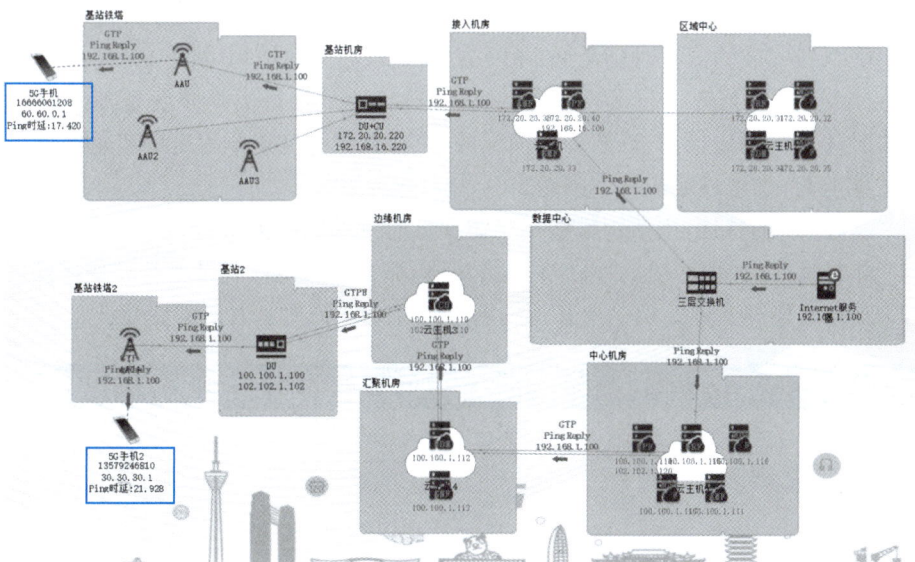

图 6-19　对比时延

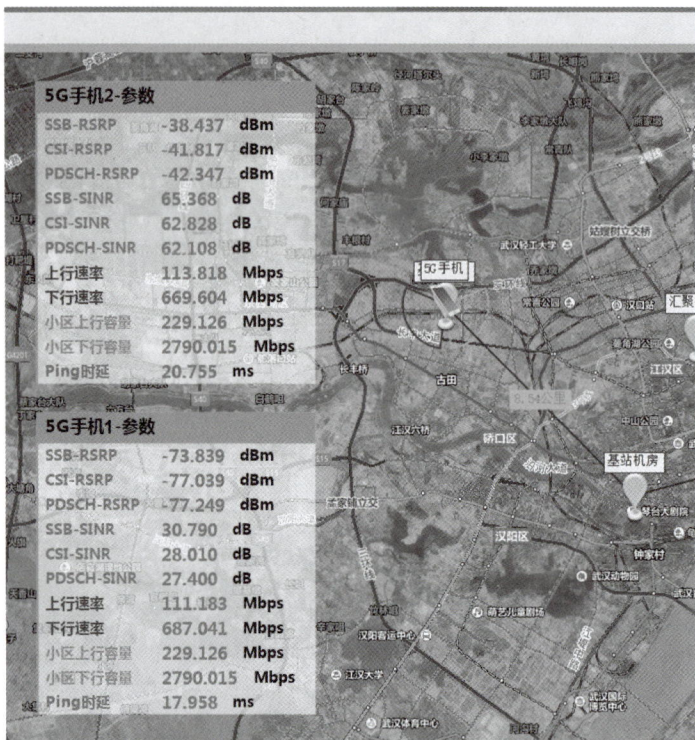

图6-20   在机房分布图中查看手机的各项指标参数

6.5.5   实验总结

本实验通过两套不同的5G网络架构,对比手机用户面一次完整的收发数据过程所需要时间,通过分析可以发现不同网络架构对时延的确存在影响。一方面是基站的组网方式,采用DU+CU的部署时延会低;另一方面是核心网的结构,将UPF用户面功能网元部署在AMF这类网元一起,越靠近基站就能越快速地进行数据转发处理。读者还可以自己设计不同的网络架构,以及不同网元的组合,深入探究影响时延的其他因素。

完成实验后,思考或完成以下问题:

(1) 结合5G的特性,生活中哪些场景需要低时延的网络需求?

(2) 如果将传输网络一起纳入5G网络整体,那么在满足低时延上有哪些好的设计?

(3) 在此案例的基础上换一个其他的网络切片来验证比对时延的变化。

6.6   业务分析案例2:5G帧结构配置对时延的影响测试分析实验

视频

6.6.1   实验介绍

1. 实验目的

本实验属于探究性实验,通过在一个系统内配置业务信道下的子载波间隔,在不同转换周期下运行时延对比,从而了解 NR 的子载波和转换周期相关概念,加深对 5G 帧结构的理解。

2. 实验内容

在实验中已经搭建和配置好一个完整的 5G 网络,按照实验要求对 5G 网络无线帧进行调整,分别进行基站天线 MIMO 以及手机天线 MIMO 设定,了解 5G 网络中从配置角度,哪些参数会影响用户的业务速率。

6.6.2 实验案例描述

使用平台提供的案例库,进入【5G 业务场景】板块,选择"NR 帧结构对时延影响"案例,并单击【应用案例】,将本实验案例加载至软件中。

1. 案例说明

某运营商在网络搭建和配置后,为了准备后期大规模基站部署积累经验,需要提前进行不同配置下的时延分析,后期生成时延优化的经验数据,可以方便不同场景进行快捷配置。

2. 案例任务

打开软件,加载指定案例,所有设备开机后,UE 进行业务测量其时延,再不断改变上下行传输周期进行时延对比,然后开启双周期设置不同的调度周期,观察不同的时延变化。从帧结构的角度分析,哪些因素会对时延产生影响,如图 6-21 所示。

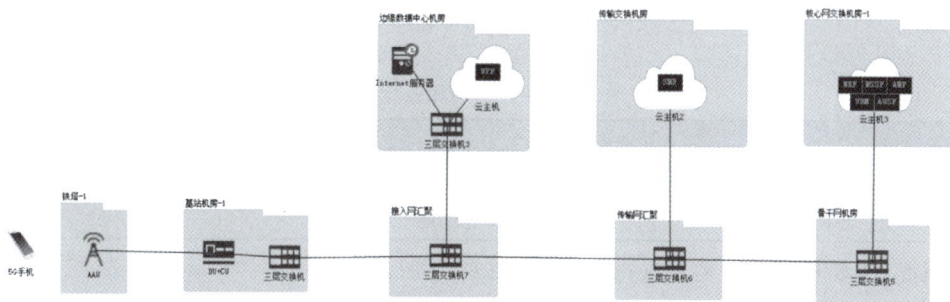

图 6-21   帧结构实验的网络拓扑

6.6.3 实验步骤

1. 完成帧结构的调整

本案例中,5G 网络功能均只有一套,并不涉及不同切片带来的时延影响。本实验只讨论 NR 帧结构对时延的影响。步骤如下:

(1)配置业务信道配置。

第 1 步,进入【小区规划参数】界面。

找到 DU+CU 设备,双击进入【DU+CU 配置】界面,然后进入【小区配置】界面,再单击【小区规划参数】界面,如图 6-22 所示。

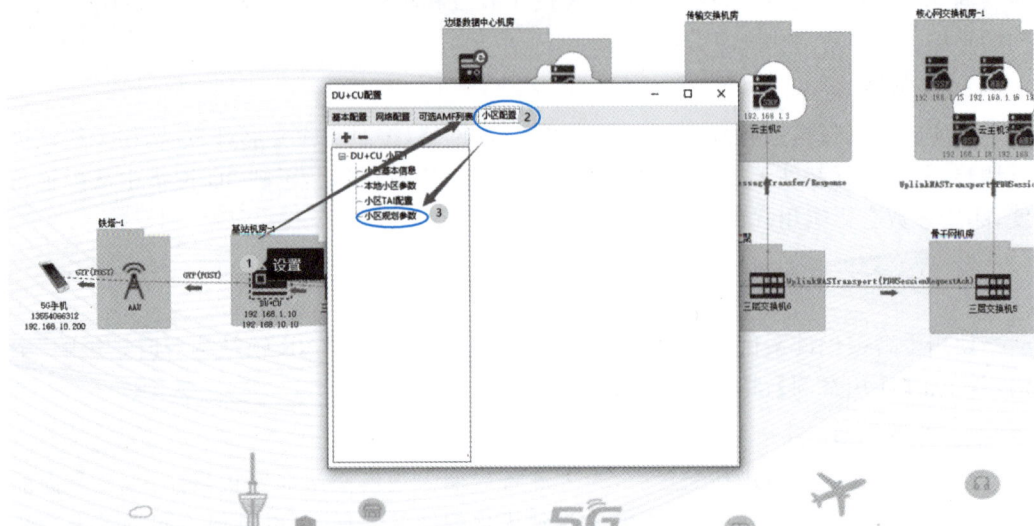

图 6-22　进入【小区规划参数】界面

第 2 步,进行业务信道相关配置。

NR 支持不同的子载波间隔(SCS),但是并不意味着所有频段都可以配置所有的子载波间隔。

根据 R15 的规定,15/30/60kHz 子载波间隔适用于 FR1 频段,其信道带宽最高可达100MHz,60/120kHz 子载波间隔适用于 FR2 频段,相应的最大信道带宽可达 400MHz,如表 6-6 所示。

表 6-6　业务信道相关配置

频 率 范 围	对应频段/MHz	可选子载波间隔/kHz
FR1	450~6000	15/30/60
FR2	24250~52600	60/120

因此,需要根据配置需求进行配置,如图 6-23 所示。

(2) 配置业务信道上下行配比。

在本章中先了解基于业务信道的上下行配置的上下行转换周期配置,如图 6-24 所示。需要注意的是上转换周期越大,无论是对网络设备还是对手机而言设计即实现难度会降低。另外,系统暂时不支持双周期调度,只需要配置单个周期,即 pattern1。

2. 完成终端时延的查看

(1) 右击空白处,将设备全部开机,等待手机完成入网之后,手机会获取到分配的地址,表面手机准备好可以上网。

(2) 右击空白处,选择菜单"显示时延",打开时延显示开关,如图 6-18 所示。

(3) 使用左下角的诊断工具,手机到 Internet 服务器的 ping 测试,可以看到 ping 的时延如图 6-25 所示,可以进行多次 ping 测试结果。

(4) 除了在【业务开通与验证】板块看到时延之外,更多的参数可以在【场景搭建】板

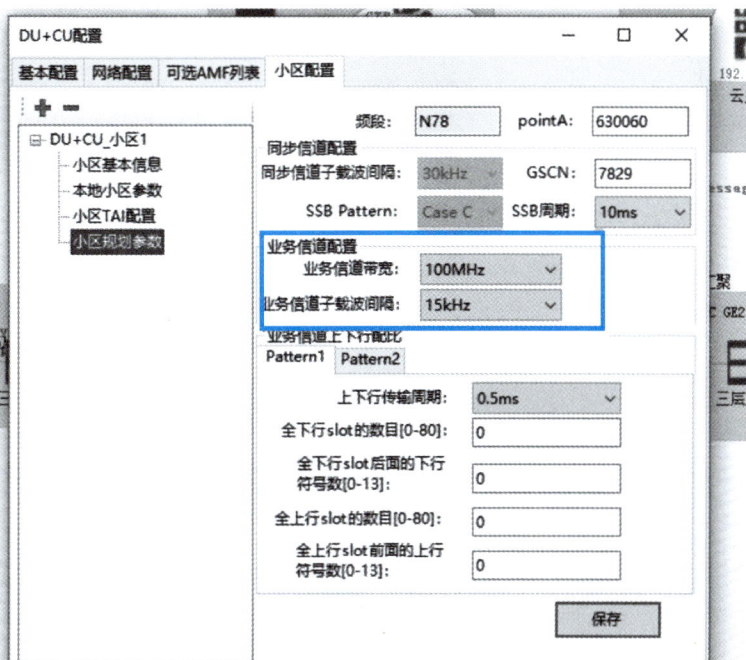

图 6-23　业务信道配置参数

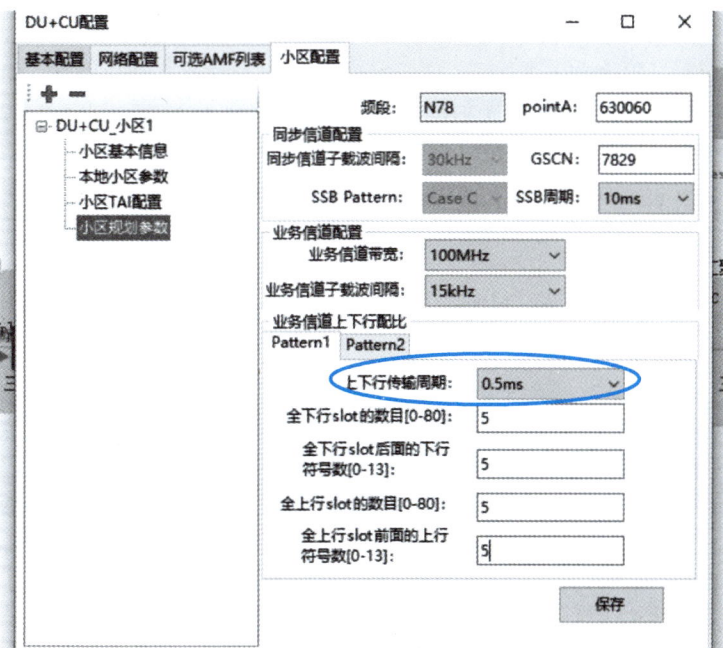

图 6-24　上下行传输周期配置

块中查看,在发起 ping 测试之后,切换进入场景搭建中的机房分布图,也可以看到 ping 时延,如图 6-26 所示。

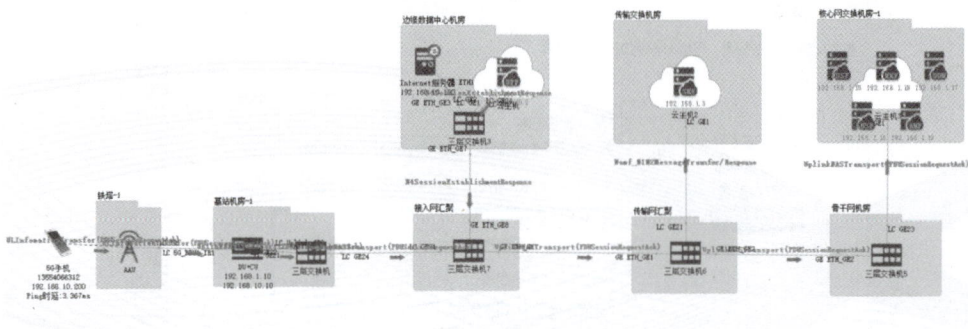

图 6-25　查看 ping 时延

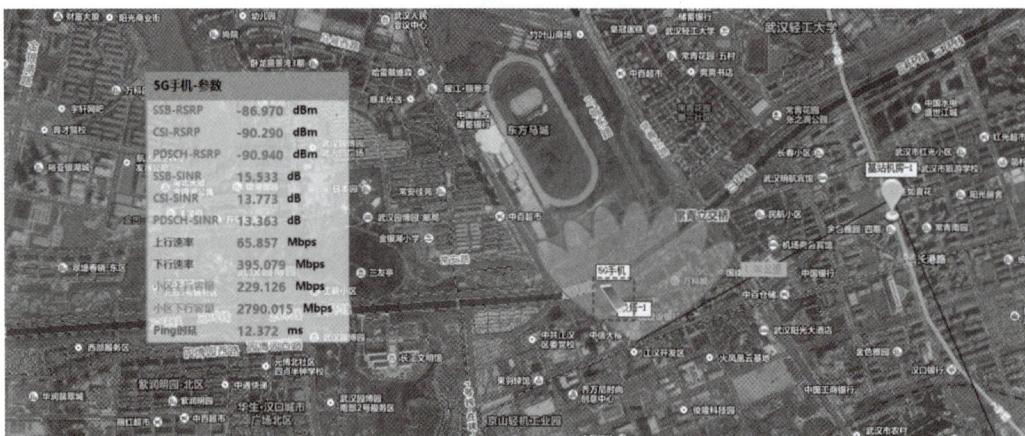

图 6-26　在机房分布图中查看 ping 时延

3. 完成对比分析表格

分别进行如表 6-7 所示的各组时延测试,完成时延表格内的数据。完成表格对比之后,描述从帧结构的角度来讲,时延和哪些方面有关系?

表 6-7　不同子载波间隔和上下行转换周期下的 ping 时延

ping 时延		上下行转换周期					
		10ms	5ms	2ms	1ms	0.5ms	0.25ms
子载波间隔	15kHz						
	30kHz						
	60kHz						

6.6.4　实验总结

完成本实验后,思考以下问题:

(1) 对 DU 和 CU 配置分离的设备,在哪里进行无线网络配置?

（2）最低时延配置的特点是什么？

（3）如果需要实现最大下行和最大上行配置，采用哪种配置比较好？

6.7 业务分析案例3：5G速率测试与影响因子分析实验

6.7.1 实验介绍

1．实验目的

通过配置终端以及基站 Massive MIMO（大规模多天线）层数，构建不同的业务信道，完成不同配置下终端业务速率的分析；通过速率对比了解 MIMO 的基本概念，理解5G 网络中，对终端业务速率的影响，掌握 5G 帧结构相关知识。

2．实验内容

在实验中已经搭建和配置好一个完整的 5G 网络，在手机不移动的情况下，考虑在定点进行网络测试。分别进行带宽设置、上行 slot 配置、下行 slot 配置、全下行 slot 符号配置、全上行 slot 符号配置。完成之后进行分析对比，了解不同配置下的下行速率和上行速率，从而达到对 5G 系统的认知和对业务速率优化认知的目的。

6.7.2 实验案例描述

使用平台提供的案例库，进入【5G 业务场景】板块，选择"5G 速率测试与影响因子分析"案例，并单击【应用案例】，将本实验案例加载至软件中。

1．案例描述

速率优化是一个非常重要的优化内容。搭建的实验网络如图 6-27 所示。需要做专项测试，利用测试手机观察上传和下载速率。可以通过调整基站和手机的各项参数进行速率优化测试，在仿真软件中对该案例进行分析，在 5G 网络中抛开无线环境的影响，哪些参数可以改变基站的业务速率。

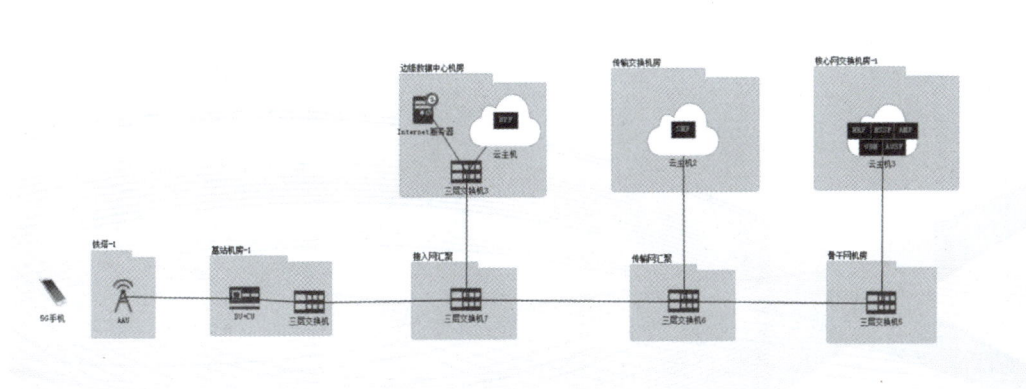

图 6-27　速率测试与影响因子分析实验的网络拓扑图

2. 案例任务

(1) 分别设置手机和基站不同 MIMO 支持，对比分析业务速率整体变化。

(2) 分别设置不同带宽的网络配置，对比分析业务速率整体变化。

(3) 分别设置不同帧结构对网络进行配置，对比分析上、下行速率变化。

6.7.3 实验步骤

(1) 打开"实验案例库"，选择"5G 速率测试与影响因子分析"案例加载应用至软件中。

(2) 此案例已经完成手机入网和用户面上网的配置，直接进入【网络开通与验证】板块。仔细观察此拓扑图，了解组网结构，可以看到这是一个非常简单的 5G 网络场景，只有一个终端，网络连接配置基本完成。

(3) 右击空白处，将设备全部开机，如图 6-28 所示，等待手机完成入网之后，手机会获取到分配的地址，表面手机准备好可以上网。

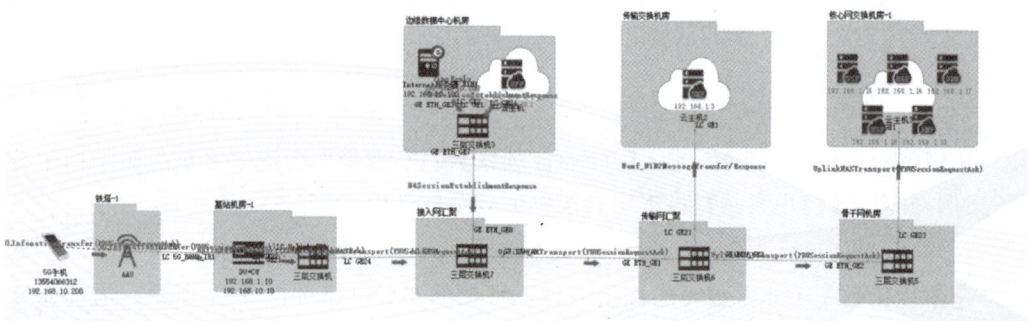

图 6-28　实验网络拓扑

(4) 业务速率参数可以在【场景搭建】板块中查看到，如图 6-29 所示，切换进入场景搭建中的机房分布图，可以看到手机的上行速率和下载速率参数。

图 6-29　在机房分布图查看手机的上行速率和下载速率

6.7.4　实验思考

（1）按照要求完成实验，并完成如下表格中的测试数据记录：

① 在不调整其他参数情况下，修改 AAU 类型的下行 MIMO 层数和上行 MIMO 层数，对比业务速率，如表 6-8 所示。

表 6-8　不同 MIMO 层数下的业务速率对比

AAU 类型		测 试 结 果	
下行 MIMO 层数	上行 MIMO 层数	下行速率（Mb/s）	上行速率（Mb/s）
16	4		
16	2		
8	4		
8	2		
4	4		
4	2		

② 在不修改其他参数下，调整系统带宽，然后对比业务速率，如表 6-9 所示。

表 6-9　不同系统带宽下的业务速率对比

业务信道带宽/MHz	测 试 结 果	
	下行速率（Mb/s）	上行速率（Mb/s）
100		
60		
40		
20		
10		
5		

③ 设置系统带宽为 100MHz，子载波间隔为 10ms，上下行转换周期为 10ms 情况下，调整帧结构配比，然后对比业务速率，如表 6-10 所示。

表 6-10　不同帧结构配比下的业务速率对比

全下行 slot 的数量	全下行 slot 后的下行符号数量	全上行 slot 的数量	全上行 slot 前的上行符号数量	下行速率（Mb/s）	上行速率（Mb/s）
8	6	1	6		
5	6	4	6		
1	6	8	6		
5	12	4	1		
5	6	4	6		
5	1	4	12		

（2）从基站和手机设置的角度而言，哪些参数会影响基站的业务速率？

（3）用仿真软件完成模拟：什么配置下，100MHz 的带宽下行速率最高，说明优化修改方案。

第 7 章

5G网络切片与行业应用专网

7.1 5G 网络切片与应用场景

7.1.1 网络切片概念

网络切片是一种新型网络架构,它是在同一个共享的网络基础设施上提供多个虚拟逻辑网络,每个逻辑网络服务于特定的业务类型或者行业用户。每个网络切片都可以灵活定义自己的逻辑拓扑、服务水平协议(Service Level Agreement,SLA)需求、可靠性和安全等级,如图 7-1 所示,以满足各种应用场景中不同业务、行业或用户的差异化需求,如时延、带宽、安全性和可靠性等。运营商通过网络切片可以降低建设多张专网的成本,而且可根据业务需求提供高度灵活的按需调配的网络服务,从而提升运营商的网络价值和变现能力,并助力各行各业的数字化转型。网络切片不只是应用于 5G,传统网络也需要网络切片支持业务。

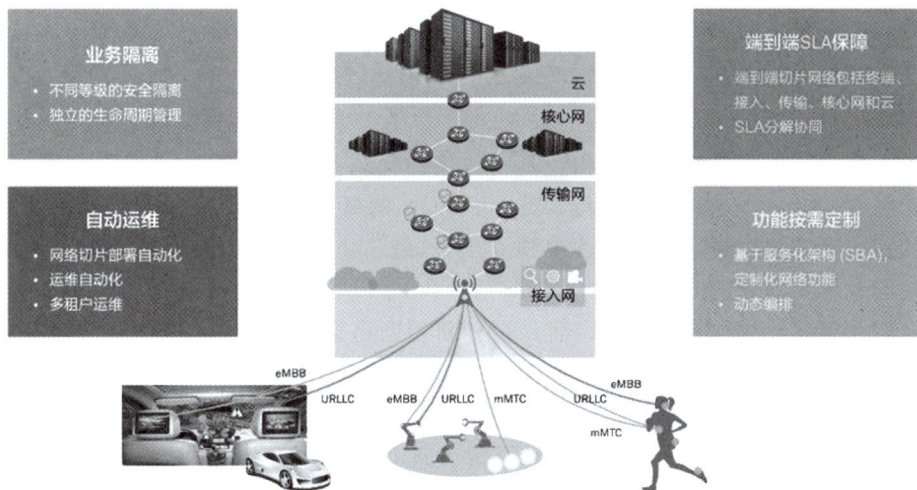

图 7-1　5G 网络切片端到端架构

7.1.2 5G 切片的典型应用场景

未来,从人们直接相关的虚拟现实、增强现实,到自动驾驶、智能交通和无人机,再到物流仓储、工业自动化,作为信息化的基础配置,5G 将提供适配不同领域需求的网络连接特性,推动各行业的能力提升及转型。5G 网络所提供端到端的网络切片能力,可以将所需的网络资源灵活动态地在全网中面向不同的需求进行分配及能力释放,并进一步动态优化网络连接,降低成本,提升效益。

相较于 2G、3G、4G 网络,5G 网络的控制面和用户面的进一步分离,使得网络部署更加集约、灵活,控制面的重构让会话管理和移动管理功能可以按需独立部署,不再是仅满足于面向人类、车辆移动状态的通信,也可以满足用水、电抄表等静止类业务的机器类会话；移动边缘计算更是把网络能力向靠近用户的分布式云数据中心推进。5G网络切片已在典型场景中得到应用：

（1）在车联网场景中，自动驾驶业务依赖V2X通信，需要低延迟，却不一定需要高吞吐量；在汽车行驶时，乘客观看的高清视频等娱乐服务业务，需要高吞吐量且容易受到延迟影响。这两者都可以通过虚拟网络切片上的相同公共物理网络传送，以优化物理网络的使用。

（2）在智能电网场景中，用5G网络切片承载电网业务是一种全新的尝试。它将运营商的网络资源以相互隔离的逻辑网络切片，按需提供给电网公司。这样，可以在用电信息采集、分布式电源、电动汽车充电桩控制、精准负荷控制等关键业务中，满足各种不同业务对通信网络能力的差异化需求。

7.1.3　网络切片关键技术：SDN和NFV

网络切片是5G核心网在基于软件定义网络（Soft Defined Network，SDN）和网络功能虚拟化（Network Function Virtualization，NFV）基础上进行功能编排部署。在网络技术领域，5G系统采用SDN和NFV的新型网络架构。统一的底层物理基础设施实现了多种网络服务，降低了运营商多个不同业务类型的建网成本。

1. SDN

为了解决传统网络架构控制和转发一体的封闭式架构而造成的难以进行网络技术创新的问题，2007年美国斯坦福大学提出了SDN的概念，其基本思想是将路由器、交换机中的路由决策等控制功能从设备中独立出来，统一由集中的控制器来进行控制，从而实现控制和转发的分离。

SDN并不是一项具体的技术，而是一种新型网络架构设计的理念。它具有控制和转发分离、集中化的网络控制、开放的应用程序接口（Application Program Interface，API）三大核心特性。SDN的典型架构分为三个层面（图7-2(a)）：应用层，包括各种不同的业务和应用，以及对应用的编排和资源管理；控制层，负责数据平面资源的处理，维护网络状态、网络拓扑等；数据转发层，处理和转发基于流表的数据以及收集设备状态。

基于SDN思想，5G核心网网关设备的控制功能和转发功能进一步分离，网络向控制功能集中化和转发功能分布化的趋势演进。转发面将专注于业务数据的路由转发，具有简单、稳定和高性能特性，以满足未来海量移动流量的转发需求。控制面实现统一的策略控制，保证灵活的移动流量调度和连接管理。另外，控制面和转发面的分离，使网络架构更加扁平化，网关设备可采用分布式的部署方式，有效降低业务传输时延。此外，控制面和转发面分别独立演进，提升网络整体系统的灵活性和效率。

2. NFV

NFV是从运营商角度出发提出的一种软件和硬件分离的架构，如图7-2(b)所示，将虚拟化技术引入电信领域，采用通用平台来完成专用平台的功能。NFV能实现软件的灵活加载，从而可以在数据中心、网络节点和用户端等不同位置灵活地部署配置，加快网

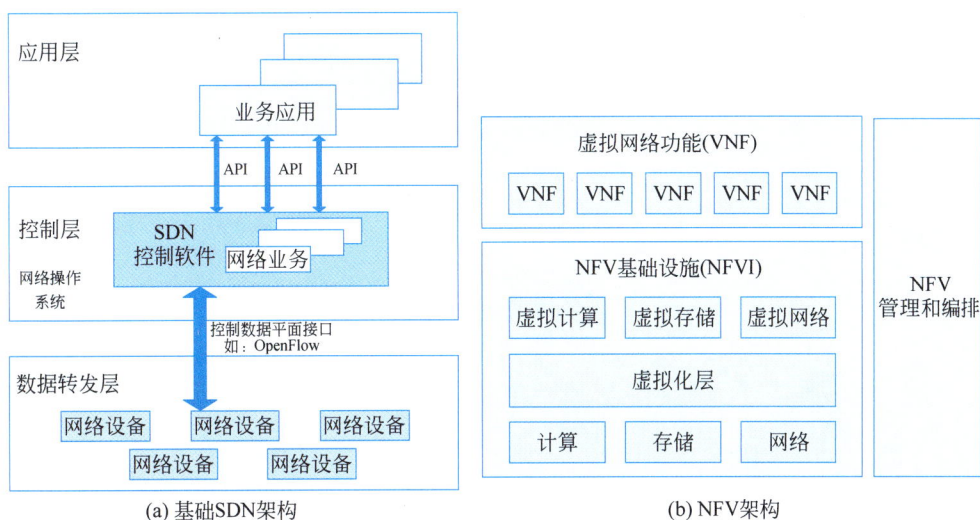

图 7-2　5G 网络切片关键技术架构

络部署和调整的速度,降低业务部署的复杂度,提高网络设备的统一化、通用化、适配性等。由此带来的好处主要有两个:一是标准设备成本低廉,能够节省部署专属硬件带来的巨大投资成本,使得网络更加灵活;二是针对未来网络演进的需求,SDN/NFV 以其在灵活性、支持快速创新方面的优势成为 5G 关键技术之一,是网络架构演进的重要方向。

由于 NFV 需要大量的虚拟化资源,因此需要高度的软件管理,业界称之为编排。NFV 中管理和网络编排(Management and Network Orchestration,MANO)是业务部署的核心,它基于已实现软硬件解耦的网络功能虚拟化技术,实现了资源的充分共享和网络功能的按需编排,可进一步提升网络的可编程性、灵活性和可扩展性。采用 MANO 后给业务编排、虚拟资源需求计算、申请以及网络能力部署带来极大便利,缩短了业务上线的时间。

综上所述,SDN 和 NFV 在 5G 中的作用可以概括为:SDN 是针对 EPC 控制面与用户面耦合问题提出的解决方案,将用户面和控制面解耦,从而使得部署用户面功能变得更灵活,可以将用户面功能部署在离用户无线接入网更近的地方,从而提高用户服务质量体验,例如降低时延;NFV 是针对 EPC 软件与硬件严重耦合问题提出的解决方案,这使得运营商可以在通用的服务器、交换机和存储设备上部署网络功能,极大地降低时间和成本。

7.2　网络切片原理

7.2.1　网络切片的架构与组成

5G 端到端网络切片是指将网络资源灵活分配,按需组网,基于 5G 网络虚拟出多个具有不同特点且互相隔离的逻辑子网,每个端到端网络切片均由接入网、传输网、核心网子切片组合而成,形成如图 7-3 所示的 5G 网络切片整体架构,并通过端到端切片管理系统进行统一的管理。

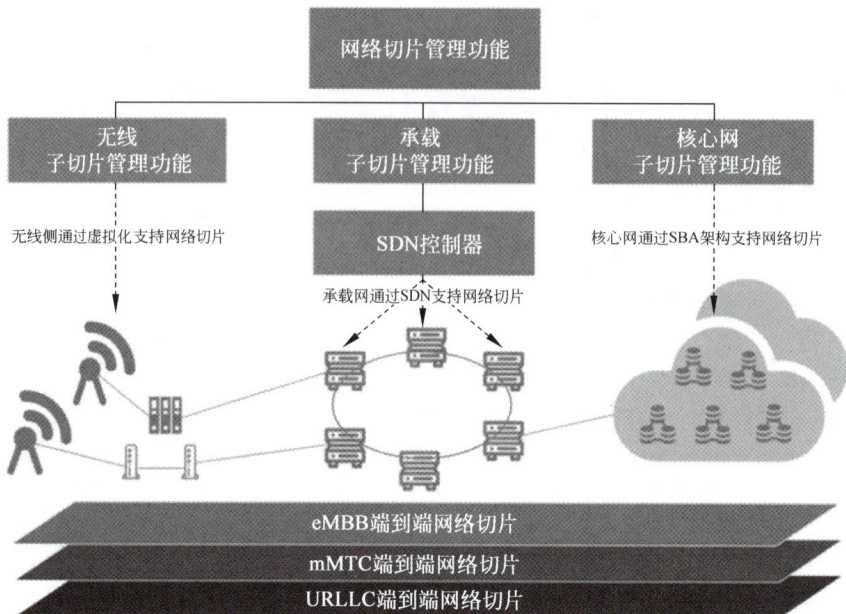

图 7-3　5G 网络切片整体架构

　　传统网络通常是一种架构满足所有业务需求,而 5G 时代,利用网络切片技术可以做到为每种有特定需求的业务量身定做专用虚拟网络(切片)。其中特定需求包括功能需求(如优先级、计费、策略控制、安全、移动性等)、性能需求(如时延、移动性、可靠性、速率等)、服务对象(如所有用户、漫游用户、虚拟运营商等)。

　　因此,网络切片技术将从根本上改变传统的移动通信网络架构、网络规划及部署模式,同时也给运营商开拓商业模式带来新的契机,如给垂直行业提供网络切片服务,使其可在给定的权限范围内控制运营商的网络切片,实现定制化服务。

7.2.2　5G 切片端到端保障方案

　　无线网、承载网、核心网等多个领域共同协作执行,如图 7-4 所示,通过若干子切片网络的搭建构建起端到端的网络切片,其中不同领域又对切片有着不同的技术方案与实现形式要求。基于不同的技术手段,差异化的业务需求得以在同一组网络中实现。从无线网、承载网、核心网角度设计切片,进行端到端逻辑隔离,不同客户之间、同一客户不同业务流量间均可隔离。

　　1. 无线网切片保障方案

　　业务需求和应用场景逐渐多样化,无线接入网(RAN)也需要具有灵活部署的特性,如图 7-5 所示,根据 SLA 需求的不同,进行灵活的无线网子切片定制。2020 年,中国移动通信研究院在 5G 切片联盟(5G Slicing Association,5G SA)联合华为等共同发布了《网络切片分级白皮书》,指出无线切片隔离方案主要是实现网络切片在 NR RAN 部分

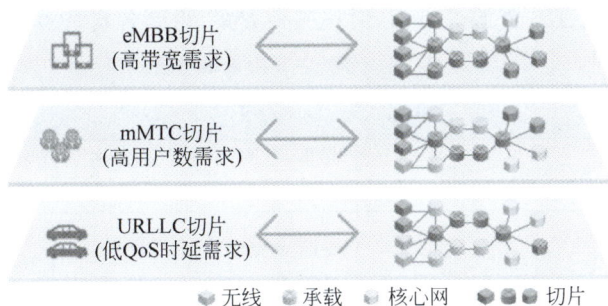

图 7-4　端到端网络切片

的资源隔离和保障。为提供不同等级保障,无线空口资源调度可能的方式包括基于服务质量(Quality of Service,QoS)调度、资源预留和载波隔离。

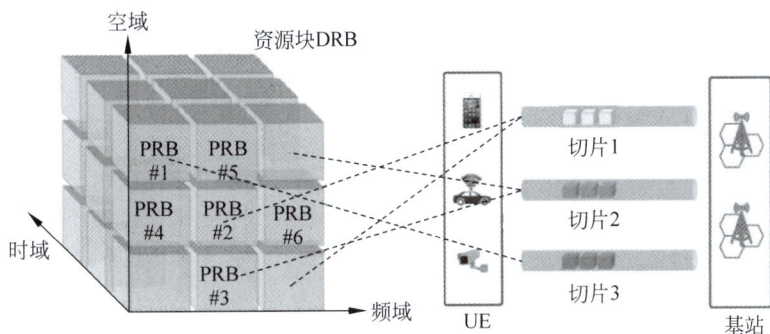

图 7-5　网络切片在空口的隔离

DU—分布式单元;CU—集中式单元;DC—数据中心;AAU—有源天线单元;

MANO—管理和编排;VIM—虚拟化基础设施管理器。

基于 QoS 调度方案:感知并根据不同业务的需求,为其提供差异化服务质量的网络服务,包括业务调度权重、接纳门限、队列管理门限等。该调度下,不同的网络切片共享小区 RB 资源,占用 RB 资源的优先级由 QoS 优先级决定。在资源抢占时高优先级业务能够优先调度空口的资源,在资源拥塞时高优先级业务也可能受影响。

资源预留方案:5G 网络通过将一个或多个切片划分为切片组,每个切片组可以设定专用、优先、共享资源,实现对各切片组的无线资源(如 RRC 用户数、DRB 数、PRB 数)占用率的有效管理和分配。①为网络切片组分配 RB 资源的最小比例,该范围内的 RB 资源仅给切片组内的用户使用;②设定网络切片组能够优先使用的 RB 资源比例,该范围内的 RB 资源优先给组内用户使用,当组内有该类空余资源时可以给组外用户使用;③设定了切片组分配的 RB 资源最大比例,组内用户可以共享使用该范围内的 RB 资源,但无优先使用权。

载波隔离方案:给每个网络切片分配独立载波,不同的网络切片占用不同的小区资源,每个网络切片仅使用本小区内的 RB 资源。基于载波隔离方式可以达成网络切片间的完全隔离。载波隔离技术需协同配置核心网以及无线侧,确保有效隔离种类不同的用户/业务的使用资源。

从使用频谱方式、RB 资源等方面,对比三种方案,得到各自特点如表 7-1 所示。

表 7-1　无线切片三种方案特征比较

无线切片方案	频　　谱	RB 资源	特　　点
基于 QoS 调度	共享公网载波频谱	共享,专网用户配置高优先级 QoS	方案实现较容易,对网络改动较小
资源预留	共享公网载波频谱	专网分配专用 RB 资源,可配置	专网用户独占 RB,资源有保障,专网/公网用户之间 RB 级物理隔离
载波隔离	专网采用独立载波频谱	专网分配独立载波	隔离度和差异性高,安全性有保障

基于 QoS 调度和基于资源预留为共用小区场景,基于载波隔离为不共用小区场景(分配独立载波)。5G 公网业务或 5G 虚拟专网业务无线网适用基于 QoS 的调度方案实现。5G 混合专网业务的独享基站场景无线网适用载波隔离方案实现。5G 混合专网业务的共享基站场景无线网适用资源预留方案,同时辅以基于 QoS 的调度方案实现。

2. 承载网切片保障方案

承载网切片面向无线网和核心网之间的移动传输网络,根据对切片安全和可靠性的不同诉求,分为硬隔离和软隔离。根据业务要求隔离度、时延和可靠性不同需求,传输承载技术包括灵活以太网(Flexible Ethernet,FlexE)/城域传送网(Metro Transport Network,MTN)接口隔离、MTN 交叉隔离和虚拟专用网络(Virtual Private Network,VPN)+QoS 隔离技术。

(1) 硬隔离方案包括 FlexE 接口隔离、MTN 交叉隔离以及两者的组合。

FlexE/MTN 接口是基于时隙调度将一个物理以太网端口划分为多个以太网弹性硬管道,在网络接口层面基于时隙进行业务接入,如图 7-6 所示,在设备层面基于以太网进行统计复用。

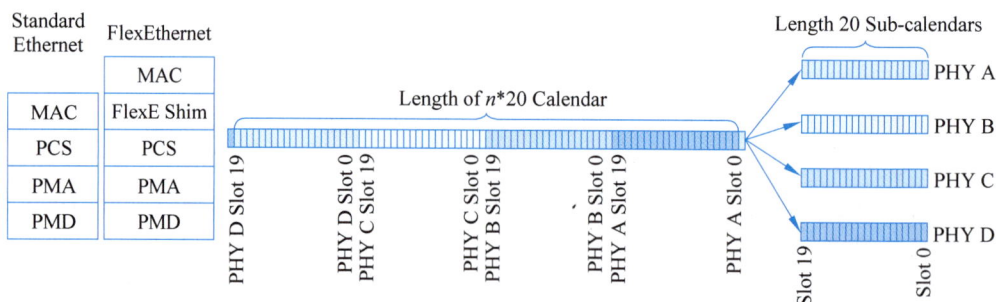

图 7-6　基于时隙的 FlexE 隔离

MTN 交叉隔离是基于以太网 64B、66B 码块的交叉技术(将 64bit 数据块封装为 66bit 传输块,将这种高效传输技术与交叉连接相结合,可实现灵活调度能力),在接口及设备内部实现 TDM(时分复用)时隙隔离,从而实现极低的转发时延和隔离效果。单跳设备转发时延最低为 5~10μs,较传统分组交换设备较大提升。

FlexE/MTN 接口隔离技术可以组合 MTN 交叉隔离技术或分组转发技术进行报文传输,每个 FlexE/MTN 接口的 QoS 调度是隔离的。

(2) 软隔离技术是 VPN 实现多种业务在一个物理基础网络上相互隔离,如图 7-7 所示。VPN＋QoS 软隔离不能实现硬件、时隙层面的隔离,无法达到物理隔离效果。

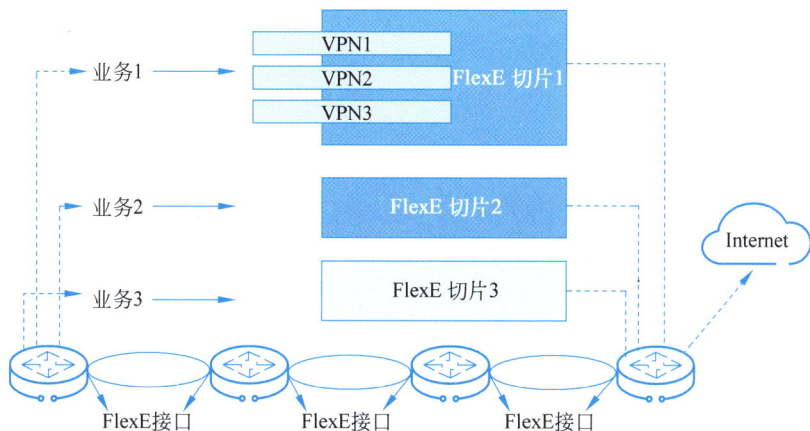

图 7-7 软隔离技术

根据不同切片等级,传输侧当前能提供四组通道能力保障方案,各方案概念、特点、应用场景如下:

(1) VPN 共享＋QoS 调度方案:组合 VPN 共享＋QoS 调度技术,基于 IP 包转发,流量参与 QoS 调度。它用于 L0 等级切片(5G 网络切片分级将在 7.3.1 节介绍,L0 属于最低级),适用于上网、基于互联网的业务(Over The Top,OTT)视频等 5G 面向个人消费者业务(5G Business-to-Consumer Services,5G 2C 个人)流量套餐业务。

(2) VPN 共享＋FlexE/MTN 接口隔离(隧道隔离)方案:组合 FlexE/MTN 接口＋QoS 调度技术,业务接入基于时隙隔离,基于 IP 包转发,VPN 共享,流量参与 QoS 调度,较传统分组交换隔离效果提升,但弱于 MTN 通道转发。用于 L1 等级切片,适用于云游戏等 2C 个人业务、家庭 CloudVR 等流量套餐业务、移动救护/无人机等接入区域不固定的行业应用。

(3) VPN 隔离＋FlexE/MTN 接口隔离方案:组合 FlexE/MTN 接口隔离＋QoS 调度,业务接入基于时隙隔离,基于 IP 包转发,VPN 隔离,流量参与 QoS 调度,较传统分组交换设备隔离效果提升,但弱于 MTN 通道转发。适用于 L2、L3 等级切片,包括电网、制造、医疗、矿山、港口、车联网等固定接入区域的 5G 企业级业务(5G Business-to-Business Services,5G 2B)垂直行业生产类业务,或政企专线、抄表采集、视频监控、媒体直播等 5G 2B 垂直行业生活类业务。

(4) 端到端 MTN 通道方案:组合 MTN 接口和 MTN 交叉隔离技术,业务接入基于时隙隔离,转发基于 MTN 交叉技术,业务为物理隔离,单跳设备转发时延最低 $5\sim10\mu s$,较传统分组设备有较大提升。该方案适用于 L4 等级,包括党政军/金融/证券专线、电网等一跳直达的固定 2B 白金专线业务。

3．核心网切片保障方案

核心网切片隔离保障方案主要实现网络切片在5G CORE部分的资源和组网隔离与SLA保障。如图7-8所示，从下往上，资源视图主要针对切片隔离分配的5G核心网硬件资源层、虚拟资源池、网元功能层和管理编排层，而组网视图主要针对5G核心网数据中心内的交换机/路由器设备的隔离性。

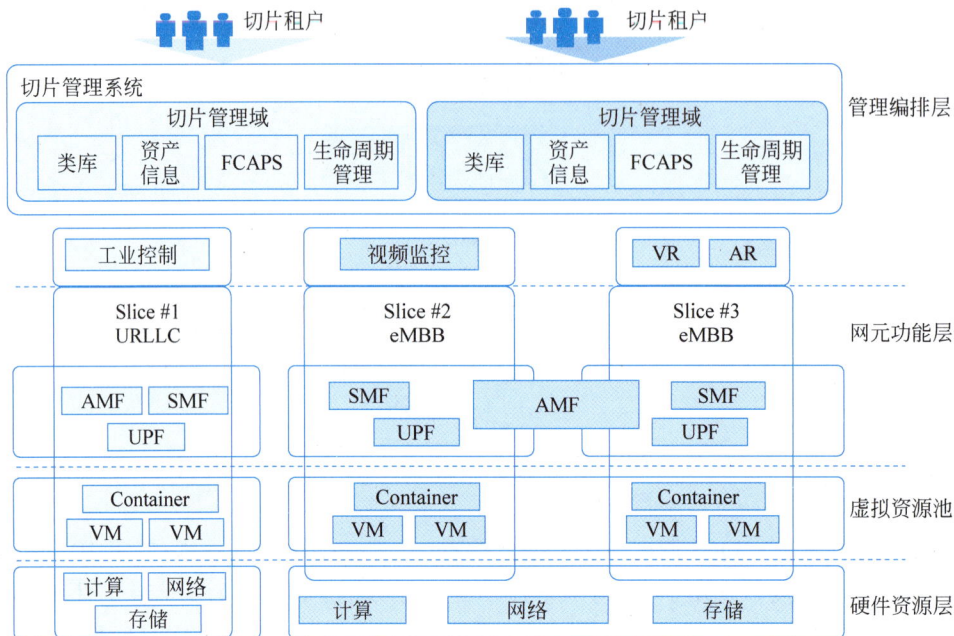

图7-8　网络切片在核心网络的四级隔离方式

（1）硬件资源层：主要指基于x86或者高级精简指令集机器（Advanced RISC Machine，ARM）架构的各种服务器，其独占模式就是"物理隔离"。

（2）虚拟资源池：即网络功能虚拟化基础设施，通过虚拟机、容器等虚拟化技术，在通用性硬件上承载传统通信设备功能的软件处理，从而实现新业务的快速开发、部署和弹性缩扩容。该层的独占模式也就是"逻辑隔离"。

（3）网元功能层（信令面、数据面、公共网元）：5G核心网的网络功能/虚拟网络功能层同样可以支持不同层级的按需隔离模式，保证不同切片间的业务独立性。

（4）管理编排层：切片在管理层的隔离通过为使用切片的租户分配不同的账号和权限，每个租户仅能对属于自己的切片进行管理维护，无权对其他租户的切片实施管理。另外，需要通过通道加密等机制保证管理接口的安全。

为实现上述资源视图的隔离，如图7-9所示，5G核心网的端到端保障方案主要有完全共享模式、部分独占模式和完全独占模式。

每种方案的特点如下：

（1）完全共享模式：能力等同于2G、3G、4G网络的"一条跑道、尽力而为"，通常适用于L0等级公众网的普通消费者业务，对安全隔离性无任何特殊需求。其典型应用场景

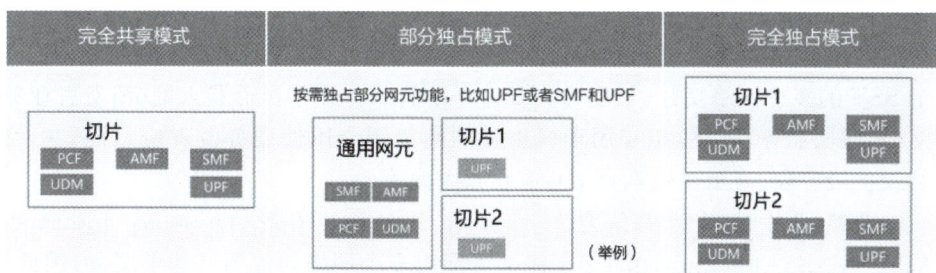

图 7-9　5G 核心网网元功能层隔离模式示意图

为上网、视频等默认 2C 基础业务。

（2）部分独占模式：结合行业实际需求，通过共享大部分网元功能＋少量网元功能独占专享的方式，在安全隔离性需求和成本之间做到最佳平衡，从而能够满足 L1、L2、L3 等级大多数通用行业的网络切片分级需求。其典型应用场景包括运营商自营游戏/视频加速等公众网优享业务、4K/AR/VR 直播、医院/工业园区本地网。

（3）完全独占模式：能力等同于建设一张完整的行业专用核心网，安全隔离性最好，但建设和运营成本也最高。因此仅适用于 L4 等级极个别需要超高安全隔离性而对成本不敏感的特殊行业。其典型应用场景包括公安应急网络、电力业务等。

7.2.3　5G 切片标识与切片选择

在 5G 中每个网络节点都配备有特殊功能，可以满足一项或多项服务的目的，并且特定节点支持的服务类型在网络切片选择功能（NSSF）中定义。对于来自 UE 的任何特定服务请求，由与该服务相关联的一组网络实体（称为切片）进行服务。

1. 5G 切片标识

（1）网络切片实例（Network Slice Instance，NSI）：一组网络功能实例和所需资源（例如，计算、存储和网络资源），它们构成了已部署的网络切片。对于网络来说，如果要将资源切分为各种不同的逻辑网络，那么一个逻辑上的网络可以认为是一个网络切片的实例。

（2）NSI 标识符（NSI ID）：标识一个网络切片实例的核心网络部分。当同一个切片下部署了多个网络切片实例时，需要采用此标识在 5GC 中对其进行区分。

（3）网络切片在 5G 网络中由单个网络切片选择辅助信息（Single Network Slice Selection Assistance Information，S-NSSAI）标识。S-NSSAI 标识特定的网络切片在 PLMN 内不重复，其由两部分组成，如图 7-10 所示。

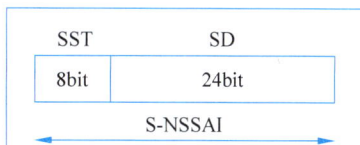

图 7-10　S-NSSAI 标识

切片/业务类型（Slice/Service Type，SST）表征在特征和业务方面的预期网络切片行为，长度为 8bit。目前标准上定义了 4 个 SST 取值，1 表示 eMBB、2 表示 URLLC、3 表示海量物联网（Massive Internet of Things，MIoT）、4 表示车联网（Vehicle to everything，V2X）。5～127 目前未定义，对于混合业务场景,如 eMBB+URLLC,需要推动标准定义以支持国际漫游。

切片区分符号(Slice Differentiator,SD)是可选信息,补充切片/服务类型,用于区分同一个 SST 的多个网络切片,长度为 24bit。SD 前 2bit 用于区分是人网(消费者业务)还是物网(物联网业务),后续 6bit 用于标识分配给集团全国性业务及省份,后面 9~24bit 为预留或扩展字段,表示企业客户 ID、子业务类型等。

(4) 网络切片选择辅助信息(Network Slice Selection Assistance Information,NSSAI)是 S-NSSAI 的集合,由于 5G 终端可能由多个网络切片为其提供服务,因此当终端接入网络时,在信令消息中携带的可能为网络切片标识的一个集合,即 NSSAI。在 UE 和网络之间的信令消息中发送的允许和请求 NSSAI 中最多可以有 8 个 S-NSSAI。

2. 网络切片的选择

5G 用户在开户时会在核心网上签约一个或若干 S-NSSAI,可以简单认为签约一个或多个切片。在 5G 终端接入网络时会携带一个或多个签约的 S-NSSAI。在有多个网络切片的情况下,网络设备根据 S-NSSAI,就知道终端希望接入的网络切片,并把终端接入这个切片中。可以看出,在 5G 网络有多个切片的情况下,S-NSSAI 会指导网络,把终端接入哪个切片中。

7.2.4 基于标识的网络切片规划部署

从切片跨越的地域范围上可以分为全国范围内的切片、一个省范围内的切片甚至更小区域范围内的切片。有些覆盖全国的大型企业、电网、水务等会在全国范围内使用切片,这样的切片需要上升到集团公司层面去订购。集团公司协调相关的省公司,准备切片资源,实现开通和互联互通。切片开通过程中可能会涉及大量的无线网络优化、传输调度、数据中心资源准备、VPN 开通、切片与企业 IT 系统对接等,是一个系统的工程。全国性的切片会共享全国范围内的 NSSAI,在这个切片下的移动终端可能会全国漫游,这样就存在省际切换等问题。

对于全国范围内的切片,需分配全局 S-NSSAI,支持全国漫游。针对全国性的切片,其无线调度策略应该保持相同,采用独立的回传 VPN,采用独立的专属的核心网用户面。不同省之间通过 IP 骨干网的 VPN 进行互联,组成一个逻辑隔离的全国网络。有全国范围内的切片管理系统对全国范围内的切片进行管理和维护。

一个省或者更小范围内的切片只要在省公司层面订购和开通就可以了。企业客户通过在线或离线形式发起切片需求订单,运营商客户经理会与企业的 IT 管理部门进行联系,深入沟通和了解需求,并评估当前网络能力能否满足需求。如果不满足,比如缺乏无线覆盖、没有光传输通道等,就需要运营商发起建设或优化流程,完成基础网络的准备。基础网络满足之后,切片管理系统会协调相关部门完成切片的开通。开通之后,运营商需要组织企业对切片进行测试和验收,并正式移交给企业使用。

NSSAI 作为支持切片的关键资源,需要统一分配。比如,应用于省及更小范围切片的 NSSAI,建议用 SST 的 6 位作为省份 ID。若省份 ID 为 0,则表示全国范围的 S-NSSAI。

7.3 5G 典型场景网络切片设计

7.3.1 网络切片分级

5G 网络切片旨在基于统一基础设施和统一的网络提供多种端到端逻辑"专用网络",最优适配行业用户的各种业务需求。从性能指标、功能差异、对网络的需求、运维模式等方面分析后,将用户分为公众用户和行业用户两大类,形成 L0~L4 共 5 种切片能力等级,如图 7-11 所示。

切片等级	网络类型	等级划分	定义	资源定制	业务体验		
				资源隔离	安全	运营运维	定制化服务
L0	公众网	普通	基于5G公众网基础设施构建,无特殊需求	完全共享	基本安全	无	默认
L1		VIP	基于5G公众网基础设施构建,叠加定制化需求	完全共享(或部分独占)	eMBB增强安全	无	定制化
L2	行业网	普通	基于5G行业网基础设施构建,提供增值服务	完全共享(或部分独占)	业务特性安全	可视	定制化
L3		VIP	基于5G行业网基础设施构建,提供部分资源独占及高级服务	部分独占	业务特性高阶安全	可管	定制化
L4		特需	基于5G行业专网设施构建,提供全部资源独占能力及可靠性服务	完全独立	全面高阶安全	可管	定制化

图 7-11 网络切片分级

由客户和运营商协商得出待建设网络的 SLA 等级,签约协议后,运营商可以定制具备特定功能、特性、可用性和容量的客户专用的网络切片。图 7-12 为网络切片 SLA 映射与分解示意图。

在设计网络切片的时候,根据 SLA 等级和不同场景的实际需求,选择 7.2.2 节中相应的保障方案,定制化设计服务。除公众网普通用户无特殊需求外,从 L1~L4 均需要不同的质量保障能力。除了上述网络资源、隔离性、运营运维、安全和 SLA 等网络基础能力外,不同垂直行业还会有各自的定制化需求,需要网络切片提供定制化能力,如 Non-IP 传输、支持时钟同步、支持设备高处理速度等,都可以在上述每种能力等级基础上额外叠加。

7.3.2 公众网典型场景切片设计

在 5G 第一波商用中,语音、无线上网依然是典型用户需求,从资源需求、业务保障等角度看,这类业务与 4G 没有本质区别,可以考虑基于公众网普通切片部署。另外,新的 5G 消费者应用也将凸显:信息处理服务(Information Handling Services,IHS)市场分析显示,2022 年移动游戏的全球市场规模将达到 830 亿美元,并可能通过云游戏的方式向

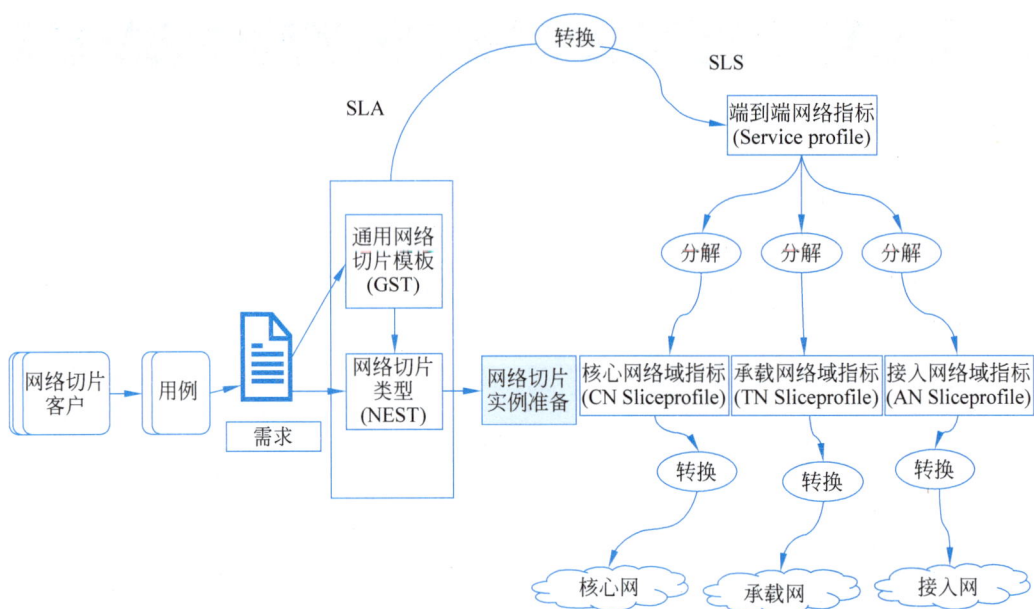

图 7-12　网络切片 SLA 映射与分解示意图

用户提供服务。云游戏具备终端准入门槛低、免下载/免安装、跨平台/跨操作系统 (Operating System, OS)、免终端适配优化、研发周期快等优势,受到微软、谷歌、腾讯、苹果等平台运营商的关注。

云游戏部署的一个先决条件是达到媲美主机游戏的用户体验,这需要将手机端、计算机端(带 5G 芯片)、iPad 或者电视大屏等采集的超高清图像、视频及时上传到云端的游戏服务器,并将云端计算、渲染的数据结果实时推送到手机端。从以下的分析可以看出,云游戏不要求与普通公众网业务硬性隔离,但对低时延、用户体验有很多定制化需求,因此建议采用公众网 VIP 切片方式部署。

1. 游戏业务网络需求分析

如表 7-2 所示研究显示,高清/超高清游戏的用户终端速率可达到 12.5～25Mb/s,多人实时竞技手游在 4G 环境下时延小于 80ms,最优小于 50ms;在 5G 环境下,可依托更低时延提升操作帧率,所以对时延要求更低。虚拟现实互动游戏的带宽与时延需求更加苛刻,IHS Markit 数据显示基本的 8K 分辨率、有限互动的虚拟现实游戏需要达到 40～60Mb/s 带宽和 20～30ms 的时延。

表 7-2　虚拟现实游戏体验网络要求

	基本 VR 体验 (有限互动)	高级 VR 体验 (有限互动)	基本 VR 体验 (高互动性)	高级 VR 体验 (高互动性)
分辨率/制式	8K,2D,3D	12K,3D	8K,2D,3D	12K,3D
带宽要求	40～60Mb/s	340Mb/s	120～200Mb/s	1.4Mb/s
时延要求	20～30ms	20ms	10ms	5ms

2．游戏业务安全需求分析

在安全方面,游戏加速切片的需求主要体现在面向用户的标识及认证。通过唯一的切片标识,将游戏应用与上网、视频、语音聊天等其他业务区别,通过 5G 的网络切片选择功能网元选择接入相应的切片业务。在基于终端用户身份识别(Subscriber Identity Module,SIM)卡凭证的认证体系之外,互联网娱乐应用通常具备一套面向客户的标识和认证体系,使客户接入服务网络及应用与终端解耦。

3．游戏切片设计方案

图 7-13 为游戏场景切片测试组网,基于 5G 切片分级能力可为云游戏用户提供区别于普通上网业务的游戏加速服务,包括:

(1)无线侧采用 QoS 优先级保障方案为游戏用户提供高业务等级服务,针对专业级玩家和电竞选手,可考虑采用 RB 资源预留技术这一定制化能力进一步提升游戏低时延和确定性保障。

(2)核心网侧针对游戏的低时延特点,可为游戏用户开辟独立的 UPF,提升服务转发效率和时延体验。

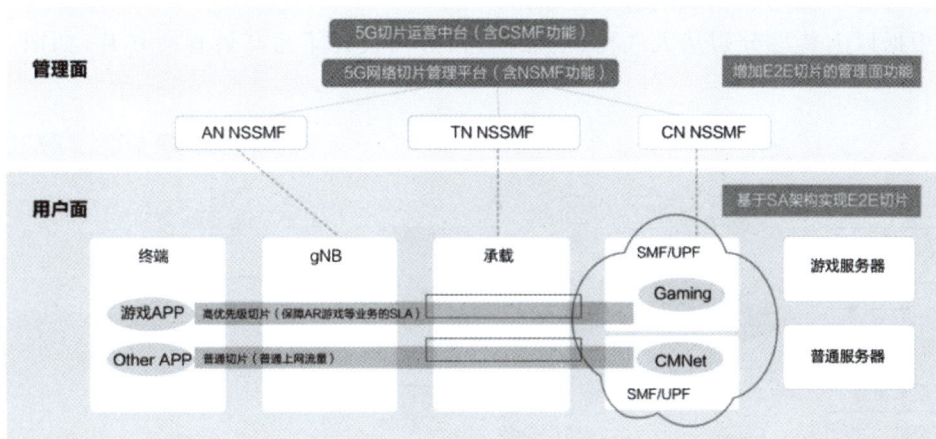

图 7-13　2C 游戏场景切片测试组网

针对云游戏等对公众网有更高需求业务体验的切片用户,除公众网 VIP 切片的基本保障能力之外,还会根据具体行业客户的需求提供进一步定制化服务,最优保障行业客户的业务体验。

7.3.3　行业网典型场景切片设计

企业的通信服务需求具有鲜明的行业特征,存在一定的隔离、业务质量保障需求,在连接管理等方面有定制化差异。但自建专网对很多企业来说不具备可操作性:首先是建设专网所需的基础设施、资金和频段;其次,车联网、超高清等对网络连续覆盖需求是专网在短时间内难以达到的。因此,基于运营商公网的行业通用切片在未来 5G 商用中将扮演重要角色。下面以超高清视频为例剖析典型的行业通用切片部署。

1. 超高清视频业务需求分析

典型 4K 超高清视频具备 3840×2160 分辨率、高帧率、高色深、宽色域、高动态范围(High Dynamic Range,HDR)和全景声特性,给观众带来身临其境的沉浸体验。视频回传是超高清直播制作的关键环节,4K 视频的带宽和帧率通常达到 40Mb/s 和 50 帧/s 以上,因此对回传速率、时延和抖动提出了更高要求。目前的卫星和互联网专线基本满足一路 4K 信号的传输,而超高规格 4K/8K 视频(>100 帧/s)或者多路超高清信号回传则需要超大带宽和更好保障的 VIP 切片方案。

2. 超高清直播回传切片设计方案

超高清直播还将触发 VR"第二现场"等媒体运营模式的创新。IHS 预测中国 VR"第二现场"到 2025 年可达到 18 亿美元的总体规模。而为第二现场部署专网耗时耗力,在非演出的时段使用效率很低,因此更适合通过行业通用切片保障。

(1) VR 内容对传输带宽要求更高,双向交互的第二现场需要将严格控制端到端时延,这需要相应的网络切片贴近现场部署。

(2) 业务运营方面,第二现场类切片租户通常也要求能灵活配置、自动开通,尽可能覆盖体育赛事、商业演出和娱乐主题等市场。

根据以上特性分别从无线网、承载网、核心网设计了超高清直播切片,如图 7-14 所示。

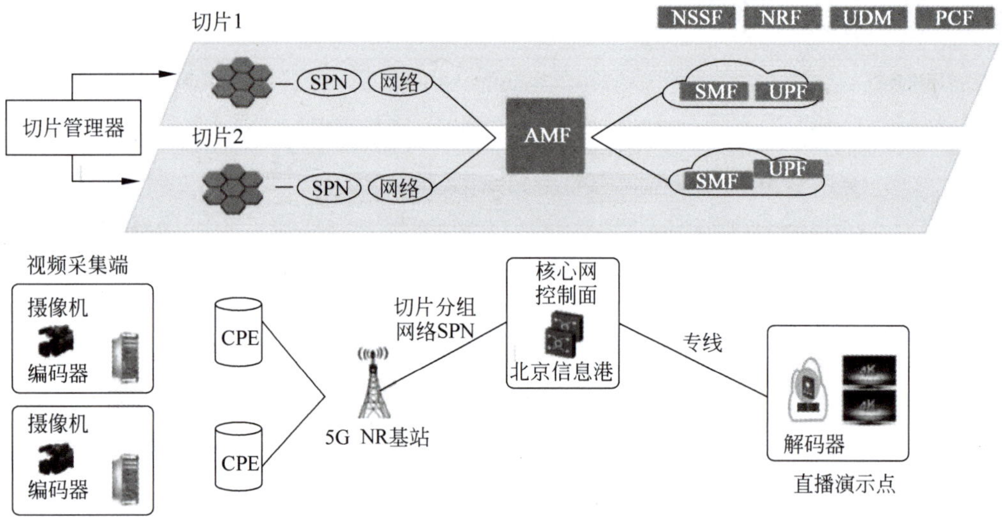

图 7-14　央视 5.17 5G SA 网络超高清切片测试图

(1) 无线侧基于业务需求做 QoS 优先级调度保证回传信号质量;而在某些重大国事活动、大型庆典和体育赛事的直播现场,则需要预留无线 RB 资源保障高规格 4K/8K 直播信号的传输质量。

(2) 承载转发可通过 QoS 调度或者独享 VPN 通道,保障直播信号无间断传送。

(3) 核心网侧也可为超高清直播通道划分逻辑独占的 SMF 和 UPF。

7.3.4 特需行业网典型场景切片设计

1. 电网业务需求分析

在以绿色、安全、可靠、高效为目标的智慧电网部署中,有丰富的 5G 专用切片业务场景,包括:

(1) eMBB 大带宽需求,通过高清视频实现对输电线路、变电站监测及应急现场的实时监控,这些场景通常要求多路 10Mb/s 级别的带宽。

(2) URLLC 低时延业务,主要为电网控制类业务,包括配网继电保护、精准负荷控制、配网三遥、配电网同步相量测量等时延敏感类业务提供服务。

(3) mMTC 大连接业务,包括用电信息采集/高级计量业务,通过对海量电力计量终端用电信息分钟级的深度采集。满足智能用电和个性化客户服务需求。

为应对上述多种定制化业务,同时满足电网在安全性、数据隔离、业务自主可控等方面的特殊需求,建议以特需行业切片方式部署。

2. 电网切片设计方案

包含电网专用切片的三层组网方案如图 7-15 所示,其中控制类切片承载电力生产业务,如差动保护,三遥和精准负荷控制,电力终端装置通过 5G 客户终端设备(5G Customer Premises Equipmen,5G CPE)接入 5G 网络,5G 核心网出口交换机配置路由互通,连接配电自动化主站系统。

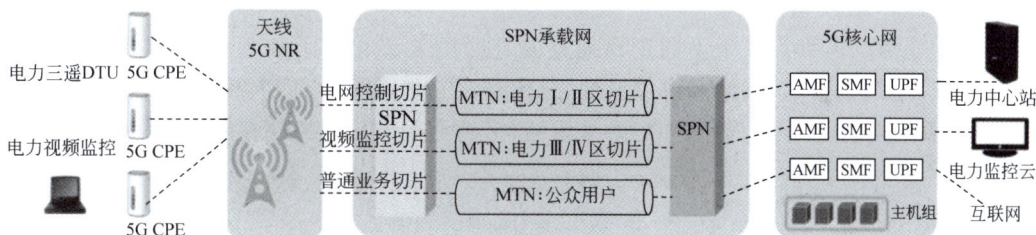

图 7-15 电网切片组网

控制类业务通过网络切片技术与信息采集类业务(电力Ⅲ/Ⅳ区业务),移动应用类业务形成端到端隔离:

(1) 切片接入子网:基于切片和 5G QoS 标识符(5G QoS Identifier,5QI)进行调度优先级设置,控制类切片配置优先级 $5QI=X$,信息采集类切片配置优先级 $5QI=Y$,移动应用类切片配置优先级 $5QI=Z$;随着电力控制需求不断上升,还可考虑采用分配独立频点保障配电业务。

(2) 切片传输子网:传输侧配置 3 个 MTN 通道,根据不同切片标识映射到不同 VLAN 进入传输不同 MTN 通道。

(3) 核心网切片:3 个切片分配独占的 AMF、UPF、SMF 以达到完全隔离。

7.4 切片案例1：5G网络切片编排与应用实验

7.4.1 实验介绍

1. 实验目的

通过本实验了解什么是5G切片和5G切片的标识，理解网络切片在5G网络中如何体现，并学会进行5G网络切片的编排与应用。

2. 实验内容

本实验中可以按照文档描述在对应的案例下进行网络切片的编排，并将编排好的网络切片应用到网络中，实现相应的网络切片为终端提供服务。

7.4.2 实验原理

"网络切片"是利用虚拟化的技术，将运营商网络的物理基础设施资源根据场景需求虚拟化为多个相互独立的端到端网络。每个网络切片从设备到接入网到传输网再到核心网在逻辑上是隔离的。为使能垂直行业客户，5G业务切片实现了在一张物理网络中同时承载多种不同QoS需求的逻辑业务。3GPP协议主要定义了eMBB、URLLC、mMTC三大业务场景，eMBB类切片业务如CloudVR、视频监控等，实现差异化大带宽保障；URLLC类切片业务如机械控制、远程驾驶等；mMTC类切片业务如远程海量抄表（水电气热）等。

切片业务的关键点在于不同逻辑业务并存时的差异化需求如何保障，如时延需求、带宽需求、连接数需求等，按照协议设计，云化网元是基础要求，能实现资源的按需部署，在拓扑组网结构上最大化资源分配的灵活性，又满足差异化业务并存的需求。

7.4.3 实验案例描述

使用平台提供的案例库，进入【5G业务场景】板块，选择"网络切片编排与应用"案例，并单击【应用案例】，将本实验案例加载至软件中。

1. 案例描述

5G真正的价值在于赋能垂直行业，不同行业对网络的不同需求是5G发展的驱动力和真正价值所在。为保障后期5G网络对不同行业应用的需要，某地运营商在5G独立组网方案下基于NFV进行5G核心网子切片的编排测试，各网络基础设施均已建设完成，需要在该网络条件下完成5G网络核心网切片的编排，并将编排好的网络应用至系统中，并实验终端在该网络切片下的应用体验。图7-16为本次实验案例。

2. 案例任务

根据上述描述，基于现有网络架构完成网络切片的编排，并将编排好的网络切片实例应用到网络中。

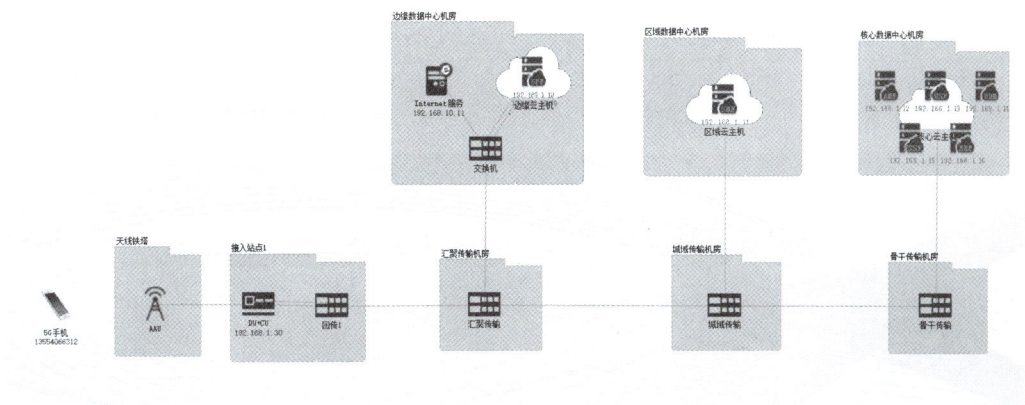

图 7-16 切片编排实验案例网络拓扑

7.4.4 实验步骤

本案例中 5G 核心网的网络功能均只有一套,并不涉及不同切片的逻辑架构的不同,只是为了学习与了解 5G 核心网子切片的编排与应用的过程。具体步骤如下:

1. 切片设计与编排配置

(1) 新建切片,并定义切片名称及切片识别 ID。

第 1 步,选择界面左侧的"新建切片实例",如图 7-17 所示,在弹出的窗口填写切片实例的 ID。

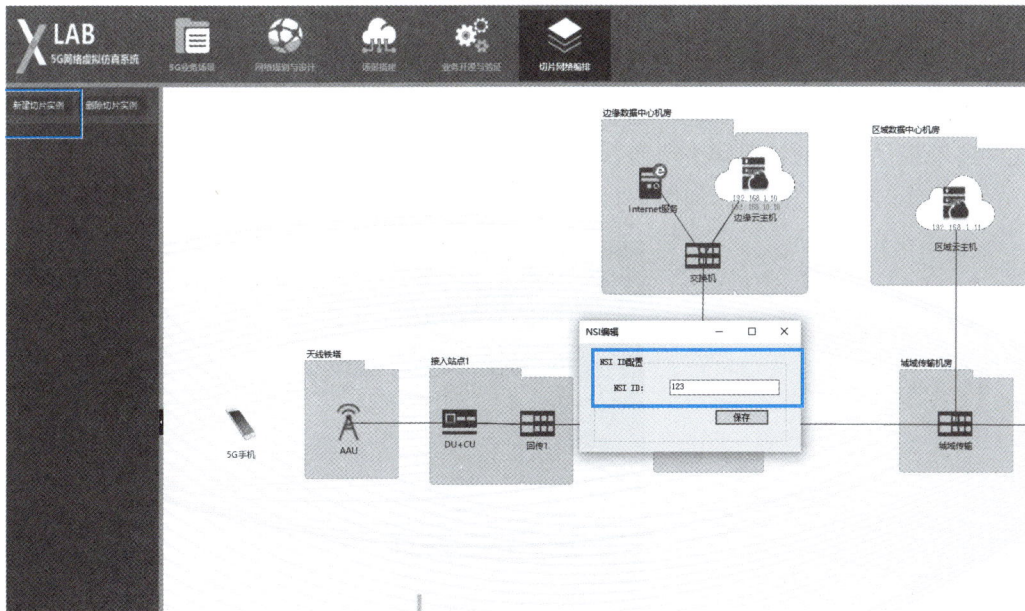

图 7-17 填写切片 ID

第2步,右击界面左侧新建的切片实例"123",选择"添加切片",新建网络切片,如图7-18所示,在弹出的窗口完成切片标识S-NSSAI的设置。

注:切片标识S-NSSAI=SST切片/服务类型+SD,本软件中,SST已经给出了几种类型,学生选择即可,SD可自行填写。

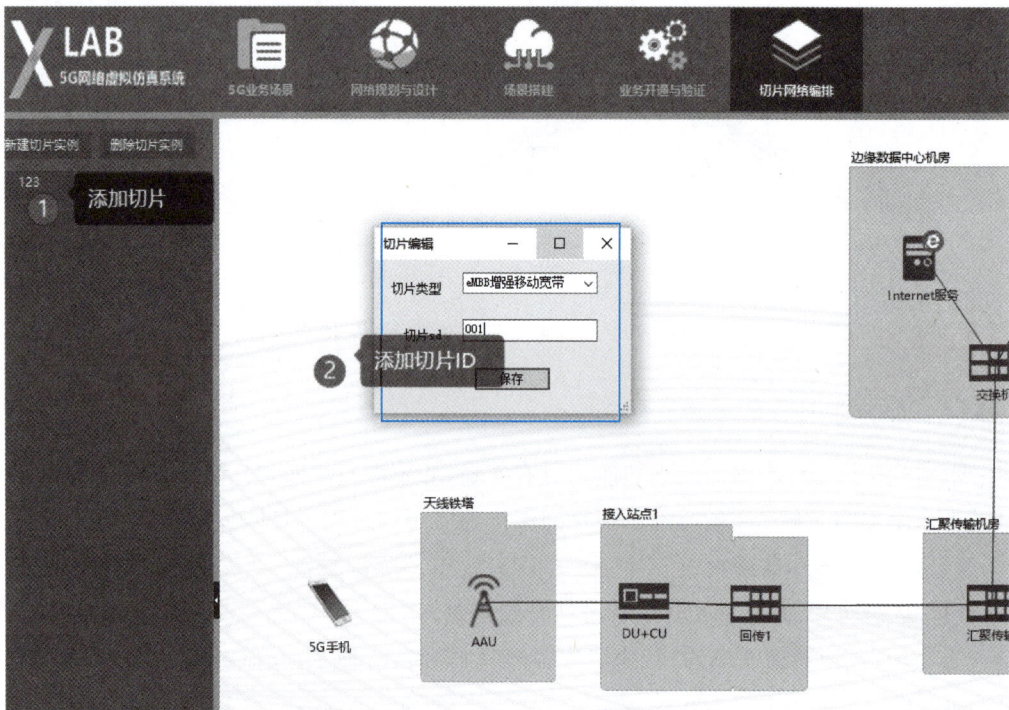

图7-18 新建网络切片

(2)核心网切片编排,选择为该网络切片提供服务的AMF、SMF及NRF等网络功能。

注:该步骤主要指定为该切片提供服务的网络功能NF,使网络能够根据切片标识确定为终端提供服务的各项网络功能NF。

第1步,选中切片实例,如图7-19所示。

图7-19 选择切片实例

第 2 步,勾选该切片实例下的网络功能。

注意,由于本案例各网络功能只有一套,因此不存在根据不同实例选择不同的网络功能,勾选 AMF、NRF 和 SMF 即可,如图 7-20 所示。

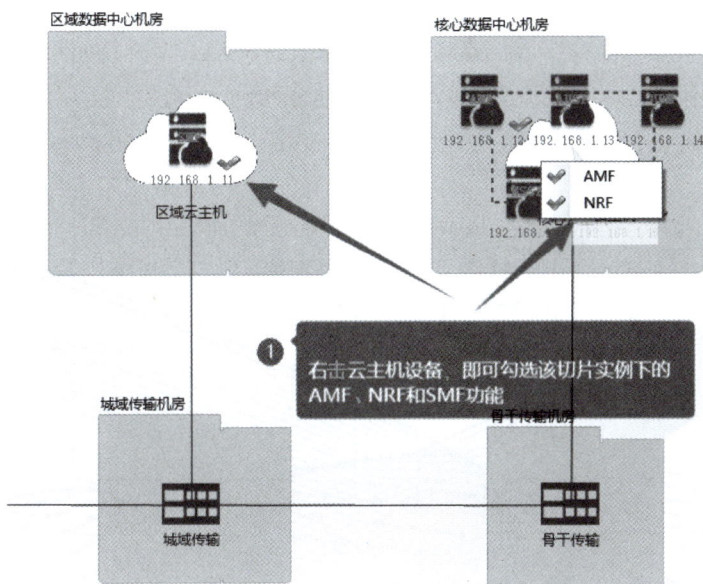

图 7-20　选切片使用的网络功能

(3) 指定 AMF 所对应的网络切片选择服务 NSSF。

进入【业务开通与验证】板块,并双击"核心云主机",进入 AMF 的服务配置界面,如图 7-21 所示。将 NSSF 信息填写至 AMF 相关配置内。这里默认配置好了,无须更改。(其实,这里就指定了为该切片服务的 NSSF。)

注:当终端接入网络中以后,首先与 AMF 建立连接,AMF 并不提供切片选择的服务,需要找到 NSSF 网元,由 NSSF 根据终端提供的网络切片标识,进行网络切片的选择。

(4) 指定新建切片中 SMF 所关联的用户面功能 UPF。

当 5G 终端需要进行业务时,首先需要建立终端与应用数据之间的传输通道,实现用户面的功能(即实现 5G 终端通过 UPF 进行网络数据的接入与传输,所以要建立"终端—UPF—网络数据"的传输通道,即 PDU 会话)。这个通道(PDU 会话)通过 SMF 进行管理,由 SMF 选择在哪里(即选择相应的 UPF)建立这个通道(PDU 会话),由 UPF 进行创建,实现终端的上网或数据传输。

SMF 如何选择相应的 UPF 进行 PDU 会话的建立,是通过 SMF 和 UPF 的数据网络名称(DNN)(相当于 4G 中的接入点名称(Access Point Name,APN))进行关联的。因此,要指定切片中 SMF 所关联的 UPF 时,只需要进行两者之间的 DNN 关联。

第 1 步,查看 UPF 的 DNN 配置,可进入 UPF 的配置界面,查看当前 DNN 信息,DNN 名称为 cmnet,如图 7-22 所示。

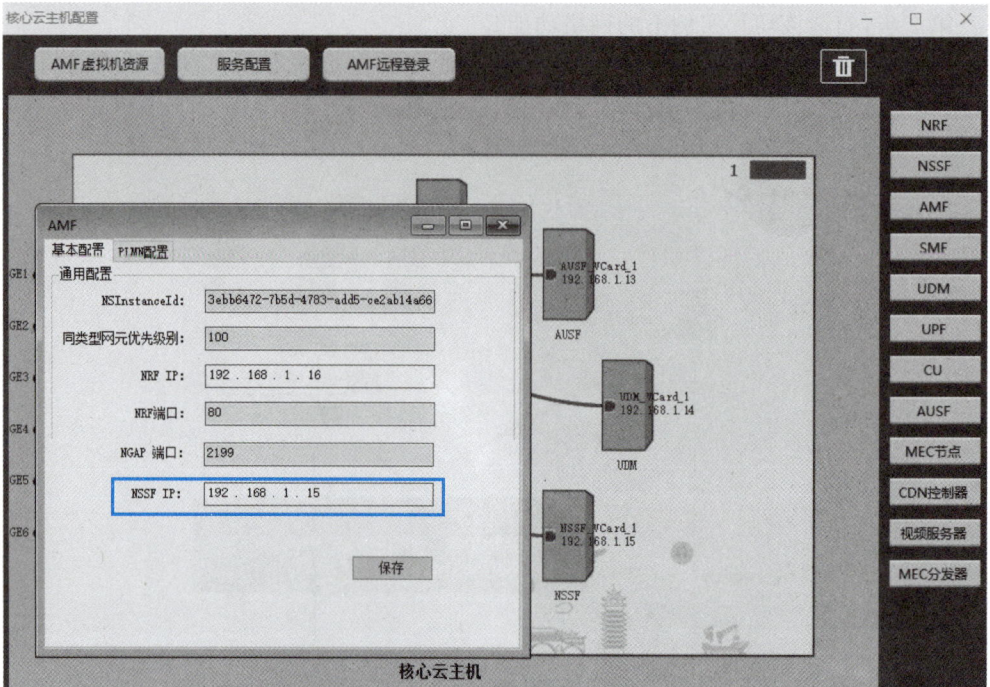

图 7-21　AMF 的服务配置

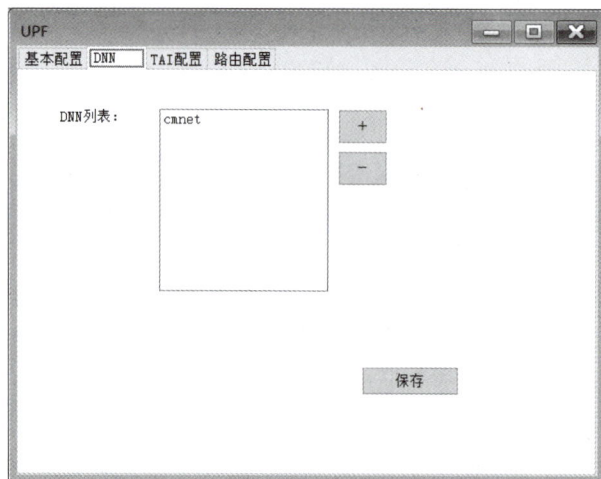

图 7-22　查看当前 DNN 信息

第 2 步,在 SMF 中添加对应 UPF 的 DNN 信息,如图 7-23 所示,可以看到案例中已经添加,这里无须再添加。

经过上述步骤就完成了 5G 核心网子切片的编排。首先指定了为新建的切片实例服务的 AMF、NRF 和 SMF,并在此基础上指定了切片的 NSSF、UPF(通过 DNN 的关联)。

2. 切片实例应用

当网络切片编排完成后,需要进行切片的应用。一般通过将网络切片标识与网络标

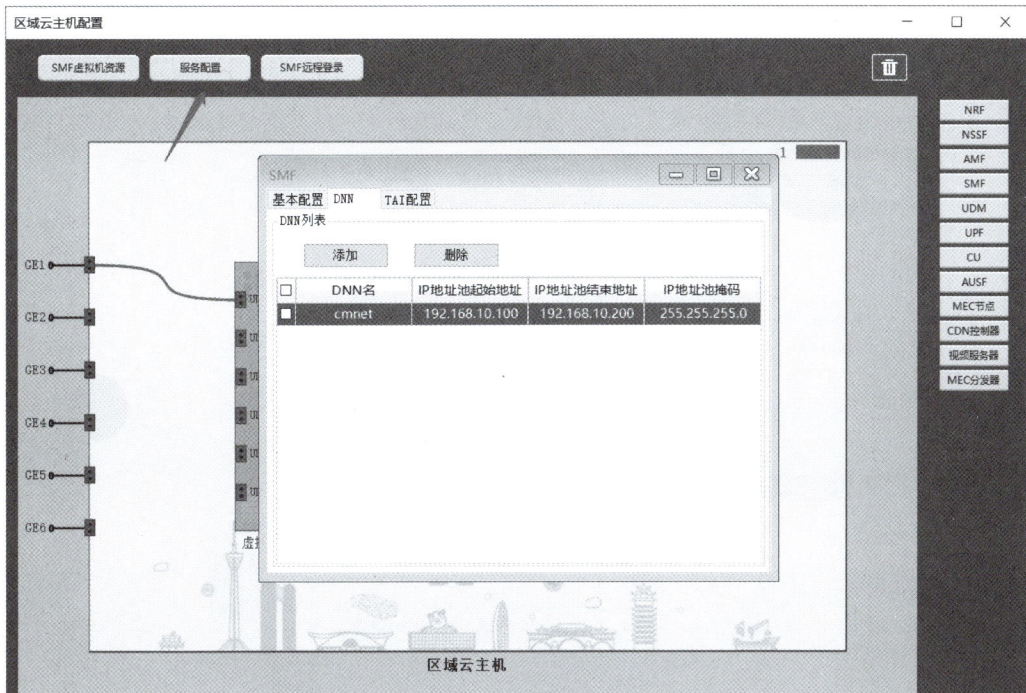

图 7-23　添加 DNN 信息

识如跟踪区(TA)/公共陆地移动网络(PLMN)进行绑定,终端入网时,可根据切片标识直接进行网络的入网选择。

(1) 无线侧切片标识与网络标识绑定,应用切片实例。双击"DU＋CU",进入基站小区配置界面,在 TAI 下勾选刚刚添加的切片,如图 7-24 所示。

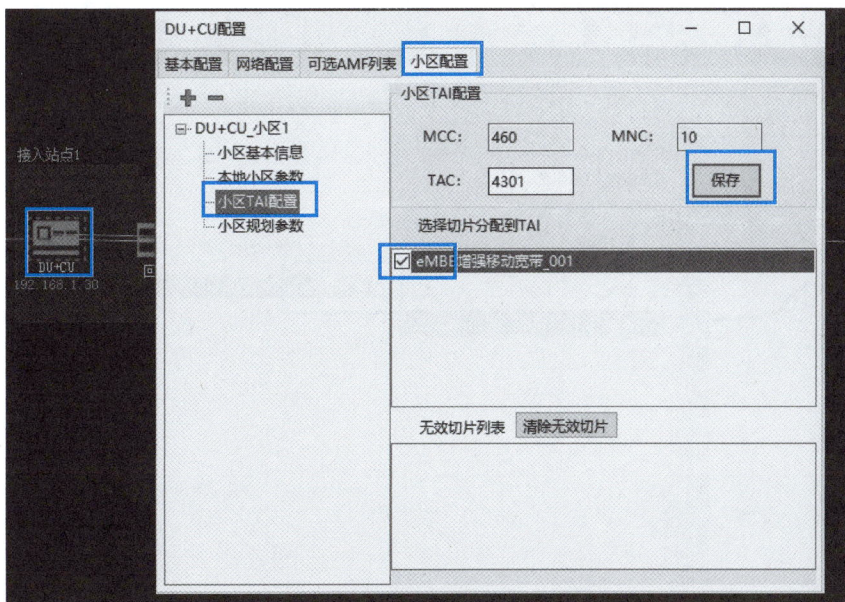

图 7-24　无线侧应用切片实例

（2）核心网侧切片标识与网络标识绑定，应用切片实例。

AMF切片实例应用：进入AMF服务配置，将切片分配到PLMN下，如图7-25所示。

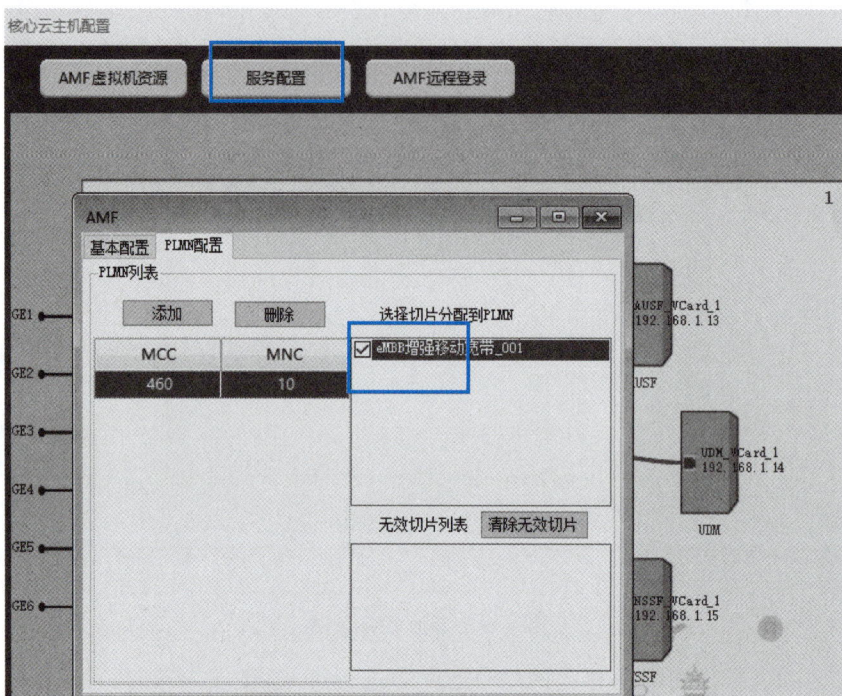

图7-25　AMF服务配置切片

NSSF切片实例应用：进入NSSF，将切片分配到TAI下，如图7-26所示。

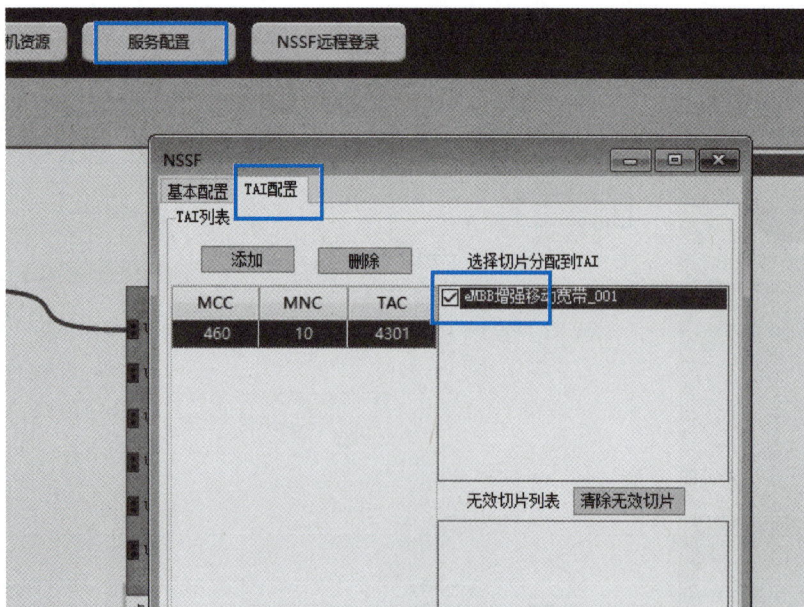

图7-26　NSSF切片实例应用

SMF 切片实例应用：进入 SMF,将切片分配到 TAI 下,如图 7-27 所示。

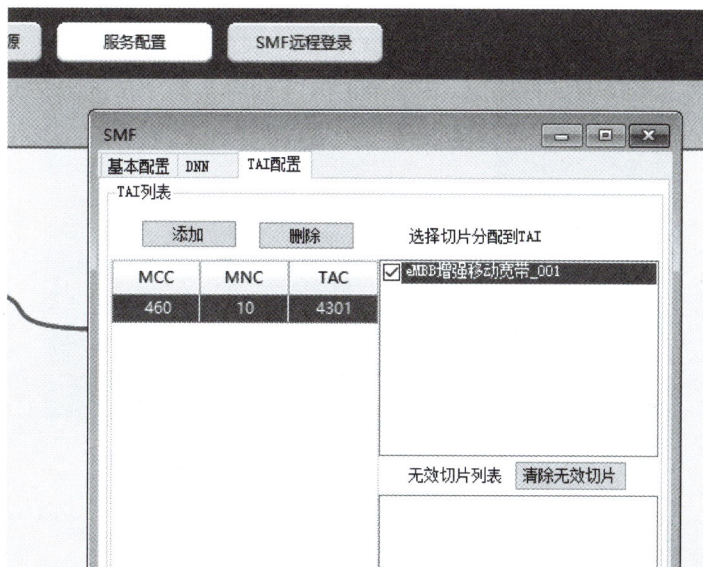

图 7-27　SMF 切片实例应用

UPF 切片实例应用：进入 UPF,将切片分配到 TAI 下,如图 7-28 所示。

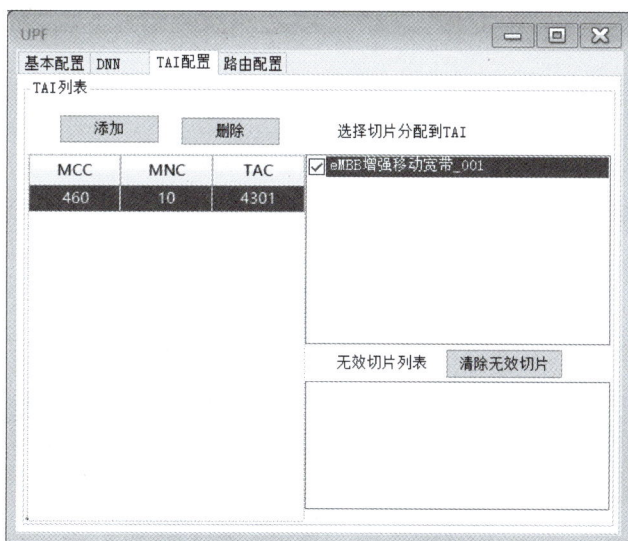

图 7-28　UPF 切片实例应用

3. 切片测试

（1）配置终端的切片标识,使手机在入网时网络能够根据切片标识为终端选择相应的切片提供服务,如图 7-29 所示。

（2）设备全部开机。使终端入网注册,并建立会话。

当终端完成入网后,可以单击"⚙"按钮,查看具体流程,如图 7-30 所示。

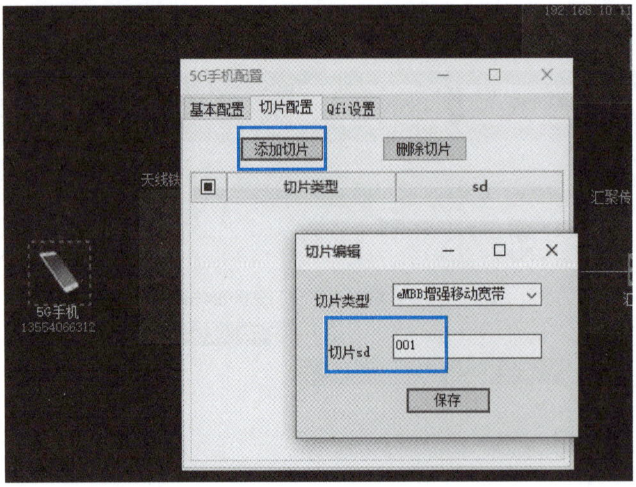

图 7-29 配置手机终端的切片信息

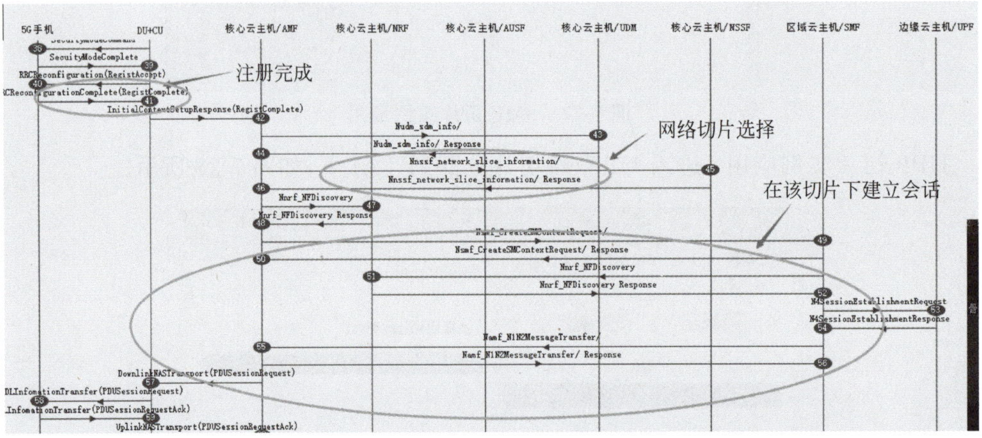

图 7-30 查看终端入网注册信令流程

（3）当终端入网并建立指定网络切片下的会话以后，终端即可进行相关业务。

第 1 步，右击 5G 手机，选择切换到屏幕，然后单击浏览器并搜索，如图 7-31 所示。

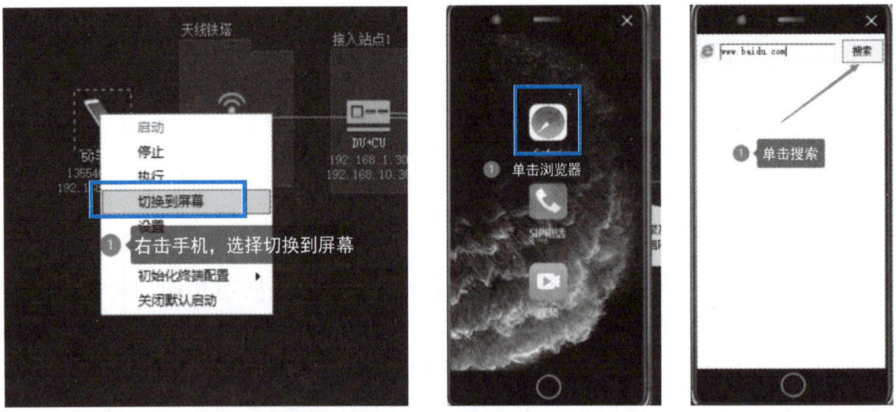

图 7-31 将手机切换到屏幕，进行网页搜索

第 2 步,可以看到,手机终端打开了网页,如图 7-32 所示,说明切片正常运行。

图 7-32 手机成功浏览网页,说明切片正常运行

(4)性能测试。也可以通过速率或 ping 实验测试工具测试网络的性能指标,分析切片的合理性。关于性能测试方面,将在后续的实验中进行。

7.4.5 实验总结

本实验中通过一个基本的网络切片的编排与应用,学习了切片设计与应用的基本操作。在此过程中了解了网络切片概念、网络切片的标识及如何将切片应用到实际的网络中。

完成本实验后,思考以下问题,并搜索相关资料,完成实验报告的作答:

(1)分析终端在初始接入过程中的网络切片选择的过程。

(2)为什么要将 S-NSSAI 设置为由 SST 和 SD 两部分组成,这样有何好处?

(3)5G 切片在无线侧怎么实现?

7.5 切片案例 2:多切片场景下 5G 终端网络切片选择实验

视频

7.5.1 实验介绍

1. 实验目的

通过实验了解如何根据业务需求进行 5G 网络的切片设计,以及终端在多切片场景下如何选择 5G 网络切片来为其不同业务提供服务。

2. 实验内容

本实验中可以按照文档描述在对应的案例下根据业务的需求进行网络切片的设计,使终端在进行不同业务时采用不同的切片网络来进行服务。

7.5.2 实验原理

在进行网络切片的编排与应用时,根据实际业务的需求进行网络切片的设计。网络切片在逻辑上是隔离的,并不意味着不同切片的组成部分均不相同。事实上,从业务体验的角度来说,影响用户感知的更多的是与5G用户面息息相关。如图7-33所示,当终端通过控制面接入网络并建立会话以后,进行业务时,数据并不经过核心网的控制面功能。因此,根据需要设计切片时,将核心网的控制面功能作为不同切片的共享部分,而用户面功能作为切片的专有部分,并视业务需求,考虑将用户面功能部署至边缘或核心。(例如,VR/AR、8K视频等业务对于带宽和时延要求较高,如果此类业务的用户面功能在核心层,就会带来传输网的带宽压力或用户体验差等问题。而语音通话、普通的Web网页业务等,对于带宽或时延要求并不高,此时,为了减少成本,可将该类应用的用户面功能部署在核心。)

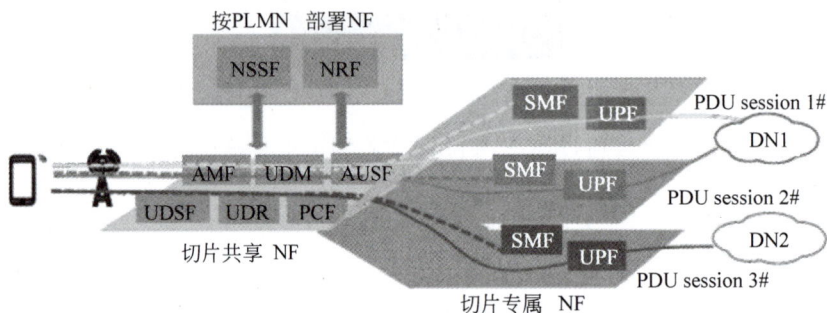

图 7-33 网络切片设计

另外,根据运营商的运营或部署需求,网络切片实例可以与一个或多个S-NSSAI相关联,而S-NSSAI可以与一个或多个网络切片实例相关联。与相同S-NSSAI关联的多个网络切片实例可以部署在相同或不同的跟踪区域中。当与相同S-NSSAI关联的多个网络切片实例部署在相同的跟踪区域中时,服务于UE的AMF实例在逻辑上可以属于(即是共通的)一个以上与此S-NSSAI关联的网络切片实例。

7.5.3 实验案例描述

使用平台提供的案例库,进入【5G业务场景】板块,选择“多切片场景下5G终端网络切片选择”案例,并单击【应用案例】,将本实验案例加载至软件中。

1. 案例描述

为保障后期5G网络对不同垂直行业或运营商应用的网络切片的规划与应用,某地运营商在5G独立组网的建设基础上,针对不同应用进行网络切片的方案设计与方案验证的工作。如图7-34所示,需要针对高清视频类应用和Web服务两类应用设计不同的切片方案,来满足不同应用对网络资源的需求。方案中的各设备均已建设并配置完成,设计切片来实现终端在多切片场景下针对不同应用的网络切片选择及业务的体验。

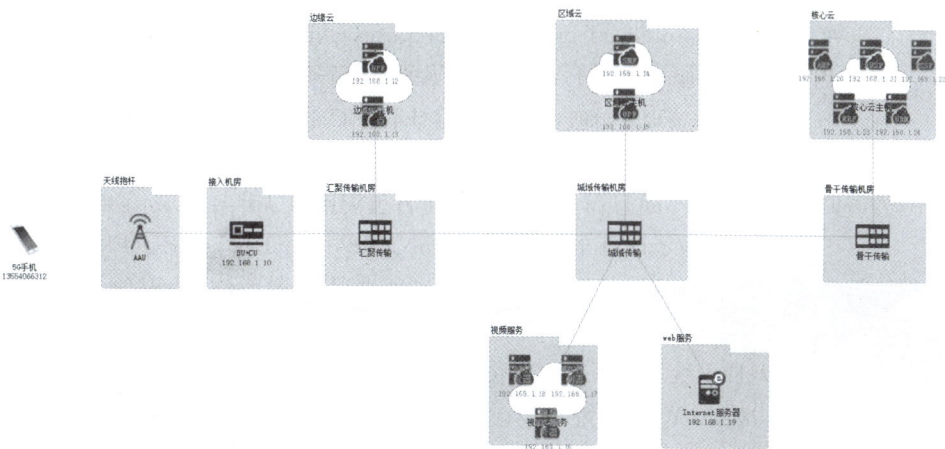

图 7-34 多切片实验案例的网络拓扑

2. 案例任务

设计两个切片,分别为 eMBB 增强移动宽带-001 和 eMBB 增强移动宽带-002,并满足如下要求:

(1) eMBB 增强移动宽带-001 作为 Web 服务的切片 S-NSSAI,并通过区域云实现业务的访问。

(2) eMBB 增强移动宽带-002 作为视频服务的切片 S-NSSAI,并通过边缘云来完成视频流的分发,减少对传输带宽资源的压力。(视频服务已部署完成,且已完成边缘MEC 节点的部署,在切片配置正确的情况下,可在边缘实现通过 MEC 节点来分发视频。)

(3) 两个切片 S-NSSAI 部署在一个切片实例下。

根据上述要求完成网络切片的设计,并通过终端采用不同切片来体验不同的应用。

7.5.4 实验步骤

1. 新建两个切片并规划两个切片的共享功能

(1) 在【切片网络编排】板块,单击"新建切片实例",完成一个网络切片实例的配置,如图 7-35 所示。

(2) 在该切片实例下增加两个切片,分别为 eMBB 增强移动宽带-001 和 eMBB 增强移动宽带-002,如图 7-36 所示。

(3) 规划这两个切片共享的网络功能(AMF、SMF、NRF)。

参考上一个实验。如图 7-37 所示,首先选中切片实例"123",然后分别右击"区域云主机"和"核心云主机",并勾选 AMF、NRF、SMF 服务。(由于两个切片均在同一个切片实例下,此规划完成后,表示这两个切片共享 AMF、SMF、NRF 服务。)

注:本实验中,这两个切片的共享功能为所有 5G 核心网的控制面功能,用户面功能(UPF)作为这两个切片的专有功能。

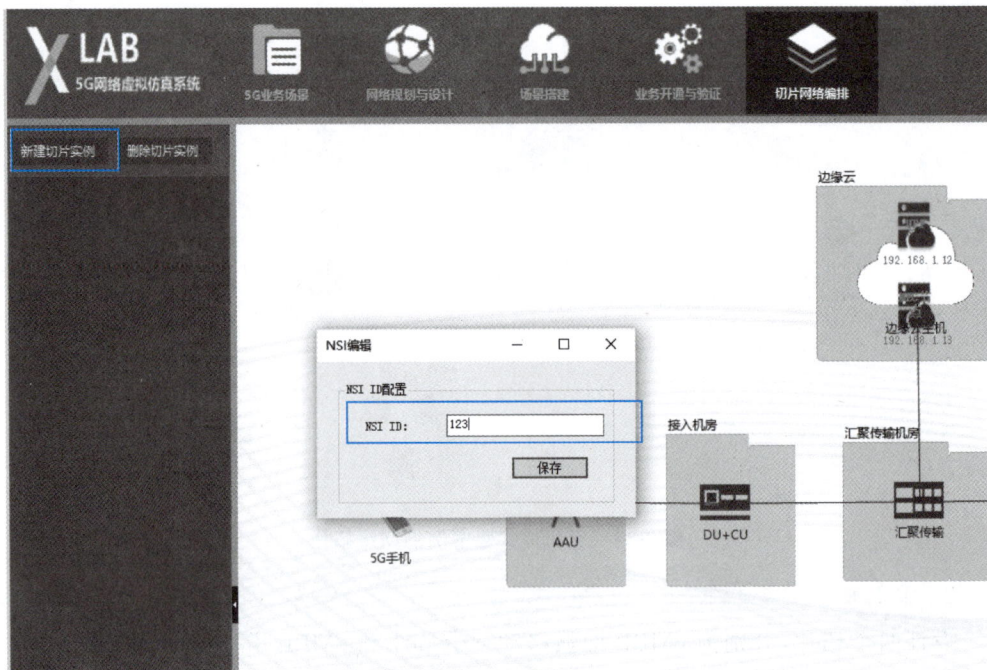

图 7-35　切片实例配置

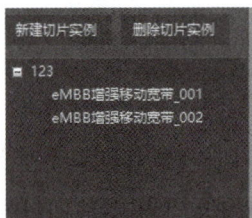

图 7-36　新建切片实例

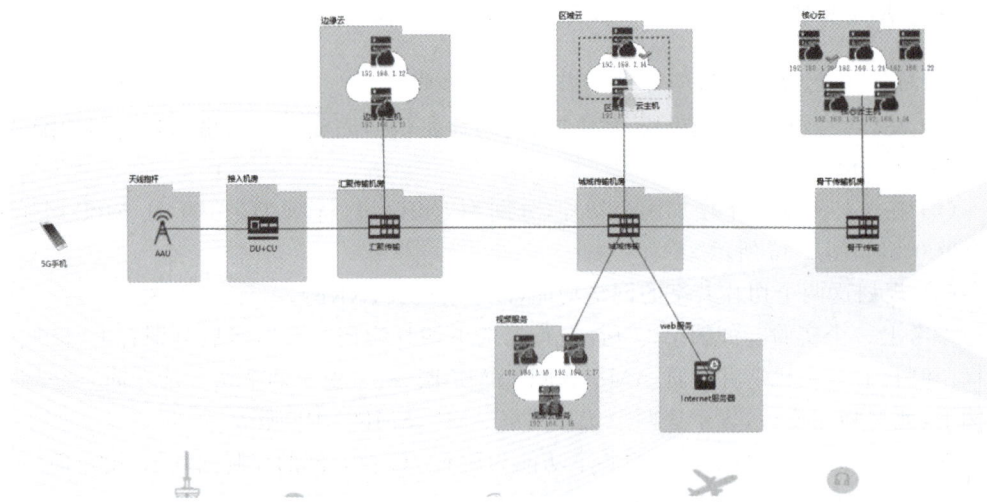

图 7-37　勾选 AMF/NRF/SMF 服务

2. 将两个切片应用至终端进行两种业务的共享资源中

(1) 进入【业务开通与验证】板块,双击"DU+CU",进入基站小区配置界面,在 TAI 下勾选刚刚添加的切片。因为两种业务都要经过同一个基站设备,所以这里将两个切片均勾选上,如图 7-38 所示。

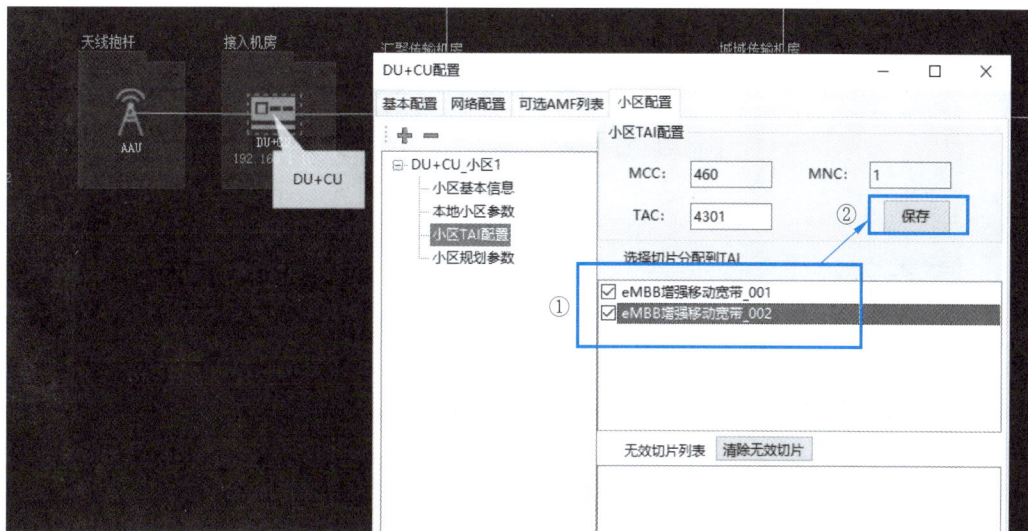

图 7-38　DU+CU 勾选切片

(2) 同理,将两个切片应用至 AMF、SMF、NSSF 中,如图 7-39 所示。

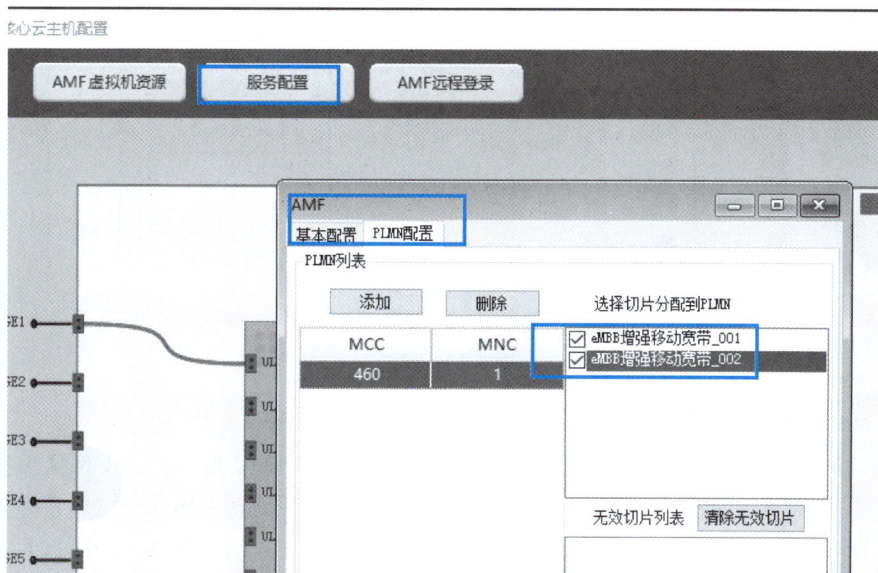

(a) 切片应用至AMF

图 7-39　切片应用至 AMF、NSSF、SMF

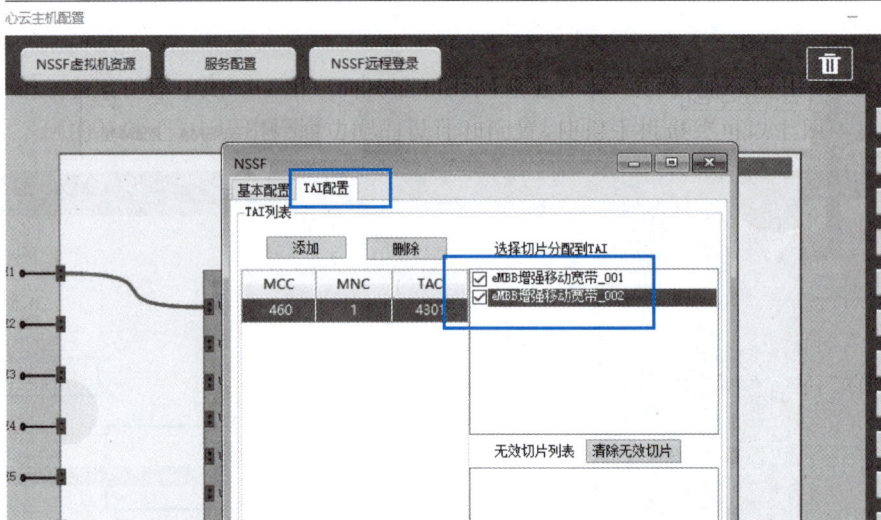

(b) 切片应用至NSSF

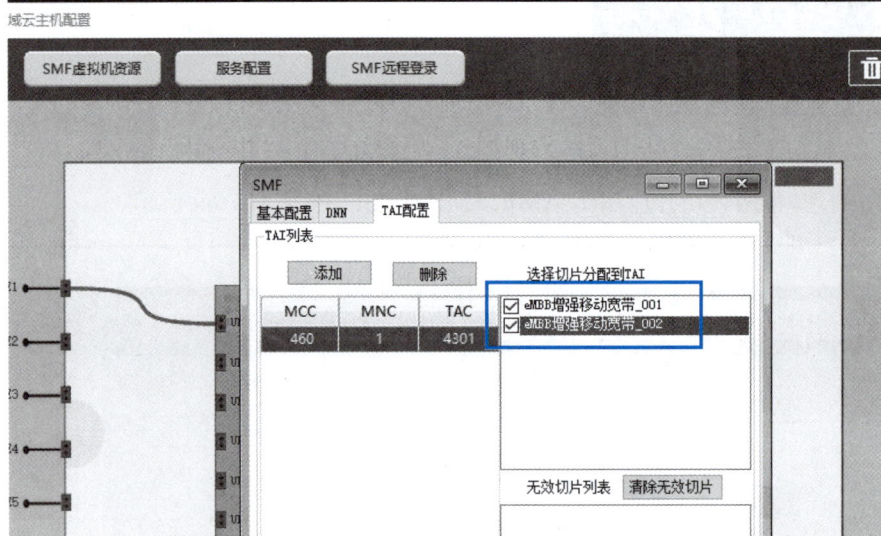

(c) 切片应用至SMF

图 7-39 （续）

3. 设计两个切片的专有功能

本案例中,两个切片的专有功能为不同的核心网用户面功能(UPF),并且根据案例任务的描述,要求 eMBB 增强移动宽带-001 作为 Web 服务的切片 S-NSSAI,并通过区域云实现业务的访问。eMBB 增强移动宽带-002 作为视频服务的切片 S-NSSAI,并通过边缘云来完成视频流的分发,减少对传输带宽资源的压力。那么意味着,在区域云上的 UPF 为 001 切片的专有功能,边缘云上的 UPF 为 002 切片的专有功能。

(1) 设置区域云 UPF 支持的切片为 001,如图 7-40 所示。

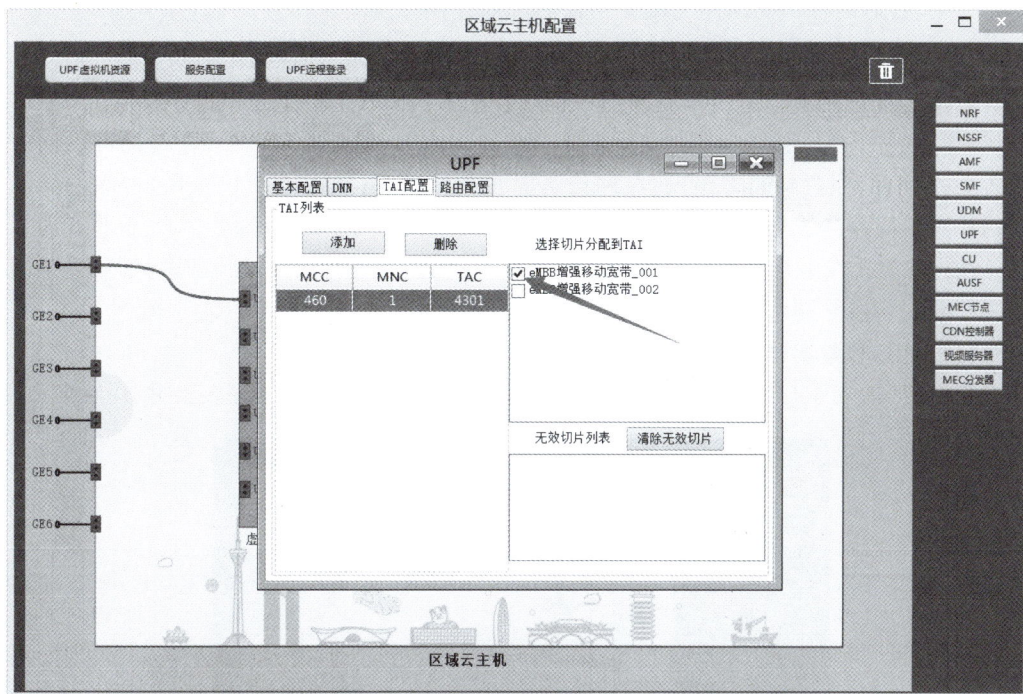

图 7-40　设置区域云 UPF 的切片为 eMBB 增强移动宽带-001

（2）设置边缘云 UPF 支持的切片为 002，如图 7-41 所示。

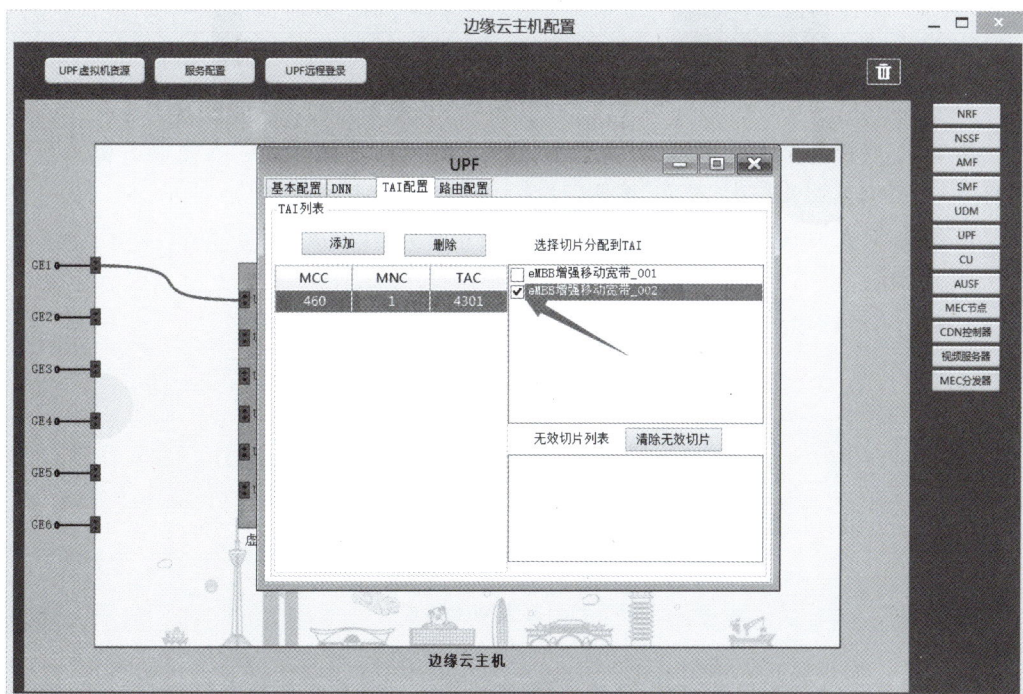

图 7-41　设置边缘云 UPF 的切片为 eMBB 增强移动宽带-002

如上,针对两种不同应用完成了切片的规划设计与应用。

4.切片的选择与业务测试

根据实验原理,5G用户可以签约一个或若干 S-NSSAI,可以简单认为签约一个或多个切片。在 5G 终端接入网络时,会携带一个或多个签约的 S-NSSAI,也就是可以同时接入 8 个切片,注意是同时接入,在进行不同业务时,根据业务的切片标识,自动选择不同切片为不同业务提供服务。

注:目前软件中暂只支持终端接入一个切片,因此在进行网络切片的选择时,要手动更改参数来切换终端切片的选择。

(1) Web 服务切片选择与体验。

第1步,进入 5G 手机的切片配置,设置 Web 服务对应的切片标识,如图 7-42 所示。

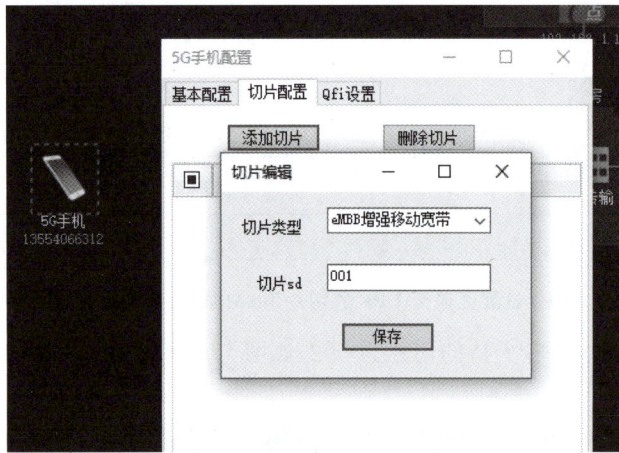

图 7-42　终端设置 Web 服务的切片标识

第2步,将设备全部开机,此时手机会进行入网与切片的选择。当完成后切换至手机屏幕,选择浏览器并单击"搜索"按钮,打开一个 Web 网页,如图 7-31 所示。

第3步,查看流程图,在过滤窗口仅勾选 Web 请求,并单击"过滤"按钮,如图 7-43 和图 7-44 所示。

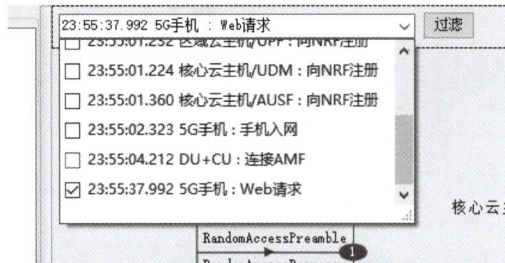

图 7-43　勾选 Web 请求

通过上述流程图可以看到,当终端进行 Web 应用时,通过区域云主机的 UPF 进行业务的服务,满足案例任务要求。

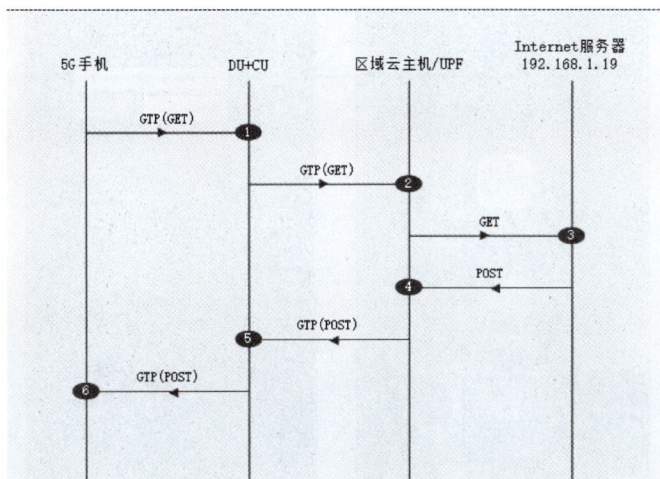

图 7-44　查看手机上网信令流程图

（2）视频服务切片选择与体验。

第 1 步，进入 5G 手机的切片配置，删除手机的切片信息，如图 7-45 所示，并增加视频服务对应的切片标识。此时终端会重新入网进行网络切片的选择。

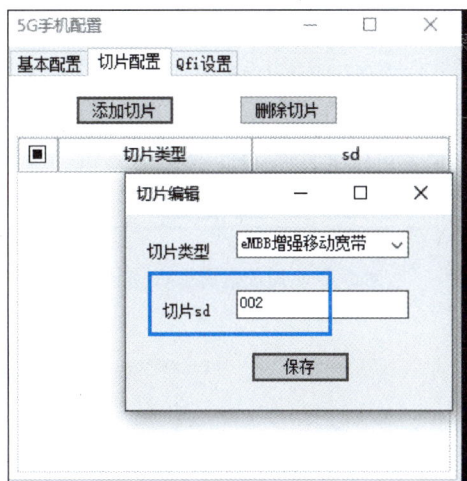

图 7-45　终端进行视频服务的网络切片设置

第 2 步，切换至手机屏幕，选择视频，如图 7-46 所示，并输入视频服务器的地址（192.168.1.16），单击 GO 按钮来进行视频业务的体验。

第 3 步，查看流程图，如图 7-47 所示，在过滤窗口仅勾选查看 RTP 视频，并单击"过滤"按钮。

通过如图 7-48 所示的流程图可以看到，当终端在进行视频应用时，通过边缘云主机的 UPF 进行业务的承载，并通过边缘 MEC 来分发视频流，满足案例任务要求。

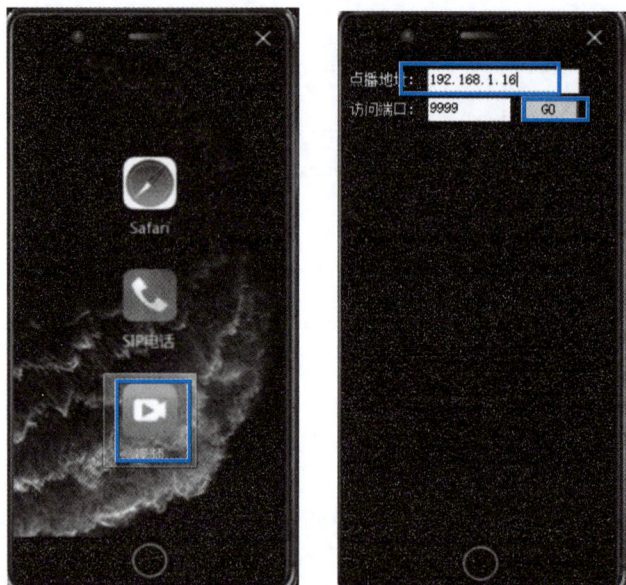

图 7-46　输入视频服务器地址等视频业务体验设置

图 7-47　勾选查看 RTP 视频

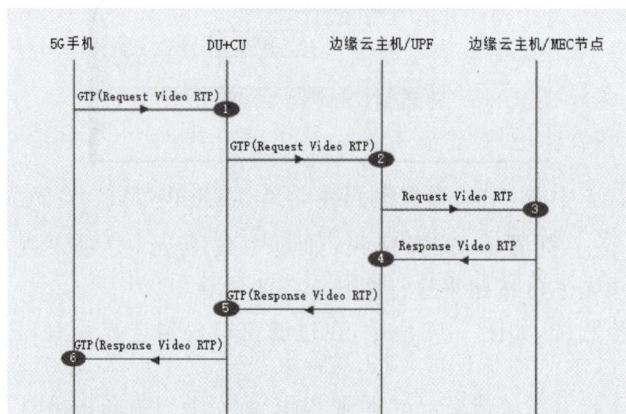

图 7-48　查看手机观看视频的信令流程图

7.5.5 实验总结

通过本实验了解在不同业务需求下如何进行 5G 网络的切片设计,并学会如何设计不同网络切片的共享部分与专有部分。另外,在实验中也很清楚地观测了终端如何通过切片标识来进行网络切片的选择,并了解终端在多切片场景下如何选择 5G 网络切片来为其不同业务提供服务。

完成本实验后,思考以下问题,并搜索相关资料,完成实验报告的作答:

(1) 在实验时,新建的一个切片实例下可以增加多个切片,在该切片实例下的多个切片如何差异化地提供服务?

(2) 是否将切片的用户面功能部署在边缘就可实现较好的业务体验,本案例中的 MEC 节点为何部署在边缘,分析当应用服务没有相对于 UPF 同层级部署时,对于业务体验的影响。

(3) 当终端同时接入多个网络切片时,如何使用这些切片?

第8章

5G网络故障排查处理与网络优化

在前面学习的 5G 网络架构、帧结构、信令流程等内容基础上,本章将主要介绍网络运行维护方法,主要包括以下两部分:

(1) 5G 网络故障排查:在网络部署和维护时,当特定部分或设备发生紧急性的运行异常时,快速识别和解决网络中出现的故障和问题,恢复网络服务。

(2) 5G 网络优化:在网络运行后,定期评估网络性能和分析网络使用数据,识别性能瓶颈,制定优化策略,通过调整配置、升级硬件、改进算法等优化措施,提高整个网络的性能、效率、可靠性和用户体验,满足不断增长的业务需求。

网络故障排查保证了网络的正常运行,而无线网络优化提高用户体验是一个长期的过程,它贯穿了网络发展的整个生命周期,两者相辅相成,共同保障 5G 网络的高效和稳定。

8.1 5G 网络故障排查处理

8.1.1 故障排查处理流程

5G 接入网作为连接用户设备和核心网络的关键部分,其稳定性对整个网络服务至关重要,一旦发生故障将造成严重影响,甚至导致基站退服。5G 网络故障排查处理的流程(图 8-1)如下:

(1) 备份数据:做好数据备份,包括脚本和告警数据等的备份。

(2) 收集故障信息:收集故障相关的告警、日志、话务统计信息及故障现象等信息,以便有效帮助用户进行故障分析与定位。

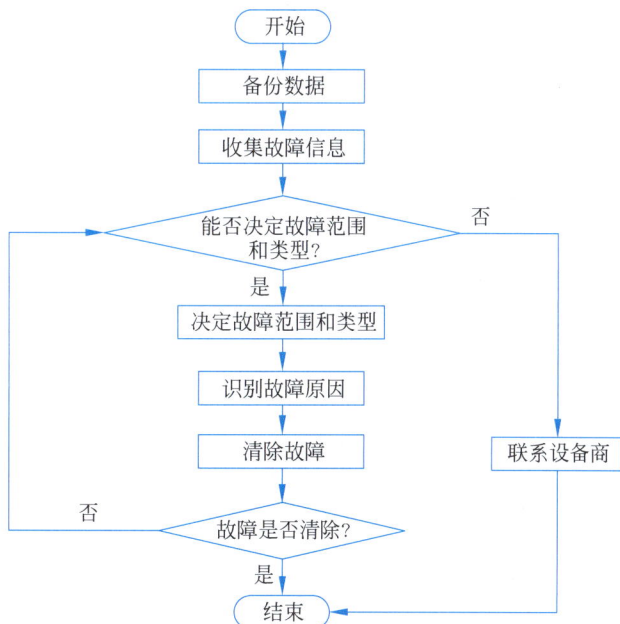

图 8-1 5G 网络故障排查处理的流程

(3) 决定故障范围和类型:根据收集到的信息决定故障的范围和类型。例如,是小区故障还是传输故障,是硬件类故障还是软件类故障。

（4）识别故障原因：根据告警信息和故障现象列出所有可能的故障原因，并逐条排查，确定最终故障原因。

（5）清除故障：根据故障原因有针对性地清除故障。例如，硬件类故障通过替换法清除，软件类故障通过升级或者修改参数清除。

8.1.2 故障分类与处理思路

5G基站有小区故障、传输故障、时钟故障和NSA组网故障四种常见故障类型。这部分与前几章内容联系广泛，在学习过程中，可以将小区故障与第6章带宽、频点等无线资源理论关联，传输故障与第3章的协议栈关联，时钟故障与计算机网络、第4章基站硬件单板等内容关联，NSA组网故障与第3章关键接口等相结合学习，有助于获得更好的学习效果。下面分别简述四种故障的分析与处理方法。

1. 小区故障

结合3.2节内容，5G网络的小区主要分为CU小区和DU小区两大类（图8-2）：CU小区负责建立流程管理，并管理DU小区，通过命令ADD NRCELL添加。所有小区共同组成了整个无线网络的覆盖；DU小区负责管理小区的物理资源，包括基带板资源、扇区等，通过命令ADD NRDUCELL添加。

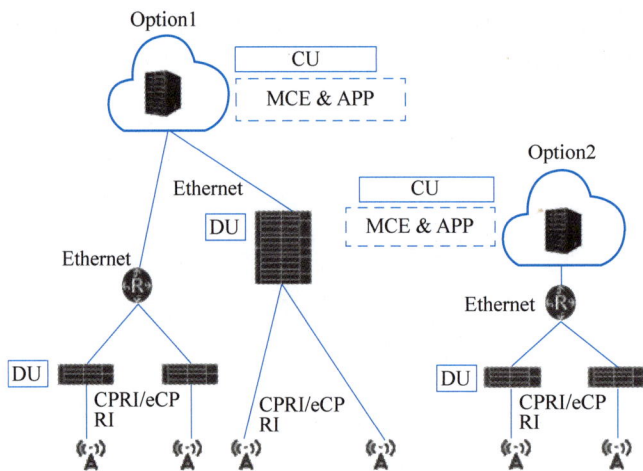

图8-2　5G系统小区类型

下面分别介绍CU小区和DU小区的故障分析与处理思路，并分析相关典型案例。

1）CU小区故障处理思路

首先，观察到发生故障现象：

（1）CU小区不可用告警；

（2）该小区业务不可用，

识别为CU小区故障。

然后，列出所有可能的故障原因，依次排查：

（1）小区被闭塞导致故障；

（2）F1 信令链路出现故障；

（3）频带配置、双工模式配置不一致等导致 DU 小区不可用。

最后，确定最终原因，并有针对性地清除故障。

典型案例：带宽不足案例。

故障现象：在一个高人流的商业区，用户在高峰时段经常遭遇网络速度下降的问题。

故障范围和类型：分析后发现，由于未能预见到商业区发展带来的流量增加，该小区原本设计的带宽分配，不足以应对高峰时段的数据需求。属于接入网的小区故障问题。

故障原因：带宽不足可能是 CU 小区或 DU 小区的配置错误、链路故障、物理参数错误等多种因素引起的。分别排查可能引起带宽不足的原因。结合第 3 章内容分析，在 5G 网络架构中，CU 负责非实时控制面的处理，包括核心网与无线接入网之间的连接、用户面数据的路由选择和资源分配，包括带宽分配。CU 负责移动性管理，包括用户在不同小区之间的切换。CU 通过协调周边不同小区之间的资源分配，以实现负载均衡。所以本案例属于 CU 小区故障。

清除故障：通过增加该小区的带宽配置，并优化周边小区的负载均衡设置，网络运营商能够提升服务质量，缓解高峰期的网络拥堵。

2）DU 小区故障处理思路

首先，当观察到发生故障现象：

（1）NR 分布单元小区传输接收点（Transmission Reception Point，TRP）不可用或服务能力下降等 DU 小区不可用告警；

（2）该小区业务不可用，

识别为 DU 小区故障。

然后，列出所有可能的故障原因，依次排查：

（1）小区参数配置错误；

（2）射频资源故障；

（3）基带资源故障；

（4）CPRI 带宽不足；

（5）时钟异常；

（6）License 资源不足；

（7）F1 链路故障；

（8）时延检查失败。

最后，确定最终原因，并有针对性地清除故障。

典型案例：频点干扰案例。

故障现象：在一个城市的移动网络中，用户经常在某个小区经历通话掉线和数据连接速度缓慢的问题。

故障范围和类型：经过技术人员调查，发现该小区使用的频点与相邻小区的频点存在干扰，属于接入网的小区故障问题。

故障原因：频点干扰可能是 CU 小区或 DU 小区的配置错误、小区功率超限、物理参数错误、链路故障等多种因素引起的。分别排查可能引起频点干扰的原因,确定最终故障原因为 DU 小区故障。结合第 3 章内容分析,在移动网络中,CU 和 DU 是 5G 网络架构中的两个关键组成部分。CU 主要负责非实时服务的处理,而 DU 负责实时服务和无线接入网的物理层处理。频点干扰问题通常与物理层的处理相关。本次故障原因是两个小区的频点设置过于接近,没有足够的频率隔离,导致信号干扰。这通常与 DU 小区的物理资源管理有关,包括基带板资源和扇区等。调整频点分配和增加频点间隔是 DU 小区物理资源管理的一部分。

清除故障:调整这两个小区的频点分配,增加频点间的间隔,从而减少干扰,恢复网络性能。

2. 传输故障

结合 3.2 节的无线网络协议层内容,网络协议栈定义了网络设备如何在不同层级上进行通信。支持更高的数据速率、更低的延迟和更广泛的服务类型,5G 网络的协议栈设计更复杂。在 5G 网络中,传输故障可能发生在协议栈的不同层次。故障处理时,通常需要从低层到高层逐步排查,以确定故障的具体位置和原因,如图 8-3 所示。

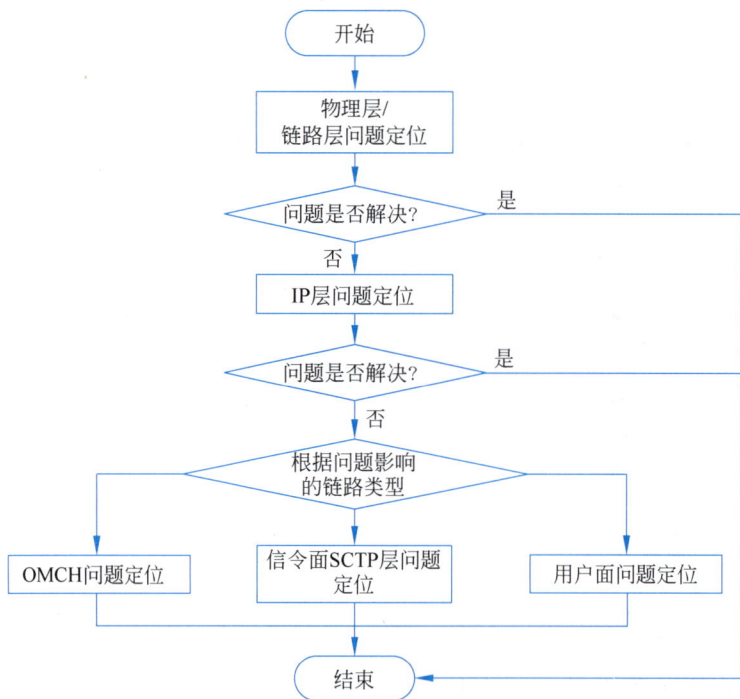

图 8-3　传输问题总体定位思路

1)物理层故障处理思路

首先,观察到发生故障现象:

(1)以太网链路故障告警;

(2)高层业务链路中断,

识别为物理层故障。

然后,列出所有可能的故障原因:

(1) 网线或光纤光模块故障、错接;

(2) 以太网端口协商模式两端不一致。

最后,依次排查以下环节,确定最终原因,并有针对性地清除故障:

(1) 基站侧查看告警。在基站网元中查看光纤或光模块相关告警,根据在线帮助处理问题。

(2) 查看物理端口状态。如图 8-4(a)所示,查询以太网端口状态,正常为"激活态",若端口状态为不可用,则可以先检查快速以太网接口(Fast Ethernet Interface,FE)/千兆以太网接口(Gigabit Ethernet Interface,GE)物理端口接线是否正常,网线是否有问题;再排查对端端口是否状态正常;最后注意网线不能太长,网线最大传输距离一般不超过 100m。

(3) 端口协商模式检查。查询以太网端口配置信息,如图 8-4(b)所示,检查"速率""双工模式"这两个参数的设置是否与对端传输设备一致,这两个正常状态为"自协商"。

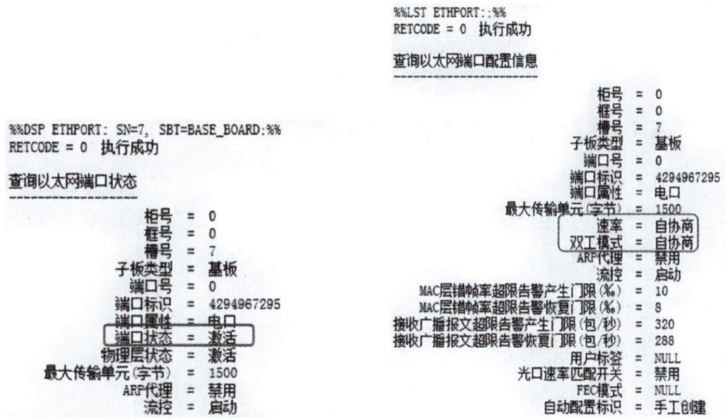

(a) 查询以太网端口状态　　(b) 查询以太网端口配置信息

图 8-4　查询以太网端口配置信息

典型案例:光模块或光纤故障案例。

故障现象:发生高层业务链路中断现象,识别为物理层故障。

故障原因:列出所有可能的故障原因并排查,确认为光模块或光纤故障。

故障处理:检查光模块状态和光纤连接,针对光模块损坏或光纤断裂进行必要更换。

2) 数据链路层故障处理思路

首先,观察到发生故障现象:

(1) 基站 ping 不通基站的网关地址;

(2) 无 ARP 表,

识别为数据链路层故障。

然后,列出所有可能的故障原因:

(1) VLAN ID 配置错误;

(2) 传输网络故障。

最后,依次排查以下环节,确定最终原因,并有针对性地清除故障:

（1）检查地址解析协议（Address Resolution Protocol，ARP）表项是否正常。如图 8-5 所示，查询基站侧 ARP 表项，若没有基站网关地址对应的 ARP 表项，则可以尝试 ping 网关互联网协议地址（Internet Protocol Address，IP 地址），ping 完之后，APR 表中没有网关地址对应的 ARP 表项，即 ARP 表项异常。

```
%%DSP ARP: SN=7;%%
RETCODE = 0   执行成功

查询ARP表项

柜号   框号   槽号   VRF索引   IP地址          MAC地址           ARP类型    ARP老化时间(分)
0      0      7      0         172.26.60.254   E097-964B-E4FA    动态已解析  5
0      0      7      0         10.154.87.39    4CF9-5D7B-EB47    动态已解析  20
0      0      7      0         10.154.84.1     0000-5E00-0109    动态已解析  20
(结果个数 = 3)
```

图 8-5　查询 ARP 表项

（2）检查基站 VLAN 配置。查询基站的 VLAN ID 配置是否和网络协商规划参数一致。

（3）ARP 报文抓包。通过报文捕获或以太网端口镜像分析 ARP 报文的交互，若基站没有发送或响应 ARP Request，则为基站问题，需要研发人员进行分析；若对端没有发送或者响应 ARP Request，则为基站网关设备问题，需要传输承载人员进行分析。

典型案例：VLAN ID 配置错误导致故障的案例。

故障现象：基站 ping 不通基站的网关地址，且无 ARP 表项。

故障原因：列出所有可能的故障原因并依次排查，确认为 VLAN ID 配置错误故障。

故障处理：检查并恢复正确的基站 VLAN 配置，使其和网络协商规划参数一致。

3）网络层故障处理思路

首先，观察到发生故障现象：

（1）IP 地址冲突、IP 远端环回等基站侧网络层通断类告警；

（2）基站无法 ping 通对端设备，

识别为网络层故障。

然后，列出所有可能的故障原因：

（1）底层物理层、数据链路层异常；

（2）IP 地址、路由未配置或配置异常；

（3）传输网中间链路断开。

最后，依次排查以下环节，确定最终原因，并有针对性地清除故障：

（1）查看基站告警。检查基站是否有与物理层和数据链路层相关的告警，先排除底层故障。

（2）检查路由表。如图 8-6 所示，查询基站的 IP 地址和路由配置是否正确。若业务数据包中的"目的 IP 地址"和路由表中的"子网掩码"相与后结果等于路由表中的"目的 IP 地址"，则表示匹配该路由。

（3）ping 测试。进行 ping 检测时，尝试 ping 不同大小的报文及不同的 DSCP 值，比较有代表性的报文大小有 20B、500B、1500B，比较有代表性的 DSCP 值有 48、46、34、18、10、0，其可以查看传输网络连通性是否正常。

```
%%DSP IPRT:;%%
RETCODE = 0  执行成功

查询IP路由表

柜号  框号  槽号  实际端口类型  实际端口号  路由类型  VRF索引  目的IP地址        子网掩码            下一跳IP地址
0    0    7    以太网端口     0         下一跳    0       10.154.84.0      255.255.252.0      10.154.87.110
0    0    7    以太网端口     0         下一跳    0       10.0.0.0         255.0.0.0          10.154.84.1
0    0    7    以太网端口     1         下一跳    0       172.26.60.128    255.255.255.128    172.26.60.129
0    0    7    以太网端口     1         下一跳    0       172.26.60.5      255.255.255.255    172.26.60.254
0    0    7    以太网端口     1         下一跳    0       172.23.5.20      255.255.255.255    172.26.60.254
0    0    7    以太网端口     1         下一跳    0       200.198.100.254  255.255.255.255    172.26.60.254
(结果个数 = 6)
```

图 8-6　查询 IP 地址和路由配置是否正确

当特定的包长 ping 出现丢包时,可能是端到端设备的最大传输单元((Maximum Transmission Unit,MTU)配置不正确。当特定的 DSCP 值出现丢包时,可能是在中间传输带宽受限的情况下丢弃了低优先级的报文或中间传输网络修改了 DSCP 值后导致拥塞而丢弃了报文。

(4) TraceRT 测试。此步骤用于确认中间传输是否断链,通过 TraceRT 可以确定网络层不通的大致范围。如图 8-7 所示,此场景为正常回显,能够看到目的 IP 地址。

```
traceroute to  10.175.165.189(10.175.165.189) 30 hops max, 40 bytes packet

1 10.154.84.1 12 ms  4 ms  8 ms

2 10.175.165.189 2 ms  3 ms  2 ms
```

图 8-7　TraceRT 测试正常回显场景

如图 8-8 所示,此场景为非正常回显,从基站出去第一跳就无响应,可以判断故障点在基站和网关之间。

```
traceroute to  10.175.165.184(10.175.165.184) 30 hops max, 40 bytes packet

1 * * *

2 * * *
```

图 8-8　TraceRT 测试非正常回显场景

说明:上面为帮助读者了解故障排查发生时的系统配置查询场景,多以配置查询截图为例给出。为重点梳理故障排查的思路,后面将以表格形式列出重点关注的参数。

4)传输层故障处理思路

传输层故障涉及控制面、用户面、维护面三个领域,下面依次介绍。

(1)传输层控制面故障。

首先,观察到发生故障现象:

① SCTP 链路通断类故障告警;

② 基站高层接口状态 DOWN

识别为传输层的控制面故障。

然后,列出所有可能的故障原因:

① 底层物理层、数据链路层、网络层故障;

② IP 地址、VLAN ID、端口号等流控制传输协议(Stream Control Transmission Protocol,SCTP)两端参数配置错误导致协商失败。

最后,依次排查以下环节,确定最终原因,并有针对性地清除故障:

① 查看基站告警。检查基站侧是否有与底层物理层、数据链路层及网络层相关的告警,应先排除底层故障,确保基站能够 ping 通核心网信令面地址。

② 检查 SCTP 配置。查询本端、对端 IP 地址及端口号配置是否正确,如表 8-1 所示,如果配置错误,则按照网络协商规划参数取值进行参数配置。

表 8-1 SCTP 配置参数举例

查 询 方	第一个 IP 地址	SCTP 端口号
本端	172.28.1.125	36422
对端	172.28.1.150	36422

③ SCTP 信令跟踪。通过 LMT 软件或者 U2020 网管中的 SCTP 跟踪功能,捕获 SCTP 消息的交互过程。如图 8-9 所示,正常的 SCTP 建立连接包含 4 步协商过程,默认是由客户端向服务器发起 INIT 消息,启动建立连接流程。

217	2018-08-29 11:35:08 (500)	发送	INIT	0	32	00 45 C0 00 40 14 05 00 00 FF 84 B5 B9 …
218	2018-08-29 11:35:08 (502)	接收	INIT ACK	0	760	00 45 C0 03 18 BA AB 00 00 FE 84 2D 3B …
219	2018-08-29 11:35:08 (502)	发送	COOKIE ECHO	0	728	00 45 C0 02 F8 14 06 00 00 FF 84 B3 00 …
220	2018-08-29 11:35:08 (504)	接收	COOKIE ACK	0	4	00 45 C0 00 24 BA AC 00 00 FF 84 30 2E …

图 8-9 SCTP 建立连接的过程

- 在 SCTP 流程中,客户端使用一个 INIT 报文发起一个连接。
- 服务器使用一个 INIT ACK 报文进行响应,其中包含了 Cookie(标识这个连接的唯一上下文)。
- 客户机使用 COOKIE ECHO 报文进行响应,其中包含了服务器所发送的 Cookie。
- 服务器要为此连接分配资源,并通过向客户机发送一个 COOKIE ACK 报文对其进行响应。

如果以上 4 步正常交互未完成,则可排查未正常发送报文的网元。

(2)传输层用户面故障。

首先,观察到发生故障现象:

① 用户面承载链路故障、用户面故障等基站侧用户面通断类故障告警;

② 基站高层业务面中断,

识别为传输层的用户面故障。

然后,列出所有可能的故障原因:

① 底层物理层、数据链路层、网络层故障;

② 本端 IP 地址、对端 IP 地址等用户面未配置或配置错误导致故障。

最后,依次排查以下环节,确定最终原因,并有针对性地清除故障。

① 查看基站告警。检查基站侧是否有与底层物理层、数据链路层及网络层相关的告警,先排除底层故障,确保基站能够 ping 通核心网用户面地址。

② 检查用户面配置。查询本端和对端 IP 地址配置是否正确,如表 8-2 所示,若配置

错误,则可按照网络协商规划参数取值进行参数配置。

表 8-2 用户面配置信息举例

查 询 方	IP 地址
本端	172.28.1.125
对端	10.200.3.150

③ 用户面消息跟踪。在 U2020 网管中启动 GPRS 隧道协议用户面(GPRS Tunneling Protocol-Userplane,GTPU)部分的消息跟踪。GTPU 是一种通道检测报文,用户检测用户面的连接状态,若发现 GTPU 链路不通,则通知释放承载。GTPU 探测报文每隔 5min 从基站向核心网发送一次报文,核心网回复一个报文响应,类似心跳探测报文。若跟踪到了基站发送的 GTPU 请求报文,但是没有跟踪到核心网发送的 GTPU 响应报文,则排查核心网设备是否出现了设置问题。

(3)传输层维护面故障。

首先,观察到发生故障现象:

① U2020 上报 ALM-301 NE is Disconnected 告警;

② 网管无法管理目标基站,

识别为传输层的维护面故障。

然后,列出所有可能的故障原因:

① 底层物理层、数据链路层、网络层故障;

② 网管连接方式设置出现问题;

③ 中间的传输设备屏蔽了操作维护通道(Operation and Maintenance Channel,OMCH)的 TCP 端口号。

最后,依次排查以下环节,确定最终原因,并有针对性地清除故障。

① 近端问题处理:

• 在基站侧查看告警,确保基站没有与底层相关的告警。

• 连通性检查。在基站侧 ping 对端网管 IP 地址,若 ping 不通,则按照之前的网络层故障处理流程进行处理。

• IP 传输自检。如图 8-10 所示,在 LMT 中通过 IP 传输自检功能,检查 OMCH 通道是否正常,若不正常,则根据提示进行相应处理。

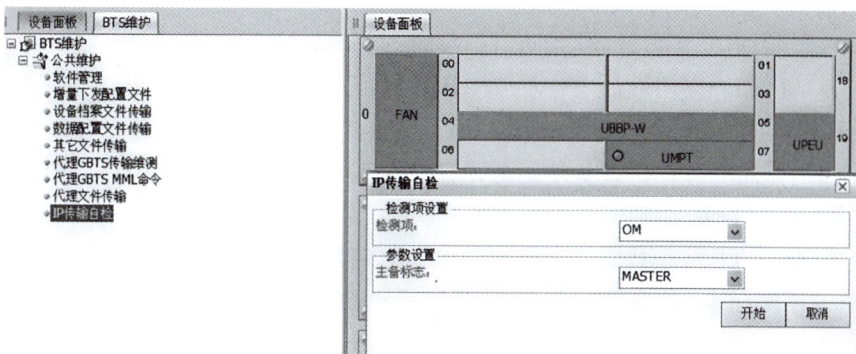

图 8-10 IP 传输自检

② 远端问题处理：

- 连通性检查。在网管侧 ping 对端基站 IP 地址，若 ping 不通，则按照之前的网络层故障处理流程进行处理。

- 检查 U2020 SSL 链路状态。如图 8-11 所示，"网元连接类型"可以修改为"安全套接层(Secure Sockets Layer,SSL)连接"或者"普通连接"，需要和基站侧配置保持一致。

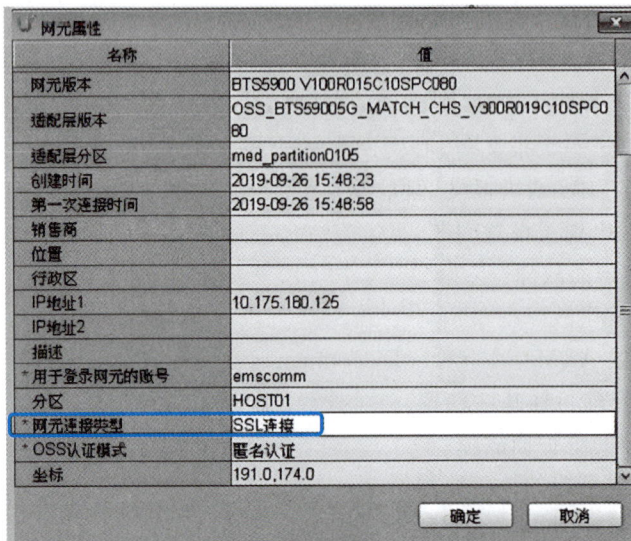

图 8-11　修改网元连接类型

- 检查传输设备是否屏蔽了 OMCH TCP 连接的端口号。若 TCP 连接状态失败，则应重点检查传输防火墙中的设置，检查其是否屏蔽了源端口 6007、目的端口 1024～65535，若是，则重新开放此端口连接。

5）应用层 X2 接口故障处理思路

首先，观察到发生故障现象：

（1）基站 NSA X2 通断类告警；

（2）NSA 场景下，辅站建立失败，

识别为应用层 X2 接口故障。

然后，列出所有可能的故障原因：

（1）底层物理层、数据链路层、网络层故障；

（2）SCTP、用户面两端的 IP、VLAN ID、端口号等参数配置错误导致协商失败。

最后，依次排查以下环节，确定最终原因，并有针对性地排除故障：

（1）查看基站告警。检查基站侧是否有与物理层、数据链路层及网络层相关的告警，排除底层故障，确保基站能够 ping 通核心网。

（2）检查 SCTP 链路状态。查询相关 SCTP 链路状态是否正常。如表 8-3 所示，正常情况下，"闭塞标识"为"解闭塞"，"SCTP 链路状态"为"正常"。若"SCTP 链路状态"为"断开"，则按照之前的传输层控制面故障处理流程进行排查。

表 8-3　SCTP 链路状态信息查询

查　询　方	正　常　值	异　常　值
闭塞标识	解闭塞	未知
SCTP 链路状态	正常	断开

（3）检查对端基站配置。查询对端 eNodeB ID，查询到对端基站标识为 202，在对端 eNodeB 上确认是否正确配置了 X2 接口，主要排查地址、端口号是否与本端匹配。

3．时钟故障

5G 无线接入网的外部时钟源主要包括 GPS 和 IEEE 1588，当出现同步故障后，基站无法开通小区业务，同时可能伴有各种时钟相关告警。本部分重点介绍 GPS 和 IEEE 1588 时钟故障处理思路。在故障排查时候，快速查看当前站点时钟状态。如表 8-4 所示，只要这些有一项不是正常值，就说明当前站点时钟同步出现故障。然后，根据具体故障现象来分析和处理。

表 8-4　当前站点时钟状态

关键参数	正　常　值	异　常　值
当前时钟源	GPS Clock 或 IP Clock	未知
当前时钟源状态	正常	丢失、不可用、抖动、频率偏差过大、相位偏差过大、时钟参考源不同源等状态
锁相环状态	锁定	快捕、保持、自由振荡等状态
基站时钟同步模式	时间同步	未知

1）GPS 时钟故障处理思路

首先，观察到发生故障现象：

（1）出现 GPS 时钟故障类告警，包括 ALM-26122 星卡锁星不足等；

（2）终端切换失败甚至小区退服，

识别为 GPS 时钟故障。

然后，列出所有可能的故障原因：

（1）单板故障；

（2）时钟配置问题；

（3）GPS 时钟源异常；

（4）时钟数字模拟（Data Analog，DA）值异常。

最后，依次排查以下环节，确定最终原因，并有针对性地清除故障：

（1）查看单板状态。检查基站主控单板或者时钟单板工作状态是否正常，确保相关单板没有异常告警。

（2）检查基站时钟配置信息。查询基站时钟同步模式是否已配置为系统所需的时间同步。查询 GPS 配置信息，查看 GPS 工作模式是否已经正确添加，比如，"GPS 工作模式＝全球定位系统"。若没有添加，则可以通过 ADD GPS 命令进行添加。

（3）检查 GPS 时钟状态。检查基站是否选源成功，重点关注"跟踪的 GPS 卫星数目"是否大于或等于 4,"链路激活状态"是否为"激活"。若卫星数量小于 4 颗,则检查 GPS 天馈安装是否合理。若链路状态不可用,则检查 GPS 天线线缆是否断开,星卡是否出现异常。最终,根据具体问题进行相应处理,表 8-5 列出时钟配置信息。

表 8-5　时钟配置信息查询举例

查 询 内 容	查 询 参 数	举　　例
基站时钟同步模式	基站时钟同步模式	时间同步
GPS 配置信息	GPS 工作模式	全球定位系统
GPS 时钟状态	跟踪的 GPS 卫星数目	8
	链路激活状态	激活
时钟 DA 值	初始 DA 值	31413
	中心 DA 值	31000
	当前 DA 值	31000

(4) 检查时钟数字模拟值。基站时钟算法会根据频偏值计算出 DA 值,将 DA 值写入数/模转换器(Digital-to-Analog Converter,DAC)中,DAC 会输出相应的电压控制晶振频率,用于控制和调整基站时钟的晶振频率。检查时钟的 DA 值。若基站当前 DA 值和初始 DA 值相差过大(大于 500),则可能存在外部干扰,需要排查外部干扰源。

2) IEEE 1588 时钟故障处理思路

首先,观察到发生故障现象:

(1) 出现 1588 时钟故障类告警;

(2) 终端切换失败甚至小区退服,识别为 1588 时钟故障。

然后,列出所有可能的故障原因:

(1) 单板故障;

(2) 时钟配置问题;

(3) 传输网络问题;

(4) IP Clock 未授权;

(5) IP Clock 服务器异常。

最后,依次排查以下环节,确定最终原因,并有针对性地清除故障:

(1) 查看单板状态。检查基站主控单板或者时钟单板工作状态是否正常,确保相关单板没有异常告警。

(2) 检查时钟配置。查询 IP 时钟链路配置信息,查看是否正确添加 IP 时钟源,如表 8-6 所示,查看时钟源配置是否正确。

表 8-6　IEEE 1588 故障排查关键配置信息查询举例

查 询 内 容	查 询 参 数	举　　例
IP 时钟链路	协议类型	PTP
	客户端 IPv4 地址	192.168.1.107
	服务端 IPv4 地址	192.168.1.128
时钟报文	传输端口	319/320

续表

查 询 内 容	查 询 参 数	举　　例
License 授权	GPS Clock 许可授权	未受限
	GPS Clock 参考时钟源状态	不可用
	IP Clock 许可授权	允许
	IP Clock 参考时钟源状态	不可用
IP 时钟链路状态	链路可用状态	可用
	链路激活状态	激活

（3）检查传输网络。

① 若基站 ping 不通对端 IP 时钟服务器，则通过命令确认是否有到 IP Clock 的路由。若没有且基站接口 IP 地址与 IP Clock 的 IP 地址不在同一网段中，则使用 ADD IPRT 命令增加路由。

② 若可以 ping 通，则通过 U2020 中的跟踪"IP 时钟数据采集"功能确认传输网络是否存在抖动和时延情况。若存在，则需要排查传输网络的质量。

③ 若传输网络的连通性和质量都没有问题，则需要排查网络防火墙是否进行了端口限制，是否关闭了时钟报文的传输端口，导致时钟报文无法正常到达基站。

（4）检查 License 授权情况。正常情况下，License 的授权状态为允许或不限制。查询 License 授权情况，查看显示结果中的"许可授权"项是否为"允许"。若未授权，则需要申请新的 License 文件。若显示结果中的"参考时钟源状态"为"不可用"，则需要检查基站与时钟源的物理连接是否正确且通信正常。

（5）检查 IP 时钟状态。查询基站是否选源成功，重点关注"链路可用状态"是否为"可用"，"链路激活状态"是否为"激活"。若当前参考时钟源已经激活，则基站已经选源成功；若当前参考时钟源为可用未激活，则先设置 MANUAL，强制手动选择相应的时钟源。

4．NSA 组网故障分析和处理

部署初期 5G 网络以 NSA 组网为主，采用 Option 3x 组网方案，在完成 LTE 侧附着流程之后，NSA 组网辅站添加流程如图 8-12 所示。

根据第 5 章信令部分内容，NSA 接入整体流程如下：

（1）LTE 侧附着接入，完成 LTE 小区驻留。

（2）LTE 侧为终端下发 NR 测量配置（B1 事件）。

（3）终端完成 NR 测量，上报测量报告给 LTE。

（4）LTE 基站向 NR 基站发起辅站添加申请。

（5）NR 基站准备资源，相关信息通过 LTE 传递给终端。

（6）终端在 NR 侧完成随机接入，LTE 基站发起路径倒换。

以上六个环节中的任何一个环节出现故障，都会导致 NSA 接入流程无法完成。

NSA 接入故障包括 LTE 接入失败故障、LTE 下发 NR 测量配置故障、NR 小区测量故障、NR 辅站添加请求故障、NR 辅站添加响应故障五大类型。根据不同的故障现象，确定故障类型，分析故障原因，进行相应的故障处理。

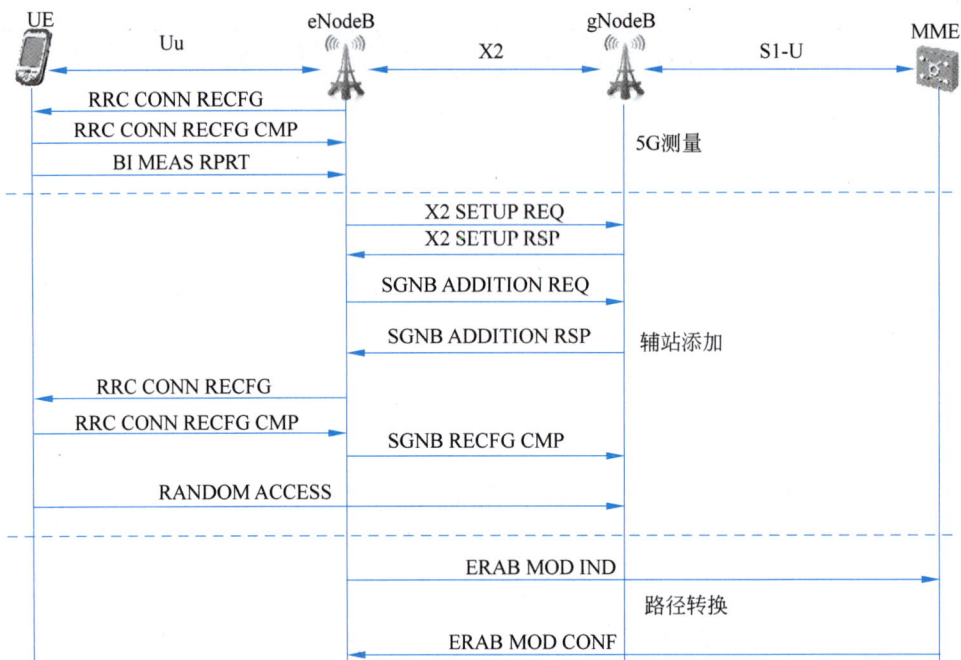

图 8-12　NSA 组网辅站添加流程

1）LTE 接入失败故障处理思路

首先，观察到发生故障现象：

（1）用户在 LTE 侧不发起接入，从 L3 Message 窗口看到没有任何 UE 接入的消息；

（2）用户在 LTE 发起 Attach 被核心网拒绝，从 L3 Message 看到接入 LTE 后收到 NAS 组网消息 Attach Reject，识别为 LTE 接入失败故障。

然后，列出所有可能的故障原因：

（1）基站数据配置问题；

（2）核心网数据配置问题；

（3）终端本身问题。

最后，依次排查以下环节，确定最终原因，并有针对性地清除故障：

（1）检查基站数据配置。

① 排查小区是否被禁止。查询小区接入信息，若"小区禁止状态"为"禁止"，则空闲态终端无法接入该小区，需要将其修改为"不禁止"。

② 排查小区是否为运营商保留。查询小区运营商信息，若"小区为运营商保留"为"保留"，则只有接入等级（Access Class，AC）11 或 15 的空闲态终端可以接入该小区，其他等级的终端无法接入，需要将其改为"不保留"。

（2）检查核心网数据配置。若用户在 LTE 侧发起的 Attach 被核心网拒绝，则需联合核心网和终端进行定位。

（3）检查终端本身问题。终端本身问题也会导致附着失败，进而无法完成 LTE 小区接入。逐个排查下面几种情况：终端的4G开关被人为关闭；本身属于非4G终端；使用非法SIM卡，导致鉴权失败。根据排查情况，清除相应故障。

2）LTE下发NR测量配置故障处理思路

首先，正常情况下，如图8-13所示，NR测量消息是通过LTE空口RRC重配置消息下发的，NR的测量配置信息包含NR频点、带宽及B1门限等关键信息。观察到发生故障现象：终端在LTE侧附着成功后，未正常下发NR测量配置信息，识别为LTE下发NR测量配置故障。

11	09/18/2018 15:30:53 (203)	RRC_SECUR_MODE_CMP	接受自UE
12	09/18/2018 15:30:53 (203)	RRC_HPS_UE_CAP_INFO	接受自UE
13	09/18/2018 15:30:53 (208)	RRC_CONN_RECFG_CMP	接受自UE
14	09/18/2018 15:30:53 (209)	RRC_CONN_RECFG	发送到UE
15	09/18/2018 15:30:53 (223)	RRC_CONN_RECFG_CMP	接受自UE
16	09/18/2018 15:30:56 (353)	RRC_MEAS_RPRT	接受自UE
17	09/18/2018 15:31:11 (219)	RRC_CONN_RECFG	发送到UE
18	09/18/2018 15:31:11 (233)	RRC_CONN_RECFG_CMP	接受自UE

图8-13　NR测量配置信息下发

然后，列出所有可能的故障原因：

（1）基站数据配置问题；

（2）终端能力问题；

（3）基站硬件能力问题。

最后，依次排查以下环节，确定最终原因，并有针对性地清除故障：

（1）检查基站数据配置：

① 排查NSA DC开关是否打开。若开关关闭，则需要打开NSA DC开关。

② 排查SCG频点是否正确配置。若未配置，则需要增加NR SCG频点。

③ 排查小区带宽。查询LTE小区配置，确保LTE小区带宽大于5MHz，以保证其支持NSA组网。若未满足需求，则需要修改上下行带宽，如表8-7所示。

表8-7　LTE下发NR测量配置故障排查关键数据配置信息查询举例

查询内容	查询参数	举例
NSA DC管理参数	NSA DC算法开关	NSA DC能力开关：开
NR SCG频点设置	SCG下行频点	151600
	SCG下行频点	634000
LTE小区配置	上行带宽	20M
	下行带宽	20M

（2）检查终端能力：

① 排查终端的LTE和NR双连接（EUTRA-NR Dual Connectivity，EN-DC）能力。查询UE能力上报信令内容，确认终端是否支持EN-DC能力。若不支持，则会使LTE侧不下发NR测量配置信息。

② 排查MRDC频点组合。在UE能力上报信令中，会在UE多制式双连接（Multi-RAT Dual Connectivity，MRDC）能力中上报支持的主载波小区（Primary Carrier Cell，

PCC)锚点和 NR 辅助小区组(Secondary Cell Group,SCG)频点组合,基站需要判断 MRDC 能力中支持的 LNR 组合频带是否包含当前的 PCC 锚点及 NR SCG 频点组合。若未包含,则同样会导致 LTE 侧不下发 NR 测量配置信息。

(3) 检查基站硬件能力。需要检查 LTE 基站的单板是否支持 NSA 组网。主控单板除了最早期的 LTE 主处理传输(LTE Main Processing and Transmission,LMPT)单元和通用主处理传输(Universal Main Processing and Transmission,UMPT)单元 a 系列之外,其余单板都可以支持。基带单板除了 LTE 基带处理(LTE BaseBand Processing,LBBP)单元系列之外,其余单板都可以支持。

3) NR 小区测量故障处理思路

首先,正常情况下,如图 8-14 所示,NR 小区满足 B1 事件后,会向 LTE 侧上报测量报告。NR 的测量配置信息包含 NR 目标小区 PCI、测量 RSRP 值等关键信息。观察到发生故障现象:LTE 侧下发 NR 测量配置信息之后,终端一直未上报测量报告,识别为 NR 小区测量故障。

11	09/18/2018 15:30:53 (203)	RRC_SECUR_MODE_CMP	接受自UE
12	09/18/2018 15:30:53 (203)	RRC_HPS_UE_CAP_INFO	接受自UE
13	09/18/2018 15:30:53 (208)	RRC_CONN_RECFG_CMP	接受自UE
14	09/18/2018 15:30:53 (209)	RRC_CONN_RECFG	发送到UE
15	09/18/2018 15:30:53 (223)	RRC_CONN_RECFG_CMP	接受自UE
→	09/18/2018 15:30:56 (353)	RRC_MEAS_RPRT	接受自UE
17	09/18/2018 15:31:11 (219)	RRC_CONN_RECFG	发送到UE
18	09/18/2018 15:31:11 (233)	RRC_CONN_RECFG_CMP	接受自UE

图 8-14 终端上报的测量报告

然后,列出所有可能的故障原因:

(1) LTE 侧问题;

(2) NR 侧问题;

(3) 终端侧问题;

(4) 信号覆盖问题;

(5) 端到端问题。

最后,依次排查以下环节,确定最终原因,并有针对性地清除故障:

(1) 排查 LTE 侧问题。如表 8-8 所示,查询 LTE 侧配置的 NR 小区频点是否正确,以及 B1 事件 RSRP 门限是否设置合理。确保 LTE 侧配置的 NR SCG 频点为目标小区的 SSB 频点。另外,如果 B1 事件的 RSRP 门限设置得过高,就会无法触发 B1 事件,通常现网将其设置为−105dBm。

表 8-8 NR 小区测量故障排查关键配置信息查询举例

查 询 内 容	查 询 参 数	举　　例
NR SCG 频点配置	NSA DC	−105dBm
NR 小区动态参数	小区的状态说明	正常
	NR DU 小区状态说明	正常
	最近一次小区状态变化的原因	小区建立成功
NR DU 小区 TRP	最大发射功率(0.1dBm)	180

（2）排查 NR 侧问题：

① 查询 NR 小区状态是否正常，是否成功建立。

② 查询 AAU 发射功率是否过小。查询 NR 侧小区的发射功率。其中，"最大发射功率（0.1dBm）"为 AAU 单通道发射功率，若该值配置得太小，则会导致弱覆盖，可以通过命令进行修改。

③ 查询是否存在 NR 邻区干扰。5G 相邻小区干扰会导致小区搜索失败，可以使用扫频仪或者测试用户设备（Test User Equipment，TUE）频谱扫描功能排查是否存在下行邻区干扰。若存在干扰，则查找并消除下行干扰源，或修改小区中心频点即可。

（3）排查终端侧问题。排除 LTE 侧和 NR 侧的问题后，需要排查是否为终端问题导致没有搜索到 NR 小区。可以使用其他正常终端进行问题隔离。

（4）排查信号覆盖问题。通过拉网路测，排查现场是否存在弱覆盖区域，导致实际信号强度达不到 B1 门限。若存在，则需要采取相关手段（调整 RF 参数、增加发射功率、增加站点）优化现场覆盖。

（5）排查端到端问题。排查测量对象是否过多。通过信令排查该用户配置的异频、异系统测量对象数及测量数，如果测量对象太多，就会导致终端测量变慢，最终时间超过 3s（基站侧下发测量配置信息后，超过 3s 没有收到对应测量报告，就会触发删除测量配置信息）。

可以尝试通过异频 MR 黑名单（添加到黑名单中的小区不需要上报 MR）禁止异频 MR，观察问题能否解决；或者删除部分不必要的频点，减少测量对象。

4）NR 辅站添加请求故障处理思路

首先，正常情况下，UE 上报 B1 测量后，LTE 通过 X2 接口向与 B1 测量中携带的 PCI 对应的小区发起 SgNB Add 流程。观察到发生故障现象：LTE 基站收到测量报告之后，未向 NR 目标站点发起辅站添加流程，识别为 NR 辅站添加请求故障。

然后，列出所有可能的故障原因：

（1）X2 接口未建立；

（2）未配置 NR 邻区；

（3）PLMN ID 问题。

最后，依次排查以下环节，确定最终原因，并有针对性地清除故障：

（1）排查 X2 接口问题。UE 向 LTE 基站上报满足 SgNB 配置 B1 门限的邻区之后，LTE 基站会检查邻区关系，若到该 SgNB 有邻区关系且配置了 X2 接口，则 LTE 将向 gNodeB 发起添加 SgNB 流程。如表 8-9 所示，查询 X2 接口状态是否正常。若没有 X2 接口，则可以先通过 U2020 网管启动 X2 自建立流程，再通过 X2 口发起添加 SgNB 流程。

（2）排查邻区问题。查询 NR 目标小区是否为 LTE 邻区。若未配置邻区，则 LTE 基站将不会向 NR 目标站点发起辅站添加流程。

（3）排查 PLMN ID 问题。在 LTE 侧添加邻区的时候，需要查询添加的目标小区的 PLMN ID 信息是否和 5G 基站配置的 PLMN ID 一致。如表 8-9 所示，在 NR 侧查询 NR 的 PLMN ID 信息，需要确保 LTE 侧添加的 PLMN ID 和查询到的 PLMN ID 一致。

表8-9　NR辅站添加请求故障排查关键配置信息查询举例

查 询 内 容	查 询 参 数	举　　例
X2接口链路	X2接口状态信息	正常
gNodeB运营商	移动国家码	460
	移动网络码	50

5）NR辅站添加响应故障处理思路

首先，观察到发生故障现象：

（1）NR侧收到SgNB增加请求后拒绝；

（2）NR侧发送SgNB请求响应后NR基站立即发起释放；

（3）NR侧收到SgNB增加请求后未给LTE回请求响应，

识别为NR辅站添加响应故障。

然后，列出所有可能的故障原因：

（1）UE与NR支持的加密和完整性保护算法不一致；

（2）X2-U/S1-U传输资源不可用；

（3）NR侧NSA开关没有打开；

（4）RRC连接用户数/RE超出License上限。

最后，依次排查以下环节，确定最终原因，并有针对性地清除故障：

（1）排查算法问题。正常情况下，NR站配置的加密算法和完整性保护算法与UE配置的加密算法需要有交集，否则，SgNB Add申请会被NR拒绝。若不一致，则需要进行修改。

（2）排查传输资源问题。检查X2-U或S1-U是否相通，若不通，则NR基站会向LTE基站发送辅站添加拒绝，拒绝原因为"传输资源不可用"。可以根据之前的传输故障分析与处理流程进行逐步排查。

（3）排查当前基站NSA直流开关是否打开。若未打开，则NR基站会向LTE基站发送辅站添加拒绝，拒绝原因为"没有可用的无线资源"，需打开NSA直流开关。

（4）排查License问题。当NR基站收到LTE基站发送的辅站添加申请时，若发现当前RRC连接用户数或者RE已经达到许可证上限，则NR基站会向LTE基站发送辅站添加拒绝，拒绝原因为"没有可用的无线资源"，此时需要为NR站点申请新的许可证来满足需求。

至此，本章关于5G接入网的故障排查已介绍完成。读者可回顾5G基站的一般故障处理流程与常用故障处理思路，并对小区故障、传输故障、时钟故障及NSA组网接入故障的分析与处理有较深入的理解。

8.2　5G核心网故障排查

8.2.1　5G网络故障排查流程与分类

随着5G网络规模的不断扩大，其运维管理变得越发复杂。而5G网络的高速、高密度、高可靠性的特点也给运维工作带来了挑战，需要更高效、智能的运维手段来保障网络稳定运行。在 5G 网络运维中,故障排查是一个重要的环节。故障排查是指在网络运行过程中,当出现异常或故障时,通过一系列的步骤和工具来定位和解决问题。只有快速准确地排查故障,才能保证 5G 网络的正常运行。故障排查的目标是通过分析、定位和解决故障,恢复 5G 网络的正常运行状态。故障排查的基本流程包括以下几个步骤:

(1) 问题描述和确认:运维人员需要仔细听取用户的问题描述,了解具体的故障现象,并与用户进行确认,确保故障已发生。

(2) 现场调查:运维人员可以通过现场调查来获取更多的信息,包括硬件设备和网络连接等方面的情况,这有助于快速定位故障的范围。

(3) 故障定位:通过分析已有的故障库和报警信息,结合实际情况进行故障定位。可以根据故障的特征和出现的时间点,逐步缩小故障范围,定位到具体的部件或软件。

(4) 问题解决:运维人员根据定位结果采取相应的措施来解决故障,可能需要修改配置、调整参数或更换硬件。

(5) 验证和测试:在问题解决后,运维人员需要进行验证和测试,确保故障已经解决,并确保 5G 网络的正常运行。

(6) 文档记录:对于已解决的故障,运维人员需要及时记录相关信息,包括故障的描述、定位和解决过程等。这些记录可以用于以后的参考和经验总结。

总体的排查思路是先定位、后排查,依次进行硬件故障、软件故障、网络故障、信号干扰故障、数据分析排查。下面具体阐述故障排查的五种主要类型:

(1) 硬件故障排查:检查是否正常供电、设备连接线路正常、设备硬件正常。

(2) 软件故障排查:检查系统配置文件是否正确、查看系统日志文件,了解运行过程中的错误信息。检查应用程序是否正常。

(3) 网络故障排查:检查网络连接状态、路由器和交换机的配置,以及防火墙的设置。

(4) 信号干扰排查:检测信号强度是否足够,不足时可能导致通信质量下降。调整天线方向和位置,改善信号质量。检测干扰源,找到干扰原因,并采取相应措施。

(5) 数据分析排查:收集相关数据,了解系统运行情况和故障原因。分析数据,找到故障原因,并采取措施。优化系统,提高稳定性和可靠性。

这些步骤提供了基本的故障排查框架,但实际的排查过程可能需要根据具体情况进行调整。在进行故障排查时,应详细记录每一步的操作和结果,便于问题的快速定位和解决。

8.2.2 5G 核心网典型故障处理思路

5G 核心网的故障有很多,包括信令链路故障、N2/N3/N4/S1-C 关键接口链路故障、通用路由问题、开户信息错误、无线公共参数错误、核心网服务器连接问题、找不到用户归属 HSS、数据传输中断、小区容量受限、s6a 链路故障、找不到相关 SGW/PGW、S5S8 控制面路由不可达、S11 接口链路故障、找不到用户 APN、射频资源故障、物理参数配置错误等。

在排查时,首先进行故障定位,然后进行排查和故障清除。下面以核心网元 AMF、SMF、UPF 为例介绍相关类型核心网故障的处理思路,其他故障处理以此类推。

1. AMF 故障系列

AMF 作为 5G 核心网的关键网元之一,负责注册管理、连接管理、可达性管理、移动性管理等。下面分别介绍与 AMF 相关的故障类型和处理思路。

1) AMF 和 gNodeB 之间没有信令消息的故障处理思路

首先,观察到发生故障现象:用户注册失败,在网元管理系统(Element Manager,EM)的跟踪页面中,无法跟踪到 AMF 和 gNodeB 之间的任何消息,识别为 AMF 和 gNodeB 之间没有信令消息故障。

然后,列出可能的故障原因:AMF 和 gNodeB 之间的 N2 接口发生通信故障。

最后,按照以下步骤排查,有针对性地清除故障:

(1) 检查 AMF 和 gNodeB 之间的路由是否相通。如果相通,转到步骤(3);如果不相通,转到步骤(2)。

(2) 排查路由故障,使 AMF 和 gNodeB 之间的路由相通。检查故障是否解决:如果故障已解决,结束排查;如果故障未解决,转到步骤(3)。

(3) 检查动态偶联的配置是否正确。如果正确,转到步骤(5);如果不正确,转到步骤(4)。

(4) 修改错误的配置数据,完成后查看故障是否解决。如果故障已解决,结束排查;如果故障未解决,转到步骤(5)。

(5) 与对端 gNodeB 维护人员确认是否为 gNodeB 设备故障。如果是,转到步骤(6);如果否,联系设备商请求支持。

(6) 由 gNodeB 维护人员处理,完成后查看故障是否解决。如果故障已解决,结束排查;如果故障未解决,那么联系设备商请求支持。

2) AMF 和 NRF 之间消息异常的故障处理思路

首先,观察到发生故障现象:用户注册失败,在 EM 的跟踪页面中发现 NRF 返回 400 失败码,识别为 AMF 和 NRF 之间消息异常故障。

然后,列出可能的故障原因:AMF 和 NRF 之间的接口发生故障。

最后,按照以下步骤排查,有针对性地清除故障:

(1) 检查 AMF 和 NRF 对接配置项是否正确。如果正确,转到步骤(3);如果不正确,转到步骤(2)。

(2) 修改为正确的配置数据,配置方法参见业务地址配置。完成后查看故障是否解决。如果故障已解决,结束排查;如果故障未解决,转到步骤(3)。

(3) 检查链路状态是否正常。若 tcp 状态不是 active,则表示路由状态异常。如果状态正常,转到步骤(5);如果状态不正常,转到步骤(4)。

(4) 联系传输系统维护人员检查传输设备工作状态。排查完后查看故障是否解决。如果故障已解决,结束排查;如果故障未解决,转到步骤(5)。

(5) 与对端 NRF 维护人员确认是否修改了对接数据。如果已修改,转到步骤(6);

如果未修改,联系设备商请求支持。

（6）修改本端数据保持两端配置信息一致,完成后查看故障是否解决。如果故障已解决,结束排查;如果故障未解决,联系设备商请求支持。

3）AMF 和 MME 之间消息异常的故障处理思路

首先,观察到发生故障现象:4G、5G 互操作,4G 到 5G 注册更新或者 5G 切换到 4G,AMF 发送了 context request 或者 relocation request 消息,但是对端没有收到消息,识别为 AMF 和 MME 之间消息异常故障。

然后,列出可能的故障原因:AMF 与 MME 接口发生通信故障。

最后,按照以下步骤排查,有针对性地清除故障:

（1）检查 AMF 互操作的 License 开关(License 项目为 AMF 支持 N26 互操作功能)是否打开。如果开关已打开,转到步骤(3);如果开关未打开,转到步骤(2)。

（2）申请 License 并打开 License 开关,检查故障是否解决。如果故障已解决,结束排查;如果故障未解决,转到步骤(3)。

（3）检查 AMF 和 MME 之间的路由是否相通。如果相通,转到步骤(5);如果不相通,转到步骤(4)。

（4）排查路由故障,使 AMF 和 MME 之间的路由相通。检查故障是否解决。如果故障已解决,结束排查;如果故障未解决,转到步骤(5)。

（5）检查 4G/5G 互操作配置下的配置内容是否正确,包括 AMF 互操作模式、MME 主机解析配置等。如果正确,转到步骤(6);如果不正确,联系设备商请求支持。

（6）在 4G/5G 互操作配置下修改错误的配置,完成后查看故障是否解决。如果故障已解决,结束排查;如果故障未解决,联系设备商请求支持。

4）AMF 和其他 NF 之间超文本传输协议(Hypertext Transfer Protocol,HTTP)消息异常的故障处理思路

首先,观察到发生故障现象:HTTP 消息接收或发送异常,识别为 AMF 和其他 NF 之间 HTTP 消息异常故障。

然后,列出可能的故障原因:AMF 与 NF 之间的服务化接口发生通信故障。

最后,按照以下步骤排查,有针对性地清除故障:

（1）查看客户端模板配置是否正确。如果配置正确,转到步骤(3);如果配置不正确,转到步骤(2)。

（2）正确修改客户端模板配置,检查故障是否解决。如果故障已解决,结束排查;如果故障未解决,转到步骤(3)。

（3）查看服务端模板配置是否正确。如果配置正确,转到步骤(5);如果配置不正确,转到步骤(4)。

（4）正确修改服务端模板配置,检查故障是否解决。如果故障已解决,结束排查;如果故障未解决,转到步骤(5)。

（5）查看服务配置是否正确。如果配置正确,转到步骤(7);如果配置不正确,转到步骤(6)。

(6) 正确修改服务配置,检查故障是否解决。如果故障已解决,结束排查;如果故障未解决,转到步骤(7)。

(7) 查询关联 HTTP 服务端模板 ID 配置是否正确。如果配置正确,转到步骤(9);如果配置不正确,转到步骤(8)。

(8) 正确新增关联 HTTP 服务端模板 ID 配置,完成后查看故障是否解决。如果故障已解决,结束排查;如果故障未解决,转到步骤(9)。

(9) 通过信令跟踪,检查 NRF 发现带给 AMF 的地址信息是否正确。如果地址信息正确,联系设备商请求支持;如果地址信息不正确,转到步骤(10)。

(10) 联系 NRF 侧维护人员,排查 NRF 侧故障后,检查故障是否解决。如果故障已解决,结束排查;如果故障未解决,联系设备商请求支持。

5) AMF 给 UE 下发了不支持语音功能的故障处理思路

首先,观察到发生故障现象:UE 已注册成功,但是 AMF 给 UE 下发了不支持语音功能,识别为 AMF 给 UE 下发了不支持语音功能故障。

然后,列出所有可能的故障原因:

(1) 不支持 License 项 AMF 支持 5G 新无线语音(Voice over New Rodio,VoNR)功能;

(2) AMF 端配置 UE 为不支持语音;

(3) 终端不支持语音;

(4) SUPI 号段语音策略配置不正确;

(5) TA 语音模板配置不正确;

(6) UDM 没有签约 IMS 语音的 DNN;

(7) DNN 语音策略控制配置不正确。

最后,按照以下步骤排查,有针对性地清除故障:

(1) 检查是否加载了 License,是否支持 AMF 支持 VoNR 功能 License 项。如果是,转到步骤(3);如果否,转到步骤(2)。

(2) 申请 License 并打开 License 开关。查看故障是否解决。如果故障已解决,结束排查;如果故障未解决,转到步骤(3)。

(3) 查看 AMF 配置是否支持语音。如果支持语音,转到步骤(5);如果不支持语音,转到步骤(4)。

(4) 正确修改 AMF 支持语音配置,查看故障是否解决。如果故障已解决,结束排查;如果故障未解决,转到步骤(5)。

(5) 查看终端在注册请求携带的终端能力是否支持语音,例如注册请求中是否包含 UE's usage setting。如果包含,转到步骤(7);如果不包含,转到步骤(6)。

(6) 在终端上设置支持语音或者更换一个能支持语音的终端,查看故障是否解决。如果故障已解决,结束排查;如果故障未解决,转到步骤(7)。

(7) 查询 SUPI 号段语音策略配置是否正确。如果配置正确,转到步骤(9);如果配置不正确,转到步骤(8)。

（8）正确修改 SUPI 号段语音配置,完成后查看故障是否解决。如果故障已解决,结束排查;如果故障未解决,转到步骤(9)。

（9）执行 SHOW 5GDEFAULTTAUOICEPOLICY 和 SHOW 5GTAVOICEPOL-ICYTEMPLATE 命令显示的 TA 语音模板和 SHOW TACFG 命令显示的 TA 语音模板是否关联正确。如果关联正确,转到步骤(11);如果关联不正确,转到步骤(10)。

（10）正确关联 TA 语音模板。完成后查看故障是否解决。如果故障已解决,结束排查;如果故障未解决,转到步骤(11)。

（11）检查 UDM 是否签约 IMS 语音的 DNN。如果已签约,转到步骤(13);如果未签约,转到步骤(12)。

（12）联系 UDM 维护人员,使 UDM 能下发 IMS 语音的 DNN。完成后查看故障是否解决。如果故障已解决,结束排查;如果故障未解决,转到步骤(13)。

（13）检查 DNN 语音策略控制是否正确。如果控制正确,联系设备商请求支持;如果控制不正确,转到步骤(14)。

（14）正确设置语音 DNN 策略配置,完成后查看故障是否解决。如果故障已解决,结束排查;如果故障未解决,联系设备商请求支持。

2. SMF 故障系列

作为 5G 核心网的关键网元之一,SMF 负责会话管理、UE IP 地址分配和管理、选择和控制 UPF、配置 UPF 的流量定向、转发至合适的目的网络中、策略控制和 QoS、合法监听、计费数据搜集及下行数据到达通知。SMF 的故障主要包括业务注册、接口两大类故障。下面分别介绍与 SMF 相关的故障类型和处理思路。

注册流程是用户注册到 5GC 网络上的流程,是用户开机后的第一个过程,注册流程完成之后,用户才可以通过 5GC 网络访问数据业务和其他业务。

基本故障定位过程如下:

（1）在信令跟踪中,指定用户信令跟踪以及失败观察,跟踪用户信令查看具体失败原因。如果为本局原因,通过失败观察查看系统提示的失败原因,找出内部故障所在。如果为对接故障,应与对端局联系,共同处理该故障。

（2）分析注册失败原因。

如果用户注册失败,主要排查接入点名称(Access Point Name,APN)/数据网络名称(Data Network Name,DNN)、IP 地址池、虚拟路由转发(Virtual Routing and Forwarding,VRF)、计费网关(Charging Gateway,CG)的相关配置。

1）业务注册类——5G 用户附着后过固定时间自动下线的故障处理思路

首先,观察到发生故障现象:某局所有 5G 用户成功附着后,业务完全正常,但是每隔 3s 就会自动下线。从信令上分析:用户接入成功后,过了 3s 就释放用户,从信令上看,是 SMF 主动发送的 pfcp delete 消息。

然后,列出所有可能的故障原因:

（1）由于 RESOURCE MANAGERMENT 容器重启;

（2）租户名称与 SMFNAME 配置不一致。

最后,按照以下步骤排查,有针对性地清除故障:

(1) 在 EM 客户端查看是否有 2001 模块异常告警。如果在异常告警,转到步骤(2);如果无异常告警,联系设备商请求支持。

(2) 可能是由于 RESOURCE MANAGERMENT 容器重启导致的故障。在 EM 客户端配置页面的 SMF 节点上查看当前节点的运行状态是否正常。如果状态正常,转到步骤(4);如果状态不正常,转到步骤(3)。

(3) 查看租户名称是否与 SMFNAME 配置一致。如果配置一致,联系设备商请求支持;如果配置不一致,转到步骤(4)。

(4) 设置租户名称与 SMFNAME 配置一致。设置完后,查看故障是否解决。如果故障已解决,结束排查;如果故障未解决,联系设备商请求支持。

2) 业务注册类——UPF 在 SMF 上注册失败的故障处理思路

首先,观察到发生故障现象:会话建立过程中,SMF 需要选择 UPF,如果 UPF 没有正常注册到 SMF,会话就无法建立成功,识别为 UPF 在 SMF 上注册失败故障。

然后,列出所有可能的故障原因:

(1) SMF 与 UPF 的 N4 口不通;

(2) SMF 与 UPF 之间的路由出现问题;

(3) VRF 配置有问题;

(4) 业务地址配置有问题。

最后,按照以下步骤排查,有针对性地清除故障:

(1) 在 EM 客户端配置页面的 SMF 节点上,查询 NODEID 配置是否与 N4 口地址一致。如果地址一致,转到步骤(3);如果地址不一致,转到步骤(2)。

(2) 修改 NODEID 配置与 N4 口地址一致。修改完后,查看故障是否解决。如果故障已解决,结束排查;如果故障未解决,转到步骤(3)。

(3) 查询 N4 接口地址是否与 UPF 面配置的控制面(CP)地址一致。如果地址一致,转到步骤(5);如果地址不一致,转到步骤(4)。

(4) 设置 N4 接口地址与 UPF 面配置的 CP 地址一致。设置完后,查看故障是否解决。如果故障已解决,结束排查;如果故障未解决,转到步骤(5)。

(5) 查询 N4 接口地址配置是否与 UPF 面配置的 CP 地址一致。如果地址一致,转到步骤(7);如果地址不一致,转到步骤(6)。

(6) 新增 N4 接口地址与 UPF 面配置的 CP 地址一致。设置完后,查看故障是否解决。如果故障已解决,结束排查;如果故障未解决,转到步骤(7)。

(7) 参考 VRF 配置、地址配置和路由配置,正确配置 SMF 相关地址和路由,配置完后,查看故障是否解决。如果故障已解决,结束排查;如果故障未解决,联系设备商请求支持。

3) 接口类——N4 接口故障处理思路

首先,观察到发生故障现象:

(1) SMF 收不到 UPF 发来的消息;

（2）UPF 与 SMF 之间的偶联关系建立失败；

（3）UPF 与 SMF 之间偶联建立正常，但是会话建立失败；

（4）SMF 信令跟踪只能看见偶联注册信令，看不到会话信令，识别为 N4 接口故障。

然后，列出所有可能的故障原因：

（1）N4 口的交换机故障；

（2）N4 口的地址配置错误；

（3）通用信令单元（Generic Signaling Unit，GSU）、信令传输单元（Signaling Transfer Unit，STU）虚机出现异常；

（4）SMF 或 UPF 侧数据配置错误。

最后，按照以下步骤排查，有针对性地清除故障：

（1）在 EM 的 SMF 节点上，查看 UPF 状态是否正常，如果 UPF 状态正常，说明 N4 口链路正常。如果状态正常，转到步骤（8）；如果状态不正常，转到步骤（2）。

（2）检查交换机是否正常，网线是否正常。如果正常，转到步骤（4）；如果不正常，转到步骤（3）。

（3）如果交换机故障，可以复位交换机，甚至更换交换机；如果网线/光纤松脱或损坏，则重新连接或更换网线/光纤。查看故障是否解决。如果故障已解决，结束排查；如果故障未解决，转到步骤（4）。

（4）在 EM 上的 Rosng 模式（Routing and Signaling Mode，路由和信令模式在该模式下，可以查看和修改设备的 IP 地址等路由信令相关的参数）下，查看 IP 地址配置是否正确。如果配置正确，转到步骤（6）；如果配置不正确，转到步骤（5）。

（5）参考地址配置，正确配置 IP 地址数据，查看故障是否解决。如果故障已解决，结束排查；如果故障未解决，转到步骤（6）。

（6）通过安全外壳协议（Secure Shell，SSH）方式登录 GSU、STU 虚机，查看各容器是否运行正常。如果运行正常，转到步骤（8）；如果运行不正常，转到步骤（7）。

（7）若虚机不正常，则重启虚机，若容器不正常，则重启容器。重启完后，查看故障是否解决。如果故障已解决，结束排查；如果故障未解决，转到步骤（8）。

（8）在 EM 上进行信令跟踪，跟踪 UPF 和 SMF 之间 N4 口消息交互是否正常，是否有一侧返回的 Cause 为非成功。如果是，转到步骤（9）；如果否，联系设备商请求支持。

（9）根据具体的失败 Cause 原因值，检查 UPF 与 SMF 之间的数据配置，如果 Cause 错误，由 UPF 发回需联系 UPF 人员共同分析。

3. UPF 故障系列

UPF 作为 5G 核心网的关键网元之一，作为数据面锚点，连接数据网络的 PDU 会话点，负责报文路由和转发、报文解析和策略执行、流量使用量上报及合法监听；同时，UPF 具有控制面和用户面功能。下面也从控制面业务、用户面业务两方面进行故障初步分类，并分别介绍与 UPF 相关的故障类型和处理思路。

1）控制面业务故障类——UPF与SMF之间偶联失败的故障处理思路

首先,观察到发生故障现象:

（1）UPF收不到SMF发送来的请求消息;

（2）UPF与SMF之间的偶联关系建立失败,

识别为UPF与SMF之间偶联失败故障。

然后,列出所有可能的故障原因:

（1）SMF到UPF之间的物理连接不正常;

（2）UPF存在GSU、STU容器状态异常;

（3）UPF存在GSU、STU虚机状态异常。

最后,按照以下步骤排查,有针对性地清除故障:

（1）检查UPF的各个GSU、STU虚机是否运行正常,是否正常登录。如果运行正常,可以登录,转到步骤（2）;如果不能正常运行,不能正常登录,转到步骤（7）。

（2）通过SSH方式登录主用GSU、STU虚机,查看各容器是否运行正常。如果运行正常,转到步骤（8）;如果运行不正常,转到步骤（3）。

（3）根据容器启动时长判断是否正在反复重启。如果反复重启,转到步骤（4）;如果不反复重启,转到步骤（5）。

（4）在EM上登录Rosng模式,检查各接口状态是否为UP。如果是UP,转到步骤（6）;如果不是UP,转到步骤（5）。

（5）检查协议栈IP、路由数据是否有丢失现象。如果有丢失,转到步骤（6）;如果没有丢失,转到步骤（7）。

（6）使用UPF的N4口业务地址去ping SMF的N4口业务地址看是否可达。如果可达,转到步骤（8）;如果未可达,转到步骤（7）。

（7）复位异常虚机,观察故障是否解决。如果故障已解决,结束排查;如果故障未解决,转到步骤（8）。

（8）检查交换机工作是否正常,网线是否松脱或损坏。若交换机故障,则可以复位交换机,甚至更换交换机;若网线/光纤松脱或损坏,则重新连接或更换网线/光纤。查看故障是否解决。如果故障已解决,结束排查;如果故障未解决,转到步骤（9）。

（9）在EM上进行信令跟踪,跟踪UPF和SMF之间N4信令消息,观察注册信令是否有失败的Cause原因值。如果有,转到步骤（10）;如果没有,联系设备商请求技术支持。

（10）根据具体的失败Cause原因值,检查UPF与SMF之间的数据配置,如果Cause错误由SMF发回,应联系SMF维护人员共同分析。

2）控制面业务故障类——UPF与SMF偶联成功,收到SMF会话无响应的故障处理思路

首先,观察到发生故障现象:

（1）UPF与SMF之间偶联建立正常,但是会话信息不会响应。

（2）UPF信令跟踪只能看见偶联注册信令,看不到会话信令,

识别为 UPF 与 SMF 偶联成功,收到 SMF 会话无响应故障。

然后,列出可能的故障原因:UPF 存在数据包转发单元(Packet Forwarding Unit, PFU)、STU 容器状态异常。

最后,按照以下步骤排查,有针对性地清除故障:

(1) 在 EM 上查看 UPF 和 SMF 之间的 N4 信令跟踪,是否有会话建立消息。如果有,转到步骤(3);如果没有,转到步骤(2)。

(2) 当信令跟踪中出现会话建立失败并给出具体失败 Cause 原因值时,需根据各原因值检查相应配置。如果失败响应是 SMF 给出的,那么需联系 SMF 侧共同分析。使 UPF 和 SMF 之间的 N4 口能建立会话,查看故障是否解决。如果故障已解决,结束排查;如故障未解决,转到步骤(3)。

(3) 分析会话建立信令的响应 Response 消息,Cause 是否为 1(1 表示成功)。如果 Cause 为 1,联系设备商请求技术支持;如果 Cause 不为 1,转到步骤(4)。

(4) 检查 UPF 的各个 PFU、STU 虚机是否运行正常,是否可正常登录。如果运行正常,可以登录,联系设备商请求技术支持;如果运行不正常,不能登录,转到步骤(5)。

(5) 通过 SSH 方式登录主用 PFU、STU 虚机,查看各容器是否运行正常。如果运行正常,联系设备商请求技术支持;如果运行不正常,转到步骤(6)。

(6) 根据容器启动时长判断是否正在反复重启。如果反复重启,转到步骤(7);如果不反复重启,联系设备商请求技术支持。

(7) 复位异常虚机,查看故障是否解决。如果故障已解决,结束排查;如果故障未解决,联系设备商请求技术支持。

3) 用户面业务故障类——上行数据不能发往 PDN 的故障处理思路

首先,介绍用户面业务故障定位总体流程。用户初始附着后,SMF 会向 UPF 建立会话及各类会话规则,UPF 将这些规则进行媒体面报文处理。故障定位过程:在 EM 的信令跟踪中,对指定测试用户进行信令跟踪以及失败观察,跟踪用户信令查看具体失败原因。

(1) 通过失败观察查看 UPF 收到 SMF 的会话创建请求后响应的具体失败原因值,找出故障所在。

(2) 如果 UPF 持续未收到 SMF 发来的会话建立请求,联系 SMF 侧维护人员共同处理该故障。

(3) 检查设备告警,确认 UPF 上是否有 PFU 异常告警。

然后,观察到发生故障现象:上行数据不能发往 PDN,识别为上行数据不能发往 PDN 故障。

列出所有可能的故障原因:

(1) UPF 到 PDN 之间的 N6 口物理连接不正常。

(2) RAN 到 UPF 之间的 N3 口用户面隧道不通。

最后,按照以下步骤排查,有针对性地清除故障:

(1) 在 EM 上建立数据跟踪,跟踪测试用户是否收到上行 RAN 发来的媒体报文。

如果收到,转到步骤(7);如果没有收到,转到步骤(2)。

(2) 检测 N3 口与 RAN 之间心跳是否正常。如果正常,转到步骤(5);如果不正常,转到步骤(3)。

(3) 检查 UPF 与 RAN 之间的 N3 口路由设备,是否存在路由不可达故障。如果存在路由不可达故障,转到步骤(4);如果不存在路由不可达故障,转到步骤(5)。

(4) 可以通过重启路由等方式解决路由不可达问题,然后查看故障是否解决。如果故障已解决,结束排查;如故障未解决,转到步骤(5)。

(5) 在 N3 口对接的交换机上进行抓包,确认收到 RAN 的消息是否发往 UPF。如果已发往 UPF,转到步骤(7);如果未发往 UPF,转到步骤(6)。

(6) 说明未收到上行报文,需向 RAN 确认问题。联系 RAN 侧维护人员解决 RAN 的问题,问题解决完后,查看故障是否解决。如果故障已解决,结束排查;如果故障未解决,转到步骤(7)。

(7) 在 EM 上建立数据跟踪,跟踪测试用户是否发送上行媒体报文到 PDN。如果已发送,转到步骤(10);如果未发送,转到步骤(8)。

(8) 在 EM 上建立 N4 信令跟踪,分析 SMF 与 UPF 之间的会话建立、规则信息是否正确下发。如果正确下发,转到步骤(10);如果未正确下发,转到步骤(9)。

(9) 联系 SMF 侧分析会话建立、规则问题等配置问题,解决 SMF 侧配置问题后,查看故障是否解决。如果故障已解决,结束排查;如故障未解决,转到步骤(10)。

(10) 检查源地址用户设备 IP 地址(UEIP)与 PDN 之间是否可达。如果可达,联系设备商请求技术支持;如果未可达,转到步骤(11)。

(11) 检查源地址 UEIP 与 N6 接口网关之间是否可达。如果可达,转到步骤(12);如果未可达,联系设备商请求技术支持。

(12) 需联系网关侧维护人员向 PDN 侧检查路由问题。解决完 DN 侧检查路由问题后,查看故障是否解决。如果故障已解决,结束排查;如故障未解决,联系设备商请求技术支持。

4) 用户面业务故障类——下行数据不能发往 RAN 的故障处理思路

首先,观察到发生故障现象:下行数据不能发往 RAN,识别为此类型。

列出所有可能的故障原因:

(1) 消息中的 UE IP 地址不在本局配置的地址池范围内;

(2) 用户的边界网关协议(Border Gateway Protocol,BGP)路由发布失败导致未收到响应消息,未收到下行数据导致无法发往 RAN。

最后,按照以下步骤排查,有针对性地清除故障:

(1) 在 EM 上建立数据跟踪,跟踪测试 UE 是否收到 PDN 发来的下行媒体报文。如果收到,转到步骤(7);如果没有收到,转到步骤(2)。

(2) 检查源地址 UEIP 与 PDN 之间是否可达。如果可达,转到步骤(5);如果未可达,转到步骤(3)。

(3) 检查源地址 UEIP 与 N6 接口网关之间是否可达。如果可达,转到步骤(4);如果未可达,转到步骤(5)。

(4) 联系网关侧设备维护人员向 PDN 侧检查路由问题。解决完 PDN 侧检查路由问题后,查看故障是否解决。如果故障已解决,结束排查;如果故障未解决,转到步骤(5)。

(5) 在 N6 口对接的交换机上,检查 N6 口的 BGP 发布是否正常、路由是否丢失。如果是,转到步骤(7);如果否,转到步骤(6)。

(6) 可以通过重启路由等方式解决路由不可达问题,解决后查看故障是否解决。如果故障已解决,结束排查;如果故障未解决,转到步骤(7)。

(7) 在 EM 上建立数据跟踪,跟踪测试用户是否发送下行媒体报文到 RAN。如果已发送到,转到步骤(10);如果未发送到,转到步骤(8)。

(8) 在 EM 的 UPF 节点上,分析用户的 UEIP 地址,是否在配置的地址池范围内。如果在范围内,转到步骤(10);如果不在范围内,转到步骤(9)。

(9) 添加正确的地址段配置信息。完成后,查看故障是否解决。如果故障已解决,结束排查;如果故障未解决,转到步骤(10)。

(10) 在 N3 口对接的交换机上进行抓包,确认是否已向 RAN 转发报文。如果已转发报文,转到步骤(11);如果未转发报文,联系设备商请求技术支持。

(11) 说明下行报文已向 RAN 转发,需联系 RAN 侧维护人员确认 RAN 的问题。解决完 RAN 问题后,查看故障是否解决。如果故障已解决,结束排查;如果故障未解决,联系设备商请求技术支持。

8.3 5G 无线覆盖干扰与业务优化

5G 网络优化是指通过一系列的技术手段和策略,提升 5G 网络的性能、效率、可靠性和用户体验的过程。5G 网络优化的目标是确保网络能够满足不断增长的数据流量需求、提供高速率的数据传输、低延迟的服务,并支持各种新兴的应用场景,如物联网(IoT)、自动驾驶、虚拟现实(VR)等。两个主要的优化方向:

(1) 覆盖优化:利用拉线图检查每个基站的小区覆盖和轨迹覆盖是否和规划一致,以及观察是否存在越区覆盖现象,并解决这些问题;调整基站的下倾角和方位角、基站高度、天线的功率或者增加基站或者减少基站等方式,完成覆盖优化。

(2) 干扰优化:针对测试过程产生的问题进行优化。完成后进行统计报告,保证 SS-RSRP＞－105dBm,CRS-RSRP＞－105dBm 占比大于 98％,保证 SS-SINR＞3dB 和 CSI-SINR＞3dB 的占比大于 98％。

8.3.1 5G 覆盖分析与优化

5G 无线覆盖优化的意义在于提升网络性能、增强用户体验,并支持更广泛的应用场景,包括但不限于增强移动宽带(eMBB)、超可靠低时延通信(URLLC)以及海量机器类通信(mMTC)。

1. 覆盖问题定义

通过合理的功率分配,实现一定的小区覆盖。和 LTE 一样,5G 中覆盖类的关键指标主要还是参考信号接收功率(Reference Signal Receiving Power,RSRP)和信号与干扰噪声比(Signal to Interference plus Noise Ratio,SINR),但5G中RSRP/SINR的种类和LTE不同。具体来说,LTE中的小区特定参考信号(Cell-Specific Reference Signal,CRS)功能被剥离为同步信号块(Synchronization Signal Block,SSB)和信道状态信息参考信息(Channel State Information Reference Signal,CSI-RS)两种测量量。相应地,SS RSRP/SINR体现广播信道的覆盖与可接入能力,CSI RSRP/SINR体现业务信道的能力。5G中定义的覆盖相关测量量总结如表8-10所示。

表 8-10　5G 覆盖测量量

SS RSRP	CSI RSRP	SS SINR	CSI SINR	PDSCH RSRP	PDSCH SINR
空闲态(广播)	连接态	空闲态(建议小区间 SSB 对齐)	连接态	业务态	业务态
表征广播信道的电平强度,影响接入、切换性能	近似表征业务信道的电平强度,影响用户的体验速率	体现小区间 SSB 的碰撞情况	测量 CQI、Rank	业务信道的 RSRP,终端侧不上报	最终数据解调的 SINR,可以体现负载与干扰信息

在5G网络中,因为采用了波束赋形技术,导致从测试软件上可以看到衡量覆盖的三个覆盖指标,即同步信号参考信号接收功率 SS RSRP(−82dBm)、信道状态信息参考信号接收功率 CSI RSRP(−84dBm)和物理下行共享信道参考信号接收功率 PDSCH RSRP(−85dBm)。

5G NR 覆盖优化的目标主要有以下三个:

(1) 优化信号覆盖,保证目标区域的 RSRP/SINR 满足建网的覆盖标准。

(2) 解决路测过程中发现的射频(Radio Frequency,RF)问题,如弱覆盖、越区覆盖、乒乓切换、切换带不合理、干扰问题等。

(3) 结合吞吐率情况,优化覆盖区域和切换带。

2. 覆盖问题分析流程

NR 覆盖优化的初始阶段是获取基础数据,包括:物理小区标识 PCI、物理随机接入信道 PRACH、邻区等规划参数,站址分布、基站经纬度、AAU 通道数、挂高、方位角、下倾角等基础工程参数,小区规划覆盖距离、电子地图、覆盖场景分类等,接入、重选、切换、功率配置等小区配置相关参数,小区性能统计等。

覆盖问题优化原则如下:

原则 1:先优化 SS RSRP/CSI RSRP,再优化 SS SINR/CSI SINR。

原则 2:先优化越区覆盖,再优化重叠覆盖。

原则 3:优化切换带、控制重叠覆盖,再保障 SS RSRP/CSI RSRP 的同时优化乒乓切换。

原则 4:优先调整软参,再硬调或站点拓扑调整。

其中,针对相应关键指标 SS RSRP 和 CSI RSRP 在存在覆盖问题的具体案例中,依照如图 8-15 所示顺序进行问题分析。

3. 典型覆盖问题与优化思路

常见的覆盖问题包括弱覆盖、越区覆盖、重叠覆盖等。

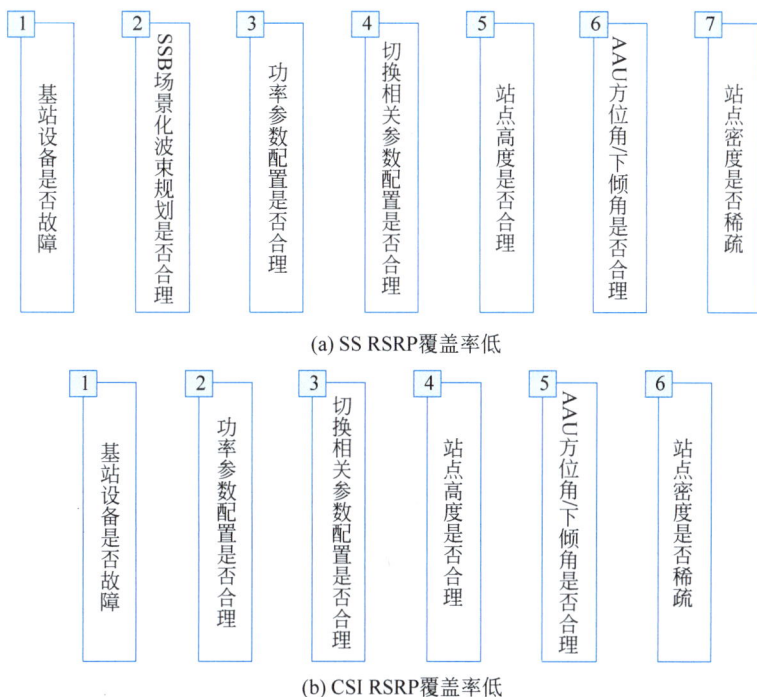

1	2	3	4	5	6	7
基站设备是否故障	SSB场景化波束规划是否合理	功率参数配置是否合理	切换相关参数配置是否合理	站点高度是否合理	AAU方位角/下倾角是否合理	站点密度是否稀疏

(a) SS RSRP覆盖率低

1	2	3	4	5	6
基站设备是否故障	功率参数配置是否合理	切换相关参数配置是否合理	站点高度是否合理	AAU方位角/下倾角是否合理	站点密度是否稀疏

(b) CSI RSRP覆盖率低

图 8-15　覆盖问题分析

1）弱覆盖

若小区的信号低于优化基线,导致终端接收到的信号强度很不稳定,通话质量很差或者下载速度很慢,容易掉网,则认为其是弱覆盖区域;若信号强度更低或者根本无法检测到信号,终端无法入网,则认为其是覆盖漏洞区域,如图8-16所示。具体判断可以利用

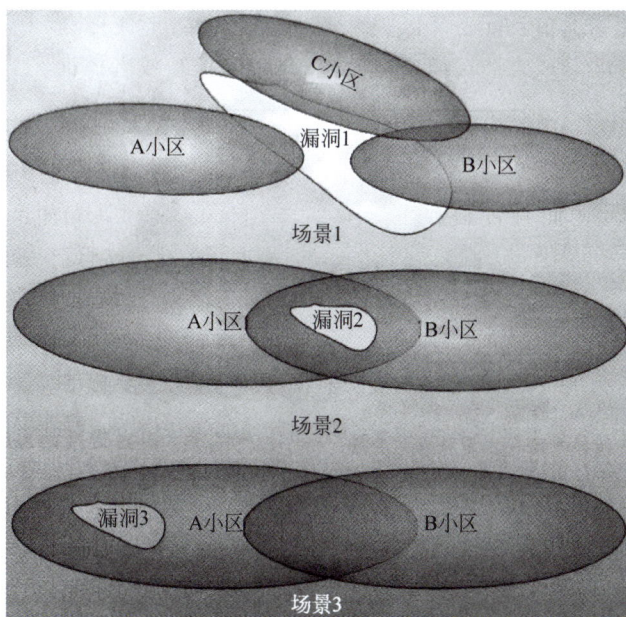

图 8-16　覆盖漏洞场景

测试得到最强小区的 RSRP 与设定的门限进行比较,如弱覆盖门限一般为－120～－110dBm,覆盖漏洞门限参考协议设置为－124dBm。弱覆盖门限并不是基线,每个运营商都会有自己的覆盖要求。这时,通常排查设备故障、工程质量、建筑物遮挡、总辐射功率(TRP)配置低、网络结构等因素来确定原因。针对不同的原因,弱覆盖的优化手段通常包括:

(1) 调整天线或 AAU 方向角和下倾角。

(2) 增加天线或 AAU 挂高。

(3) 调整基站发射功率。

(4) 新增站点或者室内覆盖系统。

弱覆盖优化典型案例:

问题描述:某小区覆盖长江小区路段的 RSRP(部分路段低于－100dBm)和 SINR(部分路段低于0)都较差,存在切换失败及掉线的风险,严重影响业务的正常进行。

问题分析:此路段为弱覆盖,天线安装在单管塔上,天线基本沿着道路方向覆盖,无明显阻挡,可通过调整天线方位角及下倾角解决。

优化措施:将该路段基站 2 扇区的方位角从 200°调整到 180°并作为主覆盖小区,将电子下倾角从 3°调整到 0°。

复测验证:天线调整后,路段的 RSRP 和 SINR 都有很大的提升,RSRP 达到－90dBm,SINR 达到 11dB,在与南环路丁字路口处可以顺利切换到优能科技 2 小区。

2) 越区覆盖

当一个小区的信号出现在其周围邻区及以外的区域时,并且 RSRP 足够强以至于能够成为主服务小区,称为越区覆盖。如图 8-17 所示;某种原因使 A 小区在相距很远的 C 小区覆盖区域内产生 A 基站的强信号区域,由于这个区域超出 A 小区实际覆盖范围,往往这一区域没有和周围小区配备邻区关系,造成越区覆盖形成孤岛,对 C 小区产生干扰,或在孤岛区域起呼的 UE 无法切换到 C 小区,产生弱覆盖或者掉话。

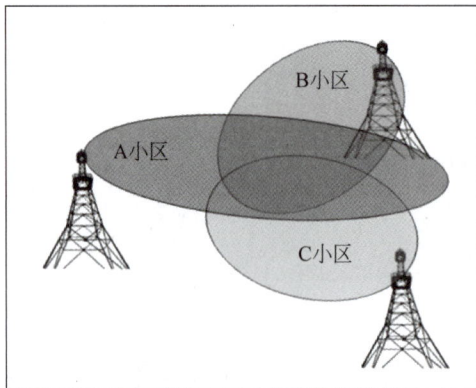

图 8-17 越区覆盖场景

引起越区切换的常见原因包括:

(1) 天馈因素:天线(或 AAU)挂高太高,方位角、下倾角设置不合理,或者基站发射功率太大。

（2）站址因素："波导效应"使信号沿着街道传播很远。

（3）无线环境因素：大片水域反射等场景。

针对不同原因，越区覆盖问题解决措施包括：

（1）若站高明显过高，则降低天线高度。

（2）适当调整方位角，避免扇区天线的主瓣方向正对道路传播，使天线主瓣方向与道路方向稍微形成斜交。

（3）若方位角基本合理，则考虑调整下倾角。下倾角的调整包括电子下倾和机械下倾两种，优先调整电子下倾角，其次调整机械下倾角。

（4）在不影响小区业务性能的前提下，降低小区发射功率。

若以上措施不奏效，则根据实际测试情况配置邻区关系，保证切换正常，保持业务连续。

越区覆盖优化典型案例：

问题描述：在南北支路上，某小区在远见智能 1 和远见智能 3 小区间存在着明显的越区覆盖，造成此路段的切换次数较多，切换点 SINR 较差，下载速率较低，存在切换失败及掉线风险。

问题分析：该小区安装在单管塔上，覆盖方向旁瓣无明显阻挡，在天线的方位角及下倾角之前，为了优化建业路上的覆盖，已经对其进行了调整，天线物理参数无进一步的调整空间，建议通过修改功率参数解决。

优化措施：将该小区扇区的功率下降 3dB。

复测验证：调整功率参数 Cell Power Reduce 后，该小区的 RSRP 从 −87dBm 降为 −91dBm，车辆从南向北行驶时，UE 从远见智能 2 正常切换到远见智能 1，此路段不会再占用该小区，切换点 SINR 值从 3dB 提升到 11dB，下载速率从 15.5Mb/s 提升到 23.5Mb/s。

3）重叠覆盖

重叠覆盖是指多个小区存在深度交叠，RSRP 比较好，SINR 比较差，或者多个小区之间乒乓切换，导致用户体验差。如图 8-18 所示，重叠覆盖主要是多个基站共同作用的结果，因此，重叠覆盖主要发生在基站比较密集的城市环境中。正常情况下，在城市中容易发生重叠覆盖的典型的区域为高楼、宽的街道、高架桥、十字路口、水域周围等。

通过以下两个条件来判断是否存在重叠覆盖问题：

（1）绝对 RSRP 门限：重叠区域内 RSRP 大于该门限的小区在 3 个或 3 个以上。

（2）相对 RSRP 门限：与最强小区 RSRP 差值在一定门限（一般 3dB）内的小区在 3 个或 3 个以上。

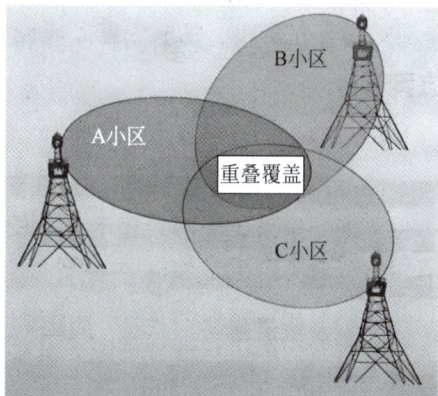

图 8-18　重叠覆盖场景

重叠覆盖产生原因主要是城区内站点分布比较密集,信号覆盖较强,基站各个天线的方位角和下倾角设置不合理,造成多小区重叠覆盖对网络的影响。

(1) 业务感知:同频小区之间造成强干扰,导致业务质量差;发生频繁切换,容易掉话。

(2) 网络指标:接通率较低,掉话率较高,切换次数很多,切换成功率较低。

(3) 重叠覆盖多发区域。

(4) 密集城区的十字路口、高架路、高楼的高层、水域周围等。

重叠覆盖问题主要是解决好切换区域的各小区覆盖电平强度关系,常见的优化方法如下:

(1) 识别问题区域多个覆盖小区的主从关系,确定主服务小区。

(2) 通过调整波束、下倾、方位角、功率等手段加强主服小区的覆盖。

(3) 通过类似手段减小非主服小区在问题路段的覆盖,减小干扰。

重叠覆盖优化典型案例:

问题描述:在某路测试的过程中,车辆由南向北行驶,开始终端占用电力公司大楼3,随着汽车逐渐向北行驶,终端检测到诺西大楼西1的信号,随后两个小区间发生乒乓切换。

问题分析:诺西大楼西1与电力公司大楼3之间有一小段区域存在弱覆盖,两个小区在切换带区域的RSRP都较差,此路段无主控小区。

优化措施:将电力公司大楼3扇区方位角由32°调整到330°,电子下倾角由4°调整到2°,将诺西大楼1扇区方位角由60°调整到80°。

复测验证:对原先问题路段进行复测,在复测的过程中,之前的乒乓切换现象已经消除,在正常测试的过程中以及在原先的明显问题区域(电力公司大楼3与诺西大楼西1间切换带乒乓切换点)进行定点测试的过程中,均未发生乒乓切换的现象。

8.3.2　5G干扰分析与业务优化

5G网络干扰优化对于提升网络性能、保障服务质量、增强用户体验、优化频谱资源使用、支持更多用户连接以及新业务的发展具有重要意义。通过有效的干扰管理,可以确保5G网络的高效、稳定运行,为用户带来更好的服务体验,同时为运营商创造更大的商业价值。

1. 干扰问题定义

不同系统之间的互干扰与干扰和被干扰两个系统之间的特点以及射频指标紧密相关。但不同频率系统间的共存干扰是发射机和接收机的非完美性造成的。发射机在发射有用信号时会产生带外辐射,带外辐射包括调制引起的邻频辐射和带外杂散辐射。接收机在接收有用信号的同时,落入信道内的干扰信号可能会引起接收机灵敏度的损失,落入接收带宽内的干扰信号可能会引起带内阻塞。同时接收机也具有非线性的特点,带外信号(发射机有用信号)会引起接收机的带外阻塞。干扰产生的原理如图8-19所示。干扰源的发射信号(阻塞信号、加性噪声信号)从天线口被放大后发射出来,经过了空间

损耗 L，最后进入被干扰接收机。如果空间隔离不够，进入被干扰接收机的干扰信号强度足够大时，将会使接收机信噪比恶化或者饱和失真。

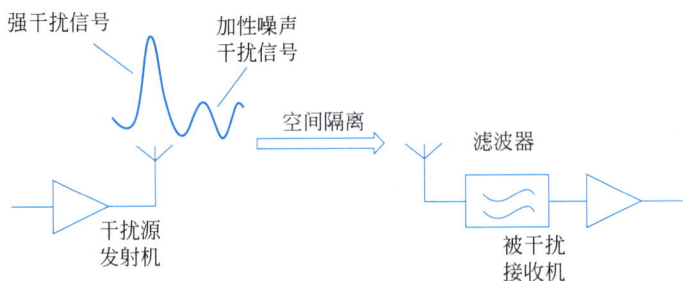

图 8-19　干扰产生的原理

2. 干扰问题排查流程

5G 干扰排查与 LTE 干扰排查类似，主要包括 5G 干扰小区筛选、干扰特征分析、小区状态/告警信息核查、小区参数配置核查和上站/现场干扰排查干扰源五个步骤，如图 8-20 所示。

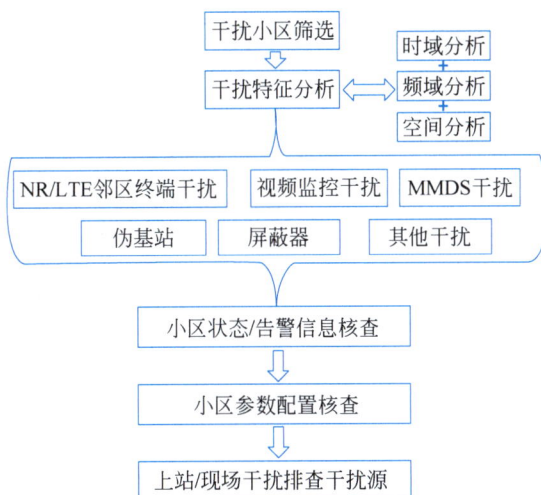

图 8-20　干扰问题排查流程

1）5G 干扰小区筛选

对城市 5G NR 小区底噪进行总体分析，确定 5G 受干扰小区并对 5G 高干扰小区进行干扰归类，确定每个干扰小区可能的干扰源类型。

2）干扰特征分析

干扰特征分析是指对 5G 干扰小区的 24h×273PRB 底噪数据进行时域、频域、地理域维度的干扰特征分析：

（1）明确时域干扰特性：基于 24h 干扰均值变化趋势确定干扰是连续存在还是间歇发生。

（2）分析频域干扰特征：将受扰 PRB 转换为频率，确定受扰频率特性，结合时域特性判断小区受扰类型和可能的干扰源。

（3）分析干扰的地理域特征：对同干扰类型的多小区进行地理分布分析，结合各小区受扰强度、覆盖方向等信息，判断可能的干扰源所在区域，缩小上站排查范围。

3）小区状态/告警信息核查

核查5G干扰小区状态是否正常、有无告警，排查受扰小区是否存在设备故障，如AAU故障、GPS告警、天线通道告警等，排查小区故障原因。

4）小区参数配置核查

核查5G干扰小区相关无线参数是否配置正确，重点关注时隙配置、帧偏置等参数，排除参数配置错误原因。

5）上站/现场干扰排查干扰源

在排除5G干扰小区不存在故障问题、参数配置错误等情况后，根据该小区的干扰特征分析结果上站排查，结合后台干扰波形分析与现场扫频测试等手段确定干扰源。上站/现场干扰排查干扰源的基本方法：使用便携式频谱分析仪或扫频仪和定向天线，利用天线的定向接收特性对多个方向进行扫频分析，对比扫频测量到的干扰波形是否与后台干扰波形一致，寻找干扰强度最大的干扰方向确定干扰来源。在找到疑似干扰源后，采用协调关闭干扰源、屏蔽/遮挡干扰信号等方式进行确认。建议在上站排查前，根据干扰小区的干扰特征分析确定可能的干扰源和所在区域，提高干扰排查的针对性和效率。

3. 典型干扰类型与优化思路

为了降低建网成本，不同的电信运营商会选择共站址的建网方案，一方面可以降低成本，另一方面可以提高工程建设的效率。然而，共站址会带来异系统干扰问题，如何消除互干扰成为设备制造商和电信运营商需要重点研究和解决的问题。

多网络并存情况下，为保证每个网络的覆盖效果，干扰是一个必须解决的问题。如图8-21所示，2.6GHz频段是中国移动TD-LTE网络的重要部署频段。为了保证5G网络的领先地位，优先采用100MHz组网建设方案。下面以2.6GHz频段为例，分析5G干扰问题。

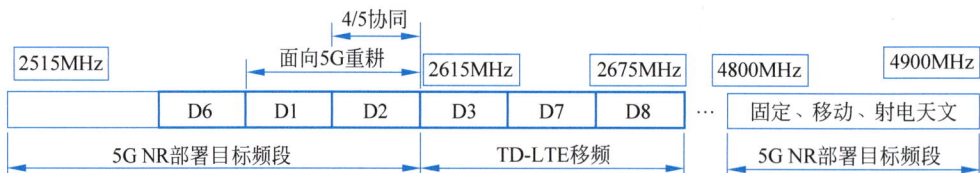

图 8-21　5G 频率分配方案

由中国移动5G频率分配方案可以看出，2.6GHz部署5G涉及联通D6频段LTE腾频，中国移动D1、D2频段LTE腾频。在LTE网络未完全退频区域，5G将面临严重的LTE同频干扰问题。如图8-22所示，2.6GHz频段5G还将面临广电多频道多点分配服务（Multichannel Multipoint Distribution Service，MMDS）干扰、干扰器干扰、非法频段占用干扰（如视频监控无线回传设备）、伪基站干扰等。

1）邻区终端干扰

如图8-23所示，当终端进行上行业务时，服务小区会同时接收到来自本小区终端和

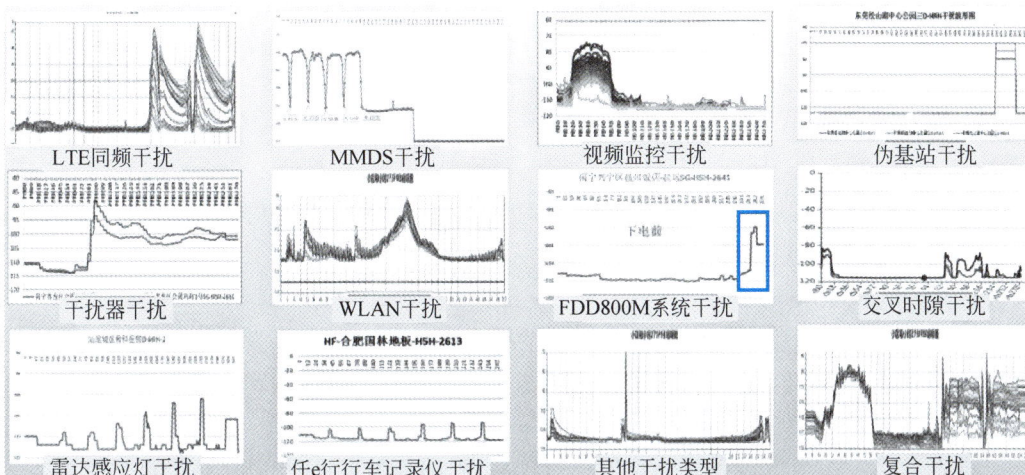

图 8-22　2.6GHz 频段 5G 系统网外常见干扰类型

邻区(4G 或 5G)终端的上行发射信号,邻区终端的上行发射信号对于服务小区来说是无用的干扰信号,重叠覆盖引起的邻区终端干扰是网内干扰主要的问题。邻区终端干扰分为来自 NR 邻区终端和 LTE 邻区终端两种类型。

图 8-23　来自 LTE 邻区的同频干扰

NR 邻区终端干扰是重叠覆盖和高话务引起的干扰。主要排查重叠覆盖的区域或小区:结合重叠覆盖指标、现场测试数据以及扇区图层综合分析定位出产生重叠覆盖的小区,并进行覆盖控制。

LTE 邻区终端干扰是 LTE 同频邻区终端对 5G 上行干扰,无法通过扫频分析确定具体的干扰源小区。

可以以下两种方法实现邻区终端干扰的优化:

(1) 传统方法:

① 制作 4G/5G 扇区图层:分别制作 4G D 频段和 5G 干扰小区图层,确定 5G 干扰小区位置。

② 分析 LTE 同频邻区:根据 5G 小区受扰类型(D1、D2、D1&D2),按一定距离筛选出同频 LTE 小区列表。

③ 确定潜在 LTE 干扰源小区:结合 4G/5G 小区间距、相对位置、业务负载等信息分析,确定潜在干扰源小区。

④ 确认干扰源:通过关站、去激活等方式确认 LTE 干扰源小区,并推进后续清频工作。

(2) 精准退频:通过 5G 侧开启移动性鲁棒优化(Mobility Robustness Optimization,MRO)测量,UE 上报 4G 邻区电平等信息,定位出 5G D1 D2 频点干扰源(4G 小区),从而对特定4G小区进行精准退频;最终解决4G对5G的干扰。

系统内干扰通过空间隔离,规划几家电信运营商共基站的站址时必须保证站址间有足够的空间距离。或者退避策略,针对现网中使用的频点逐步进行退频策略,避免干扰5G频点。

2) 外部干扰

对于外部干扰,一般需要通过现场扫频进行定位,各种干扰源类型安装使用的场景各不相同,解决的方法也不尽相同。

(1) 广电MMDS干扰

多频道多点分配服务(MMDS)是广电系统用微波频率以一点发射、多频道广播和多点接收的方式,进行传输的微波系统;工作在2500~2700MHz频率范围内的MMDS会对2.6GHz的5G系统造成严重干扰。

排查思路:MMDS设备安装位置一般较高,现场扫频重点对高山、高塔进行排查。

优化方案:发现MMDS干扰源后,与当地广电、无线电管理委员会等部门沟通协调关闭,或修改频段。

(2) 干扰器干扰

干扰器通过全频段发射大功率干扰信号来阻断基站与终端的通信,主要在监狱、法院、检察院、学校等区域安装使用。对大带宽的5G小区干扰器干扰的典型特征是全频段底噪抬升或大宽带的底噪抬升。

排查思路:主要在监狱、法院、检察院、学校、政府部门等区域安装使用,故而重点排查该类型区域。

优化方案:与干扰器所属单位沟通关闭干扰器,对确需开启要做好记录和干扰历史管理,并提醒使用后及时关闭。

(3) 视频监控干扰

非法频段占用干扰(如视频监控无线回传设备)是指海康威视、大华监控等视频监控系统的无线网桥、无线回传等设备非法占用我方频段对5G产生干扰。目前主要对2.6GHz的D4、D5、D6频段产生干扰。

排查思路:电梯、楼宇、小区的视频监控安防设备使用较为普遍,现场扫频重点对电梯井、屋顶等视频监控常见安装区域进行干扰排查确认。

优化方案:协调物业等相关人员进行频段修改、设备关断等方式规避干扰。

(4) 伪基站干扰

通过设置与现网相同的PCI、频点来伪装成现网基站,对周边移动基站造成干扰。目前主要对2.6GHz频段产生干扰,以D6/D1/D2为主。比如,公安仿真基站等,多以交通要道路口灯杆站为主。

排查思路:通常安装在交通要道路口灯杆,故而重点排查路口灯杆。

优化方案:首先沟通关闭伪基站,若无法关闭伪基站,则可通过调整天馈控制伪基站覆盖区域、将伪基站所用PCI加入黑名单、伪基站设备移频使用E频段、调整伪基站帧偏置等手段降低伪基站对5G的干扰。

系统间干扰的抑制需要通过在不同系统之间设定合适的保护频带来实现。另外,通过对滤波器进行优化来减少信号在工作带宽外的信号强度,从而减小系统间的保护频带,提高频谱利用率。综上所述,系统外的干扰需要多方面的资源协调解决。

8.4 网络故障处理案例 1:接入失败

8.4.1 实验介绍

1. 实验目的

在前面实验已经学习了 5G 网络相关的原理、控制面流程和用户面流程,以及网元数据的配置方法。接下来将了解 5G 网络中一些常见的故障并学习其处理方法。

2. 实验内容

根据平台提供的案例库中的半成品案例,先尝试检查、完成配置。如果出现错误,尝试根据错误提示进行解决。

本实验学习目标:5G 故障处理 1——接入失败。

8.4.2 实验案例描述

使用平台提供的案例库,进入【5G 业务场景】板块,选择“5G 故障处理 1——接入失败”案例,并单击应用案例,将本实验案例加载至软件中。

1. 案例描述

某学生为学习 5G 基本知识,在仿真平台直接应用案例库中“DU、CU 分离架构的 5G 基站开通”这个案例,并在此基础上完成了剩余的 CU/DU 的遗留配置,但是配置后存在一些问题需要解决。该同学将自己配置后的案例另存为“5G 故障处理 1——接入失败”。

2. 案例任务

帮助该同学找到接入失败的原因,并清除错误,使终端能正常入网和做业务。

8.4.3 实验步骤

1. 案例导入

打开“实验案例库”,选择“5G 故障处理 1——接入失败”案例加载应用至软件中。

2. 全部设备上电开机

(1) 在【业务开通与验证】界面右击空白处,将设备全部开机。

(2) 手机自动发起入网注册流程,可以清晰地看到信令消息流向过程动画。

3. 注册过程问题处理

手机 1 开始正常注册,但手机 2 并没有开始注册动作,且出现如图 8-24 所示告警。

单击右上角“🔁”按钮,查看消息流程,如图 8-25 所示。在弹出的窗口可以看到手机 1 整个注册过程的所有消息流向信息,包括注册完成消息,而没有手机 2 的注册消息。

259

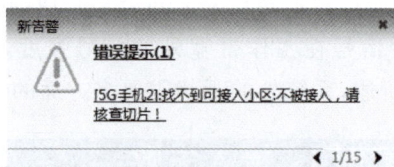

图 8-24　手机 2 找不到可接入小区告警提示

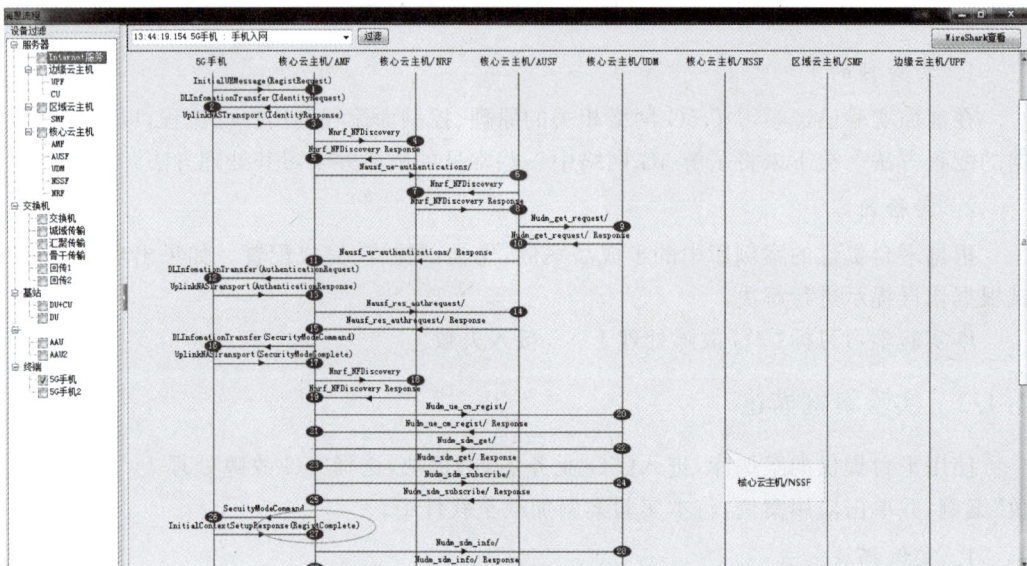

图 8-25　查看手机入网注册信令流程

（1）怀疑 5G 手机 2 所在的地点无信号覆盖：检查 DU 的物理连接端口、数据配置的端口与物理端口的一致性，没有问题。重启设备后，再次手机注册，仍然提示找不到可接入小区。

（2）将手机 2 移动到离 AAU2 更近的地方，再次重启注册，故障依旧。

（3）ping 测试：DU 到 CU 及核心网元都正常。

（4）再次检查 CU 配置，发现如图 8-26 所示切片复选框没有勾选。

选择并保存后，将所有设备关机再开机，再次注册，成功。

说明：小区的 TAI 配置中，TAC 等信息配置完成后，一定要同时将对应分配到该 TAI 的切片选中，然后再单击"保存"按钮；否则，切片不会分配给该小区，造成手机无法接入。

8.4.4　实验思考

（1）一个 UPF 实体是否可以配置多个不同的 DNN 用于不同的应用场景？

（2）本例中，某用户正常注册入网后，正在使用 Web 浏览业务查看新闻，传输交换机房和中心机房的光缆突然出现故障，通信中断，对该用户的 Web 浏览是否有影响？

（3）本例的 CU 配置中小区 TAI 配置里的切片没有勾选导致的接入失败，从中可以得到什么启示？

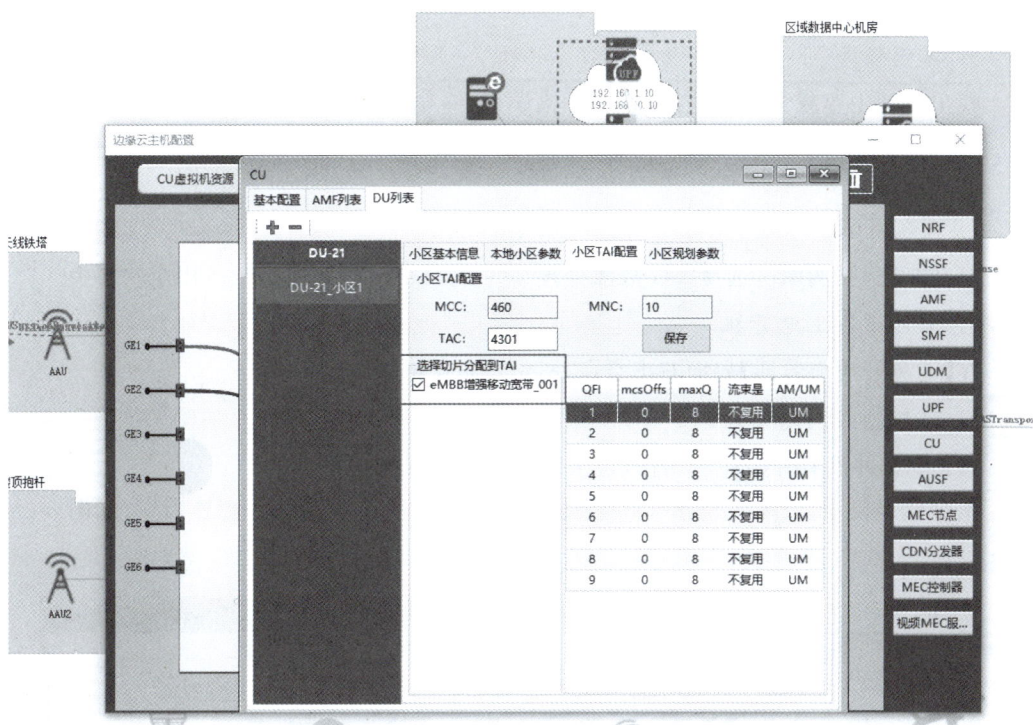

图 8-26　检查 CU 配置，勾选切片

8.5　网络故障处理案例 2：鉴权失败

8.5.1　实验介绍

1. 实验目的

在前面实验已经学习了 5G 网络相关的原理、控制面流程和用户面流程，以及网元数据的配置方法。接下来将了解 5G 网络中一些常见的故障并学习其处理方法。

2. 实验内容

根据平台提供的案例库中的半成品案例，先尝试检查、完成配置。如果出现错误，尝试根据错误提示进行解决。

本实验学习目标：5G 故障处理 2——鉴权失败。

8.5.2　实验案例描述

使用平台提供的案例库，进入【5G 业务场景】板块，选择"5G 故障处理 2——鉴权失败"案例，并单击【应用案例】，将本实验案例加载至软件中。

1. 案例描述

本实验将采用直接在仿真平台应用案例库中"5G 故障处理 2——鉴权失败"案例来

展开描述。

2．案例任务

找出案例中鉴权失败的原因，并清除错误，使终端能正常入网和做业务。

8.5.3　实验步骤

1．案例导入

打开"实验案例库"，选择"5G故障处理2——鉴权失败"案例加载应用至软件中。

2．全部设备上电开机

在【业务开通与验证】界面右击空白处，将设备全部开机。

3．注册过程问题处理

（1）手机并没有开始注册动作，且出现如图8-27所示告警。

根据错误提示，故障定位于"5G手机"，检查手机配置，发现切片配置为空，如图8-28所示。

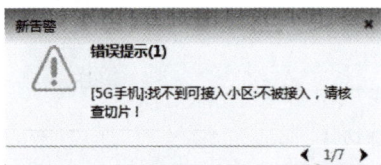

图8-27　手机找不到可接入小区告警提示

图8-28　手机切片配置

（2）填入准确的切片配置"eMBB增强移动宽带"和切片sd"001"，之后，手机开始注册，但同时右下角出现另一错误："UDM-2，不能识别的用户460109876543210"，如图8-29所示。

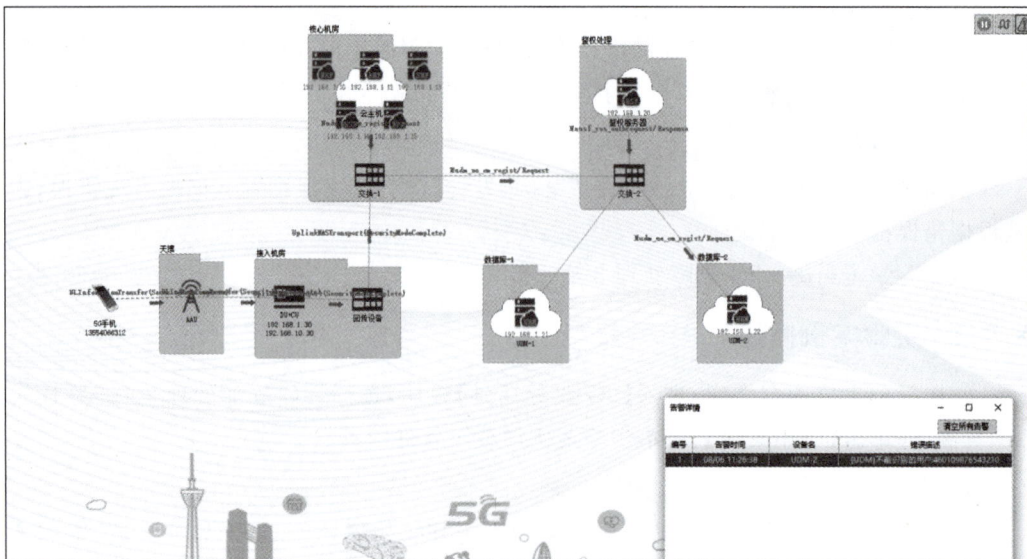

图8-29　UDM-2不能识别的用户错误提示

定位故障点在 UDM-2，检查发现用户列表中没有该手机用户，如图 8-30 所示。

图 8-30　检查 UDM 用户列表

（3）单击添加，新增该手机用户信息（SUPI 与 UE 侧一致，其他默认）后，全部设备关机、开机，观察到 UE 注册过程正常完成。

8.5.4　实验思考

（1）本节案例 1 和本实验导入案例且设备开机之后都出现手机（分别是"手机 2"和"手机"）无注册动作的情况，它们有何异同？

（2）手机本端是不是必须配置 DNN 且与网络侧（UDM）签约数据一致才能注册入网？

（3）根据告警提示，本例中鉴权失败的原因是什么？

（4）根据已掌握知识，联系 4G 的 IMSI，5G 中与鉴权关系最密切的是哪个参数？

8.6　网络故障处理案例 3：注册正常业务失败

视频

8.6.1　实验介绍

1．实验目的

在前面实验已经学习了 5G 网络相关的原理、控制面流程和用户面流程，以及网元数据的配置方法。接下来将了解 5G 网络中一些常见的故障并学习其处理方法。

2．实验内容

根据平台提供的案例库中的半成品案例，先尝试检查、完成配置。如果出现错误，尝试根据错误提示进行解决。

本实验学习目标：5G 故障处理 3——注册正常业务失败。

8.6.2　实验案例描述

使用平台提供的案例库，进入【5G 业务场景】板块，选择"5G 故障处理 3——注册正常业务失败"案例，并单击【应用案例】。将本实验案例加载至软件中。

1．案例描述

本实验将采用直接在仿真平台应用案例库中"5G 故障处理 3——注册正常业务失败"案例来展开描述。

2．案例任务

找出案例中业务失败的原因，并清除错误，使终端能正常使用上网业务。

8.6.3　实验步骤

1．案例导入

打开"实验案例库"，选择"5G 故障处理 3——注册正常业务失败"案例加载应用至软件中。

2．全部设备上电开机

（1）在【业务开通与验证】界面右击空白处，将设备全部开机。

（2）手机开始注册，注册动作完成后，查看消息流程，注册过程正常完成。

3．注册过程问题处理

（1）右击 5G 手机，切换到屏幕，单击 Safari 图标，然后单击"搜索"按钮，出现如图 8-31 所示告警。

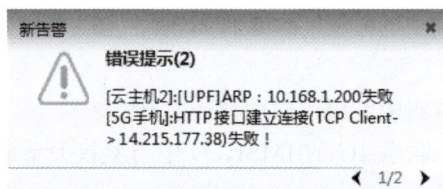

图 8-31　云主机 2 和 5G 手机的错误提示

根据错误提示，故障定位于"云主机 2"和"5G 手机"。

（2）云主机 2 相关告警：ARP：10.168.1.200 失败。手机注册使用的是控制面资源（地址段是 192.168.1.0/24），而手机上网业务使用的是用户面资源，本例控制面采用的网段是 10.168.1.0/24。经分析告警，提示云主机 2 的 UPF 不能 ARP 到 10.168.1.200，这个地址不属于任一台主机。

（3）双击云主机 2，选择 UPF 功能实体，单击服务配置，在配置界面单击"路由配置"，如图 8-32 所示。

可以看到 ARP 失败的 IP 正是图中的静态路由下一跳的 IP，显然配置错误。正确的下一跳 IP 应该是 PDN 的网关的 IP 地址，即三层交换机的业务面 Vlan10 的 Vlanif 地址，故应该将 PDN IP 改为 10.168.1.1。

（4）修改完毕后，全部设备关机、再开机，等待 UE 注册过程完成。再次使用 5G 手机上网，可以看到上网体验正常，如图 8-33 所示。

8.6.4　实验思考

（1）为什么本实验上网体验出现了两条错误提示，而仅仅修改了第一条 UPF 相关告警后，再次体验业务就正常了？

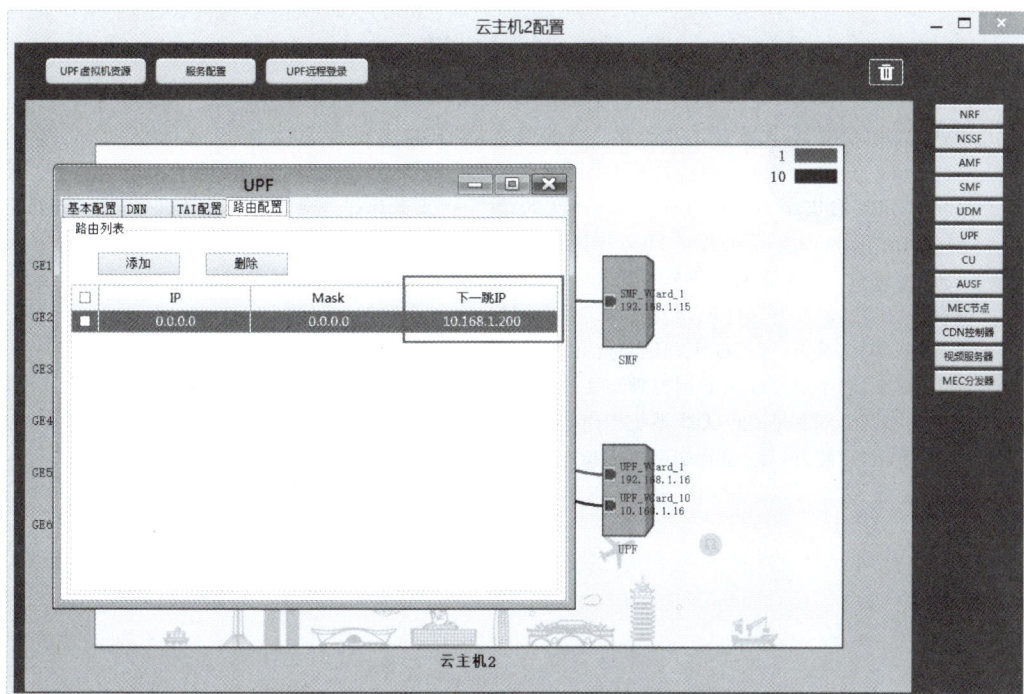

图 8-32 UPF 的路由配置

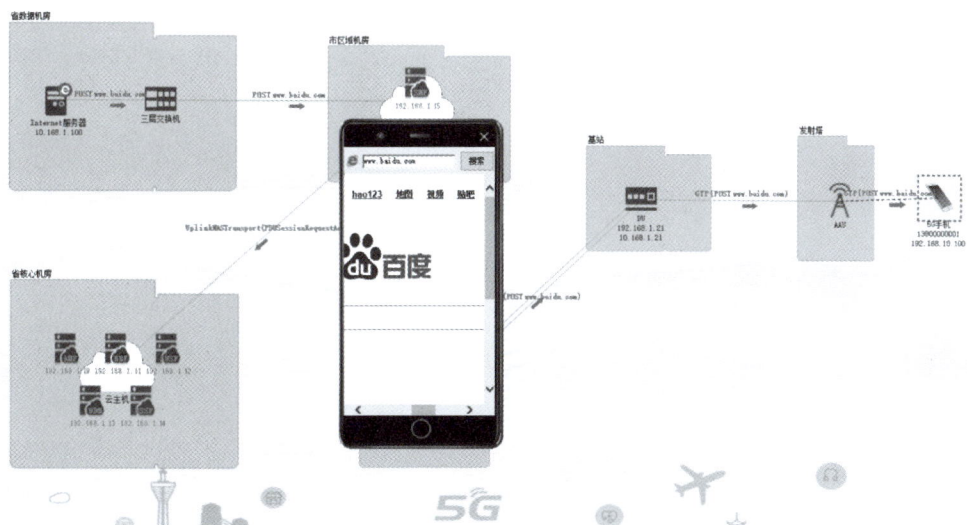

图 8-33 手机上网业务开通体验界面

（2）除了 UPF，还有哪些网元/功能实体的故障或配置错误会导致手机注册正常但是可能业务失败？为什么？

（3）通过本次实验解决的问题，如何从呼叫控制与业务承载分离的角度初步理解 5G架构？

参 考 文 献

［1］ 宋铁成，宋晓勤.5G 无线技术及部署［M］.北京：人民邮电出版社，2020.

［2］ 5G Slicing Association(包括：中国移动研究院、华为、腾讯、国家电网、数字王国).通信白皮书：网络切片分级白皮书 R/OL.（2020-3-24）.［2025-01-06］.http://www-file. huawei. com/-/media/corporate/pdf/news/categories-slice--white-paper-cn. pdf？la－zh.

［3］ 王霄峻，曾嵘.5G 无线网络规划与优化［M］.北京：人民邮电出版社，2020.

［4］ 韩斌杰，王锐，赵晓晖.5G 原理及其网络优化［M］.北京：机械工业出版社，2023.

［5］ 王强，刘海林，黄杰，等.5G 无线网络优化［M］.北京：人民邮电出版社，2020.

［6］ 易飞，何宇，刘子琦.5G 核心网原理与实践［M］.北京：清华大学出版社，2023.

［7］ 王喜瑜，刘钰，刘利平.5G 无线系统指南［M］.北京：机械工业出版社，2022.

［8］ 刘江，黄韬，李婕妤，等.端到端网络虚拟化切片［M］.北京：科学出版社，2021.